Technisch-organisatorische Gestaltung in der computergestützten Fertigung

Betriebswirtschaftliche Bewertung von Gestaltungsoptionen am Beispiel der CAD/NC-Prozeßkette

Inauguraldissertation zur Erlangung
des akademischen Grades eines Doktors der Wirtschaftswissenschaften
der Universität Mannheim

von
Dipl.-Kfm. Matthias Klimmer
aus Fellbach

1994

Dekan: Prof. Dr. Peter Milling
Referent: Prof. Dr. Alfred Kieser
Koreferent: Prof. Dr. Walter Bungard

Tag der mündlichen Prüfung: 04.07.1994

TECHNIK, WIRTSCHAFT und POLITIK   13

Schriftenreihe des Fraunhofer-Instituts
für Systemtechnik und Innovationsforschung (ISI)

Matthias Klimmer

Effizienz der computergestützten Fertigung

Ökonomische Bewertung
von Gestaltungsoptionen
am Beispiel der CAD/NC-Prozeßkette

Mit 44 Abbildungen

Physica-Verlag

Ein Unternehmen des Springer-Verlags

Dr. Matthias Klimmer
Fraunhofer-Institut für Systemtechnik
und Innovationsforschung (ISI)
Breslauer Str. 48
D-76139 Karlsruhe

Die Arbeit wurde von der Universität Mannheim unter dem Titel „Technisch-organisatorische Gestaltung in der computergestützten Fertigung: Betriebswirtschaftliche Bewertung von Gestaltungsoptionen am Beispiel der CAD/NC-Prozeßkette" als Dissertation angenommen.

ISBN-13: 978-3-7908-0836-0   e-ISBN-13: 978-3-642-46967-1
DOI: 10.1007/978-3-642-46967-1

Die Deutsche Bibliothek - CIP-Einheitsaufnahme
Klimmer, Matthias: Effizienz der computergestützten Fertigung :
ökonomische Bewertung von Gestaltungsoptionen am Beispiel der CAD/NC-Prozesskette /
Matthias Klimmer. -
Heidelberg : Physica-Verl., 1995
(Technik, Wirtschaft und Politik ; 13)
Zugl.: Mannheim, Univ., Diss. u.d.T.: Klimmer, Matthias:
Technisch-organisatorische Gestaltung in der computergestützten Fertigung
ISBN 3-7908-0836-9
NE: GT

88/2202-543210 - Gedruckt auf säurefreiem Papier

Geleitwort

Kontroverse Diskussionen in Wissenschaft und Praxis zwischen "Sozialtechnikern"
und "Wirtschaftlichkeitsexperten" haben eine lange Tradition. Eine der Kernfragen
lautet dabei stets, inwieweit organisatorische Regelungen, Strategien oder auch neue
Technologien ökonomisch bewertet werden können. Hintergrund derartiger Auseinandersetzungen ist die Aufrechterhaltung des Mythos, daß jede Maßnahme begründet
werden könne. In den Wirtschaftswissenschaften wird rationales Handeln traditionell
so interpretiert, daß sich Maßnahmen im wahrsten Sinne des Wortes rechnen bzw. berechnen lassen. Ob die Quantifizierung von Effekten in der Praxis wirklich möglich
und sinnvoll ist, wird jedoch unterschiedlich bewertet. Mit zunehmender Wirkungs-
breite von Handlungen innerhalb eines komplexen Systems stoßen "klassische" Ursa-
che-Wirkungs-Analysen mehr und mehr an ihre Grenzen.

Hier setzt die vorliegende Arbeit an. Sie geht der Frage nach, inwieweit technisch-
organisatorische Gestaltungsoptionen einer Prozeßkette der computergestützten Fertigung betriebswirtschaftlich bewertet werden können. Für ihre Beantwortung und die
sich daraus ergebenden Konsequenzen wurde eine betont anwendungsorientierte Sichtweise gewählt. Auf der Grundlage vorliegender Erkenntnisse aus Organisationsforschung und Industriesoziologie zum Umfang von Entscheidungs- und Gestaltungsspielräumen beim Einsatz computergestützter Technologien werden Möglichkeiten und
Grenzen einer ökonomischen Wirkungsanalyse moderner Fertigungssysteme aufge-
zeigt. Ausgehend von bereits vorhandenen Ansätzen der Wirtschaftlichkeitsanalyse,
den Erfahrungen mit deren praktischer Anwendung sowie den Erkenntnissen zum
typischen Verlauf entsprechender betrieblicher Vorhaben wird ein Ansatz der betriebswirtschaftlichen Planung und Bewertung von Gestaltungsoptionen in der computergestützten Fertigung vorgelegt. Dieser Ansatz sieht strukturierte Diskussionen zwischen
Organisatoren, Kaufleuten und Anwendern in denjenigen Unternehmen vor, die den
Einsatz neuer Technik planen. Mit Hilfe solcher diskursiver Elemente im Planungs-
und Bewertungsprozeß soll eine Annäherung an objektive Einschätzungen über Ursa-
che-Wirkungs-Zusammenhänge erreicht werden. Erfreulich ist, daß der Ansatz nicht
nur konzeptionell entwickelt, sondern auch anhand von drei betrieblichen Fallstudien
vorgestellt wird.

Der empirische Teil der Arbeit entstand im Rahmen eines Forschungsprojekts, das
Matthias Klimmer als Mitarbeiter des Fraunhofer-Instituts für Systemtechnik und
Innovationsforschung durchgeführt hat. Die Verbindung mit dem Lehrstuhl für All-
gemeine Betriebswirtschaftslehre und Organisation der Universität Mannheim während

der Entstehung der Arbeit unterstreicht das Anliegen des ISI, interdisziplinäre und anwendungsorientierte Arbeiten in enger Anbindung zur universitären Grundlagenforschung durchzuführen. Die Entwicklung und Bewertung organisatorischer Alternativen bei der Einführung neuer Technik ist, wie gesagt, ein altes Problem. Matthias Klimmer ist ein sehr innovativer und überzeugender Ansatz gelungen, diesem schwierigen Problem beizukommen. Er begründet ihn nicht nur in konzeptionell überzeugender Weise, sondern er zeigt auch auf, wie er in der Praxis erfolgreich umgesetzt werden kann. Wir freuen uns über das vorzüglich gelungene Ergebnis und wünschen diesem Buch eine weite Verbreitung in Wissenschaft und Praxis.

Mannheim und Karlsruhe, im Oktober 1994

Alfred Kieser
Frieder Meyer-Krahmer

Vorwort

Diese Arbeit entstand in den zurückliegenden drei Jahren im Rahmen meiner Tätigkeit am Fraunhofer-Institut für Systemtechnik und Innovationsforschung (ISI). Sie wurde aufbauend auf eine im Auftrag des Forschungskuratoriums Maschinenbau e.V. durchgeführte Studie erstellt und von der Fakultät für Betriebswirtschaftslehre der Universität Mannheim als Dissertation angenommen.

Wie vieles andere im Leben, ist auch diese Arbeit nicht allein das Ergebnis von Motivation, Fleiß, Selbstdisziplin oder Fertigkeiten, sondern auch glücklicher Umstände - und nicht zuletzt das wohlwollender Unterstützung vieler Personen. All denen, die mich beim Anfertigen der Dissertation begleitet und unterstützt haben, danke ich sehr herzlich. Meinem Doktorvater, Herrn Prof. Dr. Alfred Kieser, und Herrn Prof. Dr. Walter Bungard, meinem Koreferent, gilt mein Dank für die engagierte wissenschaftliche Betreuung. Den zahlreichen Gesprächspartnern in den Unternehmen, den Teilnehmern des CAD/CAM-Arbeitskreises des VDMA und meinen Kollegen der Fachgruppe "Innovationen in der Produktion" danke ich für die Aufgeschlossenheit, den anregenden Gedankenaustausch und die vielfältige Unterstützung. Herzlichen Dank Herrn Prof. Dr. Frieder Meyer-Krahmer, der die Aufnahme dieser Arbeit in die Schriftenreihe des ISI ermöglicht hat.

Nicht zuletzt gilt mein Dank meiner Familie sowie Jutta Maier und Axel Frerks für ihr kritisches Mitdenken und ihre freundschaftliche Unterstützung.

Karlsruhe, im Oktober 1994   Matthias Klimmer

Inhaltsverzeichnis

Seite

Abbildungsverzeichnis

XIII

Abkürzungsverzeichnis

Abb.	Abbildung
AJS	American Journal of Sociology
AMR	Academy of Management Review
AuT	Projektträger 'Arbeit und Technik'
AV	Arbeitsvorbereitung
ASR	American Sociological Review
ASQ	American Science Quartely
Aufl.	Auflage
BFuP	Betriebswirtschaftliche Forschung und Praxis
BMFT	Bundesministerium für Forschung und Technologie
CAD	Computer Aided Design
CAM	Computer Aided Manufacturing
CAP	Computer Aided Planning
CAQ	Computer Aided Quality
CIM	Computer Integrated Manufacturing
DBW	Die Betriebswirtschaft
Diss.	Dissertation
DNC	Direct Numerical Control
DV	Datenverarbeitung
Ed.	Editor
FEM	Finite Elemente Methode
FhG-ISI	Fraunhofer-Institut für Systemtechnik und Innovationsforschung
FKM	Forschungskuratorium Maschinenbau e.V.
HBM	Harvard Business Manager
HdA	Humanisierung des Arbeitslebens
HO	Human Organization
HR	Human Relations
Hrsg.	Herausgeber
HWO	Handwörterbuch der Organisation
IuK	Information und Kommunikation
JfB	Journal für Betriebswirtschaft
Jg.	Jahrgang
JMS	Journal of Management Studies
KfK	Kernforschungszentrum Karlsruhe
MIR	Management International Review
NC	Numerical Control
CNC	Computer Numerical Control
OE	Organisationsentwicklung
OS	Organizations Studies
o.V.	ohne Verfasser
PFT	Projektträger 'Fertigungstechnik'
SFB	Sonderforschungsbereich
VDI-Z	Zeitschrift des Vereins Deutscher Ingenieure für integrierte Produktions-technik
VDMA	Verband Deutscher Maschinen- und Anlagenbauer e.V.
VDW	Verein Deutscher Werkzeugmaschinenfabriken e.V.
vol.	Volume

WOP	Werkstattorientierte Programmierverfahren
wt	Werkstattstechnik-Zeitschrift für industrielle Fertigung
ZfB	Zeitschrift für Betriebswirtschaft
zfbF	Zeitschrift für betriebswirtschaftliche Forschung
ZfO	Zeitschrift für Organisation (bzw. Zeitschrift Führung + Organisation)
ZwF	Zeitschrift für wirtschaftliche Fertigung und Automatisierung

1 Einleitung

1.1 Problemstellung

Effizienz und Effektivität der betrieblichen Leistungserstellung gelten insbesondere vor dem Hintergrund sich kontinuierlich wandelnder Marktanforderungen an den Aufbau und die Sicherung der Wettbewerbsfähigkeit von Unternehmen gemeinhin als unverzichtbar. Der Steigerung der Produktivität, der Verkürzung von Durchlauf- und Entwicklungszeiten sowie der Verbesserung der Qualität wird daher bei der Gestaltung von Fabrik- und Unternehmensstrukturen weltweit große Beachtung geschenkt (vgl. Wildemann 1993b, S. 17; Miller et al. 1992, S. 161f.). Die Auseinandersetzung um die operative Umsetzung dieser globalen Unternehmensziele ist ein Dauerthema von Forschung und Praxis. Sie hat in den letzten Jahren zu einer kaum noch überschaubaren Vielfalt von Begriffen und konzeptionellen Ansätzen um die wettbewerbsfähige Fabrik geführt. Diese reicht von einer 'computerintegrierten Fabrik' (vgl. Scheer 1987a) über die 'focus factory' (vgl. Harmon/Peterson 1990) zur 'Lean Production' (vgl. Womack et al. 1990), der 'Fraktalen Fabrik' (vgl. Warnecke 1992), der 'value factory' und 'borderless factory' (vgl. Miller et al. 1992, S. 161f.) bis hin zur 'virtuellen Fabrik' (vgl. Davidow/Malone 1993).

Unabhängig von den darin zum Ausdruck kommenden unterschiedlichen Gestaltungsphilosophien und -schwerpunkten wird in nahezu all diesen Konzepten dem strategiekonformen und abgestimmten Einsatz von Arbeitskräften, neuen Technologien und arbeitsorganisatorischen Maßnahmen eine entscheidende Bedeutung beigemessen. Wenngleich das jeweils anvisierte Verhältnis von Mensch, Organisation und Technikeinsatz recht unterschiedlich ausfällt, bilden computergestützte Fertigungstechnologien einen zentralen Ansatzpunkt bei der Formulierung moderner Produktionskonzepte. Dies ist insbesondere auf deren technische Potentiale zur Informationsspeicherung, -verarbeitung und -übertragung zurückzuführen, die eine schnellere und qualitativ bessere Verfügbarkeit von Informationen ermöglichen. Für die Verkürzung von Durchlaufzeiten, die Erhöhung der Qualität des Leistungsangebots und die Verbesserung der Flexibilität wird dies als wichtige Voraussetzung angesehen. Darüber hinaus erlauben die Eigenschaften dieser Technologien eine zunehmende zeitliche, räumliche und personelle Entkopplung betrieblicher Systemeinheiten. Mit der datentechnischen Vernetzung einzelner Arbeitsplätze und der prinzipiellen Zugriffsmöglichkeit aller Arbeitskräfte auf zentral und dezentral verfügbare Informationen können neue Lösungen für die Organisationsgestaltung von Unternehmen realisiert werden: Möglichkeiten für neue räumliche Anordnungen, für neue Verfahren von Steuerung und Kontrolle, für neue Formen des Informationsflusses und der Kooperationsbeziehungen, für neue Aufgabenzuschnitte, für den Abbau von Hierarchien und die Verkürzung der Organisationspyramide. Vom Ende des technischen Determinismus und der Eröffnung organisatorischer Gestaltungsspielräume ist im Zusammenhang mit der Anwendung computergestützter Technologien vielfach die Rede (vgl. u.a. Kieser/Kubicek 1992, S. 327-338; VDI-TZ 1991, S. 40; Schulz 1990, S. 110ff.; VDMA/FKM 1988, S. 110ff.).

Entgegen diesen Erwartungen zeigte die bisherige Praxis des Einsatzes computergestützter Fertigungstechnologien eine ganze Reihe kostspieliger Investitionsruinen (vgl. Rommel et al. 1993, S. 135ff.). Die tatsächlich erzielten Ergebnisse der Nutzung neuer Technologien weichen zum Teil weit von den der Investitionsentscheidung zugrundegelegten Erwartungen ab. Vielfach stellen sich spürbare Erfolge des Einsatzes computergestützter Technologien auch erst nach langer Zeit und häufig mit weit höheren Aufwendungen als anfänglich geplant ein. Trotz hoher Investitionen in EDV-Systeme und deren Integration werden in vielen Unternehmen die ursprünglichen Ziele verfehlt, so daß nach wie vor Termin- und Kostendruck, ineffiziente betriebliche Abläufe, lange Produktanlaufzeiten, Bereichsegoismen oder mangelnde Zielorientierung anzutreffen sind (vgl. Davidow/Malone 1993, S. 150f.; Schweitzer 1992). Statt der Nutzung organisatorischer Gestaltungsspielräume ist im Kontext des Einsatzes neuer Fertigungstechnologien nicht selten eine Beharrungstendenz vorhandener Organisationsstrukturen - ein organisatorischer Konservatismus - festzustellen (vgl. Fiedler/Regenhard 1991, S. 114ff.; Schultz-Wild et al. 1989, S. 192ff.; Lay/Wengel 1989, S. 213-215). In der Folge kann das seit Anfang der 80er Jahre von Forschung, Technikanbietern und Anwendern propagierte strategische Nutzenpotential des Einsatzes und der Vernetzung von DV-Systemen in der Fertigung in vielen Unternehmen nicht oder nur ansatzweise ausgeschöpft werden.

Die Gründe hierfür sind vielfältiger Natur: So installieren Unternehmen beispielsweise kapitalintensive Systeme und Anlagen, ohne daß die dafür erforderlichen wirtschaftlichen Einsatzbedingungen gegeben sind, oder sie stimmen den Einsatz neuer Fertigungstechnologien nicht mit der Unternehmensstrategie, der Qualifikation der Arbeitskräfte sowie organisatorischen Maßnahmen ab. Nicht selten erfolgen auch Qualifizierungs- oder Reorganisationsmaßnahmen erst nachdem die Technologien bereits in der Anwendung sind und dann sichtbar wird, daß bestehende organisatorische Abläufe und Strukturen nicht in ausreichendem Maße geeignet sind die Nutzenpotentiale der jeweiligen computergestützten Technologien in zufriedenstellendem Umfang auszuschöpfen.

Häufig werden dann die Arbeitsstrukturen den 'Erfordernissen der Technik' angepaßt anstatt Technik und Organisation an den Anforderungen des Marktes auszurichten. Ferner gelten 'starre' DV-technische Systemkonzepte, die nicht an innovative Organisationskonzepte angepaßt werden können, Schnittstellen- und Kompatibilitätsprobleme bei der datentechnischen Integration verschiedener DV-Systeme, Fehleinschätzungen der Möglichkeiten computergestützter Techniken, Unzulänglichkeiten im Management betrieblicher Planungs- und Gestaltungsprozesse, methodische Defizite bei der Unterstützung von Planung und Bewertung innovativer Fertigungskonzepte oder das Festhalten an tayloristischen Gestaltungsmustern als weitere Ursachen dieser Entwicklung (vgl. Schweitzer 1992; Fiedler/Regenhard 1991, S. 119f.; Schultz-Wild et al. 1989, S. 202ff.; Seltz/Hildebrandt 1989, S. 203-280).

Dies macht deutlich, daß bei der Implementierung neuer Produktionskonzepte eine parallele Abstimmung von Mensch, Technik und Organisation - wie sie von Forschung und Praxis nicht erst mit dem Aufkommen der Diskussion um die 'Schlanke Produktion' gefordert wird (vgl. u.a. Bullinger 1991, S. 11-39; Martin et al. 1988; VDMA/ FKM 1988, S. 20; Scheer 1987) - bislang wenig Beachtung findet. Zwischen dem, wie es sein soll, und dem, wie es in der betrieblichen Praxis ist, besteht vielfach eine große Diskrepanz.

1.2 Zielsetzung und Vorgehensweise

Angesichts der skizzierten Schwierigkeiten vieler Unternehmen bei der technisch-organisatorischen Gestaltung ihrer direkten und indirekten Fertigungsbereiche stellt sich die Frage, wie die Wahrscheinlichkeit erhöht werden kann, daß Unternehmen im Rahmen betrieblicher Planungs- und Gestaltungsprozesse der computergestützten Fertigung zu wirtschaftlichen Lösungen gelangen und welche Rolle dabei prospektive Wirtschaftlichkeitsanalysen spielen können. Die Beantwortung dieser Frage anhand praktischer Problemlösungsbeiträge bildet das Gesamtziel der vorliegenden Arbeit. Sie konkretisiert sich in der Aufgabe, Antworten auf folgende drei Fragen zu finden:

- Existieren Handlungsspielräume bei der technisch-organisatorischen Gestaltung in der computergestützten Fertigung? Wenn ja, wie werden diese in der betrieblichen Praxis genutzt?

4

- Welche Möglichkeiten und Grenzen ergeben sich für eine prospektive Wirtschaftlichkeitsanalyse technisch-organisatorischer Gestaltungsoptionen der computergestützten Fertigung? Welchen Stellenwert haben prospektive Wirtschaftlichkeitsbetrachtungen in betrieblichen Planungs- und Gestaltungsprozessen?

- Welche praktischen Konsequenzen sind aus den Antworten der beiden erstgenannten Fragen zu ziehen, um im Zuge betrieblicher Planungs- und Gestaltungsvorhaben der computergestützten Fertigung die Wahrscheinlichkeit für das Hervorbringen effizienter Lösungen zu erhöhen?

Die intensive Auseinandersetzung um die Möglichkeiten und Grenzen einer ökonomischen Bewertung von Gestaltungsoptionen erscheint insbesondere aus zwei Gründen notwendig. Zum einen fordert die Orientierung am Wirtschaftlichkeitsprinzip, die sich wie ein roter Faden durch die Theoriegeschichte der Betriebswirtschaftslehre zieht, beim Vorliegen von Handlungsalternativen eine Reihung nach dem Grad ihrer Wirtschaftlichkeit. Durch eine analytisch-rationale Bewertung von Handlungsoptionen soll die Treffsicherheit gegenüber einer intuitiven Globalbewertung erhöht und das Risiko von Fehlinvestitionen vermindert werden (vgl. Blohm/Lüder 1983, S. 46; Horváth 1988, S. 4). Zum anderen werden methodische Defizite bei der ökonomischen Bewertung innovativer Fertigungskonzepte für deren zögerliche Umsetzung mitverantwortlich gemacht (vgl. Fiedler/Regenhard 1991, S. 188; Schultz-Wild 1989, S. 203). Dabei zeigt sich, daß selbst vorhandene Ansätze der 'erweiterten' Wirtschaftlichkeitsrechnung, die insbesondere im Rahmen sozialorientierter Technologieprogramme[1] zur ökonomischen Bewertung innovativer Arbeitsformen entwickelt worden waren, außerhalb öffentlich geförderter Forschungsvorhaben so gut wie keine Anwendung finden (vgl. Anders et al. 1986, S. 131; Gottschalk 1989, S. 79). Eine intensive Auseinandersetzung um die Möglichkeiten und Grenzen von Wirtschaftlichkeitsbetrachtungen bei der Planung technisch-organisatorischer Fertigungskonzepte liegt daher nahe.

Die genannten Ziele werden in erster Linie am Beispiel der Prozeßkette "CAD-Konstruktion - NC-Programmierung - CNC-Fertigung" verfolgt, deren Gestaltung unter dem Schlagwort "CAD/NC-Integration" als eine der bedeutendsten Integrationslinien

---

[1] Zahlreiche Ansätze der 'erweiterten' Wirtschaftlichkeitsrechnung entstanden in der Bundesrepublik Deutschland vor allem im Zusammenhang mit dem 1974 begonnen Aktionsprogramm 'Humanisierung des Arbeitslebens (HdA)' des BMFT. Deren Ziel war vor allem, durch den Nachweis positiver ökonomischer Effekte neuer Formen der Arbeitssystemgestaltung die Verbreitung des Humanisierungsgedankens voranzutreiben.

der computergestützten Fertigung gilt. Ausgehend von den denkbaren technischen und organisatorischen Gestaltungsalternativen dieser Prozeßkette sind konkrete Schritte aufzuzeigen, wie Unternehmen zu situativ effizienten Lösungen gelangen können. Damit rückt nicht nur das Ergebnis von Planungs- und Gestaltungsprozessen (d.h. ein technisch-organisatorisches Konzept), sondern auch der dafür notwendige Planungs- und Bewertungsprozeß (d.h. die Entwicklung und Bewertung von Grobkonzepten) in den Blickpunkt der Betrachtung.

Aus der dargestellten Problemstellung und Zielsetzung leitet sich der konzeptionelle Aufbau der Arbeit ab: Ausgehend von einer Auseinandersetzung mit dem Konzept des technologischen Determinismus ist in Kapitel 2 zunächst aus theoretischer Sicht der Frage nachzugehen, ob und gegebenenfalls in welchem Umfang Unternehmen beim Einsatz neuer Technologien überhaupt über Spielräume der organisatorischen Gestaltung verfügen. Hierbei wird insbesondere auf organisationstheoretische und industrie-soziologische Arbeiten zurückzugreifen sein, da sich diese beiden wissenschaftlichen Disziplinen sehr intensiv mit dieser Thematik befaßt haben bzw. befassen. Diese theoretische Auseinandersetzung um die Existenz von Organisationsspielräumen wird ergänzt durch empirische Ergebnisse über deren Nutzung. Da sich hier - wie bereits in der Problemstellung deutlich wurde - ein eher zögerliches Verhalten von Unternehmen abzeichnet, wird in diesem Zusammenhang auch auf die Gründe einzugehen sein, die einer breiten Nutzung organisatorischer Gestaltungsspielräume entgegenstehen.

In Kapitel 3 geht es um die Frage, welche Möglichkeiten und Grenzen einer betriebs-wirtschaftlichen Bewertung technisch-organisatorischer Gestaltungsoptionen in der computergestützten Fertigung existieren. Hierzu sind zunächst die Besonderheiten von CIM-Investitionen und die sich daraus ergebenden Anforderungen und Grenzen einer ökonomischen Bewertung herauszuarbeiten. Daran schließt sich die Darstellung verschiedener Ansätze an, die die Betriebswirtschaftslehre in einzelnen Forschungsgebieten zur ökonomischen Analyse technischer und/oder organisatorischer Optionen hervorgebracht hat. Diese Ausführungen werden abgerundet durch empirische Ergebnisse zum Einsatz entsprechender Methoden und dem Stellenwert von Wirtschaftlichkeitsbetrachtungen bei der Planung des Einsatzes neuer Technologien.

Die CAD/NC-Prozeßkette und ihre Spezifika stehen im Mittelpunkt von Kapitel 4. Nach einer allgemeinen Einordnung dieses betrieblichen Gestaltungsfeldes sowohl in den Prozeß der Auftragsabwicklung wie auch der rechnergestützten Fertigung wird der Arbeitsprozeß der NC-Programmerstellung dargestellt. Daran schließt sich die Darstellung technischer und arbeitsorganisatorischer Gestaltungsoptionen an, die für diese Prozeßkette prinzipiell denkbar sind bzw. zur Verfügung stehen. Empirische Ergebnisse zur technisch-organisatorischen Gestaltung der CAD/NC-Prozeßkette ergänzen die Ausführungen zu den Gestaltungsoptionen. Diese lassen erkennen, welche Optionen in deutschen Unternehmen realisiert worden sind. Die Frage nach den Erwartungen und Zielen, die in Literatur und Praxis mit der Gestaltung dieser Prozeßkette verbunden sind und in welchem Unfang diese realisiert werden können, eröffnet dann die ökonomische Auseinandersetzung mit der ausgewählten Prozeßkette.

Auf der Basis der in den vorangegangenen Kapiteln erarbeiteten Erkenntnisse wird dann in Kapitel 5 ein eigener Ansatz zur betriebswirtschaftlichen Bewertung technisch-organisatorischer Alternativen der CAD/NC-Kette entwickelt. Da das hierfür notwendige Detailwissen im Grundsatz bereits in einer kaum noch überschaubaren Fülle von Ansätzen erarbeitet worden ist, geht es hierbei nicht darum, einen vollkommen neuen Ansatz zu konzipieren. Vielmehr gilt es, aufbauend auf den bereits vorhandenen Ansätzen und den Erfahrungen mit deren Anwendung, einen modifizierten Ansatz zu erarbeiten, der eine ökonomische Bewertung technisch-organisatorischer Grobkonzepte zur Gestaltung der CAD/NC-Prozeßkette erlaubt. So wird einerseits der Versuch gemacht, den Restriktionen betrieblicher Planungsprojekte wie z.B. begrenzte zeitliche und personelle Kapazitäten, begrenzte Qualität verfügbarer Daten sowie auch der Forderung nach der Wirtschaftlichkeit von Datenerhebung und -auswertung gezielt Rechnung zu tragen. Andererseits werden die in den vorangehenden Kapiteln erarbeiteten Ergebnisse bezüglich des Verlaufs von Planungs- und Bewertungsprojekten sowie Erkenntnisse der verhaltenswissenschaftlichen Entscheidungstheorie berücksichtigt.

Um ein hohes Maß an Anwendungsorientierung und Praktikabilität des Ansatzes zu gewährleisten, wird dieser in enger Kooperation mit betrieblichen Experten erarbeitet und anschließend in drei mittelständischen Unternehmen der Maschinenbaubranche angewendet[2]. Ausgehend von der These, daß bei der Gestaltung der CAD/NC-Prozeßkette sowohl technische als auch arbeitsorganisatorische Gestaltungsspielräume existieren, gilt es dabei insbesondere der Frage nach den Möglichkeiten und Grenzen einer prospektiven ökonomischen Bewertung technisch-organisatorischer Gestaltungs-

---

[2]   Grundlage hierfür bildet das Forschungsvorhaben "Die Beurteilung der Wirtschaftlichkeit der CAD/NC-Kopplung unter organisatorischen Gesichtspunkten" , das im Auftrag des Forschungskuratorium Maschinenbau e.V., Frankfurt/Main (Kennzeichen 620058) am Fraunhofer-Institut für Systemtechnik und Innovationsforschung (ISI), Karlsruhe, vom Verfasser verantwortlich bearbeitet wurde. Das Vorhaben wurde vom Arbeitskreis CAD/CAM des VDMA, Frankfurt, begleitet und von der Stiftung Industrieforschung, Köln, finanziell unterstützt (Kennzeichen S 258).

alternativen nachzugehen. Die Darstellung dieser drei betrieblichen Fallstudien und der fallübergreifenden Ergebnisse sind Gegenstand von Kapitel 6. Eine Zusammenfassung der zentralen Ergebnisse, ergänzt um Schlußfolgerungen für die betriebliche Praxis, die Forschung und nicht zuletzt die Technologiepolitik bilden den Abschluß der Arbeit.

alternativen nachzugehen. Die Darstellung dieser drei betrieblichen Fallstudien und der fallübergreifenden Ergebnisse sind Gegenstand von Kapitel 6. Eine Zusammenfassung der zentralen Ergebnisse, ergänzt um Schlußfolgerungen für die betriebliche Praxis, die Forschung und nicht zuletzt die Technologiepolitik bilden den Abschluß der Arbeit.

2   Neue Fertigungstechniken und Organisationsstruktur

Bis in die frühen 80er Jahre galt die Annahme, daß - neben anderen Faktoren - vor allem die Fertigungstechnik die Organisationsstruktur des Fertigungsbereichs bestimmt, als ein herrschendes Paradigma. Für die Sicherstellung von organisatorischer Effizienz und betrieblicher Wettbewerbsfähigkeit wurde es als unverzichtbar angesehen, daß die Organisationsstruktur in einer bestimmten Weise an die Fertigungstechnik angepaßt ist. Dieser deterministischen Sichtweise des Zusammenhangs von Technik und Organisationsgestaltung lag die Vorstellung zugrunde, daß für jedes Unternehmen jeweils nur eine einzige effiziente Kombination von Technik und Organisationsstruktur im Sinne eines 'one-best-way' existiert. Mit dem Aufkommen computergestützter Fertigungstechniken wurde diese Sichtweise mehr und mehr kritisiert. Als Folge dieses 'Paradigmenwechsels' wurden insbesondere innerhalb von Industriesoziologie und Organisationsforschung neue Erklärungsansätze zum Verhältnis von Technik und Arbeitsorganisation entwickelt. Die darin zum Ausdruck kommenden Vorstellungen reichen von der (impliziten) Fortführung des technologischen Determinismus bis hin zur Beliebigkeit der Organisationsgestaltung, d.h. der völligen Unabhängigkeit von technischen oder ökonomischen Sachzwängen. Um zu einer besseren Einschätzung des Umfangs von Spielräumen bei der technisch-organisatorischen Gestaltung in der computergestützten Fertigung zu gelangen, werden einige zentrale Ansätze dieser Diskussion im folgenden in groben Zügen vorgestellt. Daran schließt sich die Darstellung empirischer Erkenntnisse zur betrieblichen Nutzung organisatorischer Gestaltungsspielräume beim Einsatz neuer Fertigungstechniken und die der Gründe für die zögerliche Umsetzung innovativer Organisationskonzepte an. Das Wissen um Ursachen für organisatorischen Konservatismus ist eine wichtige Grundlage für dessen Überwindung. Diese wiederum dürfte von erheblicher Bedeutung sein, um die Wahrscheinlichkeit für die Realisierung innovativer und effizienter Gestaltungskonzepte zu erhöhen.

2.1 Technikeinsatz und Organisationsgestaltung: Zwischen Sachzwang und Beliebigkeit

2.1.1 Das Konzept des technologischen Determinismus - Darstellung und Kritik

Deterministische Ansätze sind im allgemeinen durch die Grundannahme charakterisiert, daß das, was ist, (in irgendeiner Weise) so sein muß (vgl. Wright 1977, S. 131). Im speziellen Fall des technologischen Determinismus sind damit sowohl Annahmen über die Entstehung als auch die Nutzung von Technik verbunden. Wenngleich diese eng miteinander verknüpft sind, sollen diese in Anlehnung an Sydow (1985b) im folgenden als zwei Spielarten des technologischen Determinismus unterschieden werden. Auf diese Weise lassen sich die Auswirkungen dieses Paradigmas auf Industriesoziologie und Organisationsforschung deutlicher herausarbeiten.

Verlauf und Richtung des technischen Wandels, so läßt sich eine Spielart des technologischen Determinismus verkürzt umreißen, sind letztlich das Ergebnis einer dem Entstehungsprozeß von Technik innewohnenden Eigendynamik und Eigengesetzlichkeit. Die Technikentwicklung wird als quasi naturgesetzlicher Vorgang interpretiert, der unveränderlich vorgezeichnet und durch Menschen nicht zu beeinflussen ist (vgl. Freyer 1960, S. 544). In diesem Sinne wird der technische Wandel weitgehend als 'technischer Fortschritt' verstanden. Eng verknüpft mit dem deterministischen Technikverständnis war lange Zeit die Vorstellung, daß auch die Verbreitung und Nutzung von Technik durch existierende Sachzwänge eindeutig festgelegt ist. Dieser Spielart des technologischen Determinismus zufolge erzwingen die von der Eigendynamik des technischen Fortschritts hervorgebrachten technischen Geräte, Maschinen oder Systeme ganz bestimmte Formen individuellen, betrieblichen oder gesellschaftlichen Verhaltens. Lutz (1987, S. 35) faßt diese Auffassung rückblickend wie folgt zusammen: "Gesellschaftliche Modernisierung und sozialer Wandel sind demzufolge letztendlich nichts anderes als die - freilich oft durch Trägheit, Borniertheit oder kurzfristige Interessen verzögerte - Anpassung der sozioökonomischen und sozialpsychologischen Strukturen an die Bedingungen, Zwänge und Möglichkeiten, die entweder vom technischen Fortschritt unmittelbar geschaffen oder eröffnet werden oder Konsequenz seiner Umsetzung in Produktivitätssteigerungen und Wirtschaftswachstum sind". Die Einführung und Nutzung einer neuen Technik - sei es in Unternehmen oder privaten Haushalten - ist somit als logischer Vollzug der Technikentwicklung zu interpretieren. Sydow (1985b, S. 273) spricht in diesem Zusammenhang von einer Verdopplung des technologischen Determinismus.

Dieses deterministische Verständnis von Technikentwicklung stellte lange Zeit nicht nur in den Ingenieurwissenschaften, sondern auch innerhalb der sozialwissenschaftlichen Technik- bzw. Technikfolgenforschung ein herrschendes Paradigma dar. So richtete sich bis weit in die siebziger Jahre hinein das Augenmerk sozialwissenschaftlicher Technikfolgenabschätzung lediglich auf die Folgen, die mit dem Einsatz neuer Techniken einhergingen. Fragen der Technikentstehung wurden hingegen ausgeblendet, weil hier scheinbar ausschließlich technologische Prinzipien zum Tragen kommen, die außerhalb der Reichweite sozialwissenschaftlicher Analyse liegen (vgl. Vogel 1991, S. 68). Die deterministische Sichtweise hatte aber auch Auswirkungen auf frühe Studien zur Technikfolgenabschätzung und die auf ihnen fußenden Aussagen mit oft sehr hohem Geltungsanspruch. Vor ihrem Hintergrund wurde beispielsweise geschlußfolgert, daß sich die Folgen des verbreiteten Einsatzes einer Technik mit ausreichender Genauigkeit aus ihren technischen Eigenschaften ableiten ließen, wenn diese erst einmal einen ausreichenden Ausreifungsgrad erreicht hätten, auch wenn der tatsächliche Verbreitungsgrad noch gering ist. Zumindest aber müßte es möglich sein, Erfahrungen mit der Nutzung dieser Technik ohne große Schwierigkeiten zu generalisieren, sobald sie irgendwo gemacht wurden (vgl. Lutz 1991, S. 68-69).

Seit einigen Jahren setzt sich in der sozialwissenschaftlichen und insbesondere in der industriesoziologischen Technikforschung mehr und mehr die Ansicht durch, daß in jeder Phase der Entwicklung und Verbreitung von Technik soziale Einflüsse deren Entwicklungsrichtung und konkrete Ausprägung beeinflussen. Technikentwicklung wird daher in seiner Gesamtheit zunehmend als genuin 'sozialer Prozeß' interpretiert (vgl. Weingart 1989). Mit diesem veränderten Verständnis von Technik, das den gesamten Ablauf der Technikentwicklung ins Blickfeld gerückt hat, wurde die Technikgenese zum neuen Gegenstand sozialwissenschaftlicher Technikforschung. Der technologische Determinismus wurde im Rahmen der Technikgeneseforschung durch Erklärungsansätze widerlegt, die den technischen Wandel durch gesellschaftliche Einflußfaktoren erklären. Der bis hin zum 'Schöpfungsprozeß' mythologisierten Erfindung von Technik wurde dadurch ihre unantastbare technologische Aura entzogen (vgl. Vogel 1991, S. 68).

Die Technikgeneseforschung brachte in ihrer Kritik am Technikdeterminismus zunächst reduktionistische Erklärungsansätze hervor, die die Technikentwicklung auf eine dominierende Ursache zurückführten. Hier sind in erster Linie ökonomisch, politisch und kulturell orientierte Ansätze zu unterscheiden (vgl. Rammert 1992). Ökonomisch orientierte Ansätze sehen die Entwicklung neuer Techniken primär als Ergebnis der Durchsetzung ökonomischer Interessen, d.h. die Entwicklung und Verbreitung neuer Techniken wird mit deren (verbesserten) Potential zur Kosteneinsparung und Ertragsverbesserung begründet. Zahlreiche Vertreter politisch orientierter Ansätze interpretierten dagegen die Technikentwicklung in erster Linie unter dem Aspekt der Herrschaftssicherung. Bestehende Herrschaftsverhältnisse, die sich z.B. in einer Dominanz des männlichen Geschlechts, als Vorrang militärischer Interessen oder als Kontrollmacht kapitalistischen Managements äußern, werden als wesentliche Ursache für die Durchsetzung einer Technik gesehen (vgl. Rammert 1992, S. 11). Demgegenüber messen kulturell orientierte Ansätze den Einstellungen und Wertmustern von Gesellschaften eine tragende Rolle für die Technikentwicklung bei. Was kulturell erwünscht und akzeptiert ist, so Vertreter dieser Richtung, werde geplant und durchgesetzt. Techniken dagegen, die etwa Tabus verletzten, werden ausgeschlossen. Als Beispiel für diesen strukturalen Erklärungsansatz führt Rammert (1992, S. 12) die feministische Diskussion an, in der eine am männlichen Leitbild orientierte, als aggressiv und destruktiv etikettierte Technikentwicklung von einer am weiblichen Reproduktionsmodell orientierten unterschieden wird, und die ökologische Technikkritik, in der der "harten", "energieintensiven" "Ausbeutertechnik" die "sanfte" und "konvivale" Technik gegenübergestellt wird. Da monokausale Erklärungsansätze dieser Art, die die Technikentwicklung allzu einseitig auf bestimmte Strukturlogiken zurückführen, der Komplexität der Entstehung von Technik in modernen Industriegesellschaften nicht gerecht werden, ist an ihre Stelle inzwischen eine Sichtweise getreten, die die Technikentwicklung als ein komplexes gesellschaftliches Phänomen versteht, auf das vielfältig miteinander verschränkte Faktoren Einfluß nehmen (vgl. Rammert 1991 und 1992).

Die These des Technikdeterminismus hatte aber auch großen Einfluß auf die betriebswirtschaftliche Organisationsforschung, insbesondere den situativen Ansatz. Dieser organisationstheoretische Ansatz geht davon aus, daß - neben anderen Faktoren - die Fertigungstechnik die Organisationsstruktur, vor allem des Fertigungsbereichs, determiniert (vgl. z.B. Woodward 1965; Blauner 1964). Demzufolge muß eine Unternehmung, wenn sie eine bestimmte Fertigungstechnik einführt, ihre Organisationsstruktur in einer bestimmten Weise anpassen, um Effizienz und damit Konkurrenzfähigkeit sicherzustellen. Führt eine Unternehmung beispielsweise eine Fließfertigung ein, so muß sie den Spezialisierungsgrad erhöhen, die zahlenmäßige Relation von Meistern zu Arbeitern reduzieren, indirekte Funktionen wie Materialwirtschaft oder Instandhaltung verstärken usw. (vgl. Kieser/Kubicek 1992, S. 312). Tut sie dies nicht, so die These des situativen Ansatzes, produziert sie weniger effizient als ihre Konkurrenten und läuft damit Gefahr, aus dem Markt ausscheiden zu müssen. Es wird also unterstellt, daß für jede Situation jeweils nur eine effiziente Organisationsstruktur im Sinne eines one-best-way existiert (situativer Determinismus). Insofern die Technik als die maßgebliche Determinante der Organisationsstruktur in den Vordergrund gestellt wird, stellt der technologische Determinismus damit ein Spezialfall des situativen Determinismus dar (vgl. Sydow 1985b, S. 274).

Die in der betriebswirtschaftlichen Organisationstheorie am klassisch-situativen Ansatz geübte Kritik kann demnach auf die technologisch-deterministische Betrachtungsweise der Organisation betrieblicher Arbeit übertragen werden. Als einen wesentlichen exogenen Kritikpunkt, der die Grundlagen des situativen Ansatzes generell in Frage stellt, führt beispielsweise Kieser (1993, S. 178) in Anlehnung an Schreyögg an, daß: (1) aufgrund empirischer Studien davon auszugehen ist, daß Entscheidungen zur Organisationsgestaltung bestenfalls begrenzte Rationalität zugrundeliegt, (2) die Existenz unterschiedlicher Organisationsstrukturen, die für eine bestimmte Situation eine gleichgute Lösung bieten, a priori nicht ausgeschlossen werden kann, (3) das Management nicht nur die Wahl hat, sich an eine gegebene Situation anzupassen, sondern diese zumindest in gewissen Grenzen auch verändern kann und (4) Unternehmen mit "suboptimalen" Organisationsstrukturen vom Markt nicht gnadenlos eliminiert werden.

Angesichts der zahlreichen Kritik am situativen Ansatz ist somit zu konstatieren, daß von der Fertigungstechnik - als einem wichtigen Situationsfaktor - keine deterministischen Wirkungen hinsichtlich der arbeitsorganisatorischen Gestaltung des Fertigungsbereiches ausgehen. Zusammenfassend bleibt festzuhalten, daß der situative Determinismus im allgemeinen und der technologische Determinismus im besonderen wenig geeignet sind, die dynamischen Aspekte der technisch-organisatorischen Gestaltung in der computergestützten Fertigung zu erklären und aufbauend darauf praktische Hilfestellung zu leisten.

2.1.2 Das Ende des Technikdeterminismus und seine Konsequenzen

Die Kritik am 'Technikdeterminismus' und das Bekenntnis zur Abkehr von diesem Paradigma erfreut sich seit Beginn der 80er Jahre großer Beliebtheit. Dies führte zu großen Unsicherheiten in Industriesoziologie und Organisationsforschung, da bei aller Kritik vielfach unklar blieb, was an seine Stelle treten soll. Wenn - so wird geschlußfolgert - zwischen der eingesetzten Technik und der Organisationsgestaltung keine deterministische Beziehungen und keine eindeutigen Sachzwänge existieren, dann ist alles 'So-und-auch-anders-möglich'. 'Offenheit' und 'Kontingenz' wurden zu beliebten Passepartout-Begriffen, mittels denen die Verunsicherung mit einem wissenschaftlichen Etikett versehen wurde (vgl. Trinczek 1991, S. 65). Ausgehend von der Kritik am situativen bzw. technologischen Determinismus rückt daher die Auseinandersetzung um organisatorische Gestaltungsspielräume immer mehr in den Blickpunkt industriesoziologischer und organisationstheoretischer Arbeiten. Im folgenden werden ausgewählte Arbeiten aus Industriesoziologie und Organisationsforschung vorgestellt, die Beiträge zur Begründung von Organisationsspielräumen geliefert haben. Um einen Einblick in die fachdisziplinäre Diskussion der letzten Jahre um Organisationsspielräume zu ermöglichen, erfolgt in Anlehnung an Sydow (1985b) die Darstellung der fachdisziplinären Ansätze weitgehend chronologisch (vgl. Abbildung 2-1 und Abbildung 2-2). Dies macht die unterschiedlich, ja geradezu gegenteilig geführten Diskussionen beider Fachdisziplinen deutlich.

(a) Industriesoziologische Ansätze

Kern/Schumann (1970) erarbeiteten in einer Studie zu den Auswirkungen des technischen Wandels auf die industrielle Arbeit und das Bewußtsein der Arbeiter ein differenziertes Stufenmodell der technischen Entwicklung. Demzufolge wird die Notwendigkeit menschlicher Eingriffe in den Produktionsablauf durch den technischen Fortschritt zunehmend beseitigt. Ihrem Stufenmodell technischer Entwicklung stellten die Autoren eine differenzierte Typologie von Tätigkeiten zur Erfassung von industriellen Arbeitssituationen gegenüber. Im Ergebnis ihrer Arbeit argumentieren Kern/Schumann, daß die technische Entwicklung eine Erweiterung der Organisationsspielräume mit sich bringt. Diese können aber faktisch kaum genutzt werden, da sich das Management in marktwirtschaftlichen Wirtschaftssystemen immer am Prinzip der ökonomischen Rationalität (Rentabilitätsprinzip) orientieren muß. Damit ergibt sich letztlich doch eine sehr starke Abhängigkeit zwischen dem technischen System und der Organisation der Arbeit. Echte Handlungsalternativen werden deshalb lediglich in den (Ausnahme-)Fällen gesehen, in denen ökonomisch gleichermaßen sinnvolle Möglichkeiten zur Auswahl stehen. Von dem Prinzip der rentabilitätsorientierten Nutzung technisch gegebener Organisationsspielräume wird nach Ansicht von Kern/Schumann nur aus Gründen mangelnder Einsicht in diese Zusammenhänge oder aufgrund politischer Intervention abgewichen. Langfristig wird sich demzufolge an technisch gleichartigen Anlagen diejenige arbeitsorganisatorische Lösung allgemein durchsetzen, die unter erträglichen Produktionsrisiken ein Minimum an Personalkosten sicherstellt. Die Autoren lösten damit Vorstellungen eines technischen Determinismus durch einen ökonomischen Determinismus ab. Diese Determinismus-Vorstellung wurde allerdings in anderen industriesoziologischen Arbeiten und später sogar von den Autoren selbst (Kern/Schumann 1985) mehr und mehr revidiert.

In Folge der Studie von Kern/Schumann wurde von Mickler et al. (1976) die Konzeption "organisatorischer Spielräume" ausgearbeitet. Die für diese Entwicklung ausschlaggebende Untersuchung wurde von den Autoren selbst als Folgestudie und zugleich Kritik der Untersuchung von Kern/Schumann verstanden. Die Arbeit ist insofern als Ergänzung der Studie von Kern/Schumann anzusehen. Bei insgesamt vergleichbarer Anlage zeichnet sich die Untersuchung von Mickler et al. dadurch aus, daß sie branchenmäßig differenzierter ist und die gesellschaftlich-ökonomische Bedingtheit von Technikentwicklung, Technikanwendung und Arbeitsstrukturierung hervorhebt. Im Ergebnis kommen die Autoren zu einer ähnlich deterministischen Einschätzung wie sie die Untersuchung von Kern und Schumann nahelegt: Die Arbeitsverteilung und die Form der Arbeit werden zwar durch den Technikeinsatz nicht determiniert, aber über die Festlegung der Ausgangsdaten beeinflußt die installierte Produktionstechnik doch in erheblicher Weise den Umfang und die Struktur der Arbeitsorganisation (sog. Rahmenbindungsthese). Da Technikeinsatz und Arbeitsorganisation letztlich durch das Rentabilitätsprinzip bestimmt werden, sind die sich technisch eröffnenden Spielräume für Unternehmen relativ begrenzt.

Demgegenüber unterstellen Altmann/Bechtle (1971) in ihrem "Betriebsansatz" die Existenz relativ umfassender Organisationsspielräume. Diese eröffnen sich dadurch, daß Unternehmen permanent bestrebt sind, Autonomie sowohl nach innen (insbesondere gegenüber den Arbeitnehmern) als auch nach außen (insbesondere gegenüber den Wettbewerbern) zu erreichen bzw. zu erhalten. Dieses Autonomiestreben erfolgt mit Hilfe betrieblicher Strategien[3]. In der Entfaltung von Strategien sind Betriebe von den jeweils gegebenen gesellschaftlich-ökonomischen Bedingungen abhängig. Die Autoren weisen jedoch darauf hin, daß betriebliche Strategien dadurch nicht determiniert sind. Das Management von Unternehmen kann zumindest zeitweise mit Hilfe betrieblicher Strategien Autonomie bzw. Handlungsspielräume erreichen. Diese können für die

---

[3]   Im Unterschied zur Betriebswirtschaftslehre stellt der Strategiebegriff in diesem Kontext keine empirisch-deskriptive, sondern eine analytische Kategorie dar und bezeichnet die Fähigkeit und das Erfordernis von Betrieben nach Autonomie. Betriebe stellen sich demzufolge nicht als unbestimmte, technisch-organisatorische Einheit dar, sondern als historische Ausprägung von Strategien.

für die Verfolgung unterschiedlicher Ziele genutzt werden. Technisierung und Organisierung werden dabei als zwei nach innen gerichtete Autonomiestrategien betrachtet, die der Herstellung der betrieblichen Elastizität dienen. Die Wahl betrieblicher Strategien ist nicht unmittelbar aus der technischen Entwicklung und/oder aus der Logik der Kapitalverwertung abzuleiten, sondern sie hängt wesentlich von den konkreten Rationalisierungszielen und den Arbeitsmarktbedingungen ab. Handlungsspielräume sind umso begrenzter, je schneller es den Wettbewerbern in ihrem eigenen Streben nach Autonomie gelingt, die Handlungsspielräume wieder auf ihr ursprüngliches Maß (oder gar geringeres Maß) zurückzuführen. Bei gegebener Technik sind Organisationsspielräume somit nicht allein auf betriebliche Strategien zurückzuführen, sondern auch durch das Verhalten von Wettbewerbern begrenzt.

Brandt et al. (1978) sowie die darauf aufbauende Untersuchung von Benz-Overhage et al. (1982) schätzen auf der Grundlage einer Potentialanalyse der Computertechnik die Organisationsspielräume auf betrieblicher Ebene relativ gering ein. Sie führen dies darauf zurück, daß die Computertechnik "Produktions- und Organisationstechnik" zugleich ist, die einer rationellen Verzahnung von Technik und Arbeitsorganisation dient. Die Computertechnik unterscheidet sich von herkömmlichen Arbeitsmitteln dadurch, daß sie in der Lage ist, die zeitliche Integration betrieblicher Teilprozesse effizient zu bewerkstelligen. Auf diese Weise kann die Computertechnik die traditionell der Arbeitsorganisation zugehörigen Regulierungsfunktionen übernehmen. Das unternehmerische Interessen an alternativen Formen der Arbeitsgestaltung dürfte sich nach Meinung der Autoren dadurch verringern. Eine weitere Ursache geringer organisatorischer Gestaltungsspielräume sehen Benz-Overhage et al. (1982, S. 76) darin, daß der spezifische Charakter von Computertechnologien als Organisationstechnologie die Handlungsspielräume für arbeitsstrukturierende Maßnahmen auf der Ebene eines einzelnen Arbeitsplatzes oder von Teilprozessen entscheidend einschränkt. Entsprechend wird eine Verlagerung der bisherigen Interventionsebene auf die Ebene der Planung, Auswahl und/oder Konstruktion der Technologie gefordert.

Kern/Schumann (1985, S. 24) stellen auf der Grundlage mehrerer Fallstudien und ergänzenden Untersuchungen in den industriellen Kernsektoren Automobilindustrie, Werkzeugmaschinenbau und Großchemie zur Generierung, Umsetzung und Folgenabarbeitung von Rationalisierung einen "arbeitspolitischen Paradigmenwechsel in den Betrieben" fest. Der ist gekennzeichnet durch ein Umdenken in Richtung auf neue Ansätze der Arbeitsgestaltung, der Ausbildungs- und Personalpolitik sowie des Arbeitseinsatzes. Die neue Richtung heißt: Reprofessionalisierung der Produktionsarbeit durch Aufgabenintegration bzw. Rückkehr zu "ganzheitlichem Aufgabenzuschnitt". Hinter dem konstatierten Paradigmenwechsel stecken vier Thesen (vgl. Osterloh 1985, S. 125-127): Erstens, daß im Zuge des Einsatzes neuer Technologien sich im Management die Einsicht durchsetzt, daß durch die tayloristische Arbeitsteilung wichtige Produktivitätspotentiale verschenkt werden (These vom Autonomiegewinn). Zweitens, daß sich Manager nunmehr gezwungen sehen, "den Lohnarbeitern für ihr Mitspielen im betrieblichen Prozeß der Modernisierung entgegenzukommen und restriktive Arbeitsbedingungen abzubauen" (Osterloh 1985, S. 126) (These vom Modernisierungspakt). Drittens, daß die Rationalisierung in der industriellen Produktion zu einer Verschärfung der Unterschiede innerhalb der Arbeiterschaft in noch nie gekanntem Ausmaß führt (Segmentierungsthese), die die Ablösung der Polarisierungsthese zur Folge hat. Viertens revidieren die Autoren ihre frühere These vom technisch-ökonomischen Determinismus durch die Feststellung, daß Bandbreiten der organisatorischen Gestaltung existieren. Innerhalb bestimmter Grenzmarken werden nunmehr Einflußmöglichkeiten gesehen, die sich auf die Existenz innerbetrieblicher Aushandlungsprozesse zurückführen lassen. Unterschiedliche positionelle, funktionelle und professionelle Interessenlagen bekommen in den Auseinandersetzungen um die "richtigen" organisatorischen Konzepte ebenso Bedeutung wie generationsspezifische Erfahrungsunterschiede und differierende Managementphilosophien (vgl. Kern/Schumann 1985, S. 27).

In jüngster Zeit hat sich innerhalb der industriesoziologischen Forschung der Begriff der "systemischen Rationalisierung" zur Kennzeichnung eines neuen Rationalisierungstyps durchgesetzt (vgl. Bergstermann et al. 1990). Diese Kategorie, die von Baethge/ Oberbeck (1986) und Altmann et al. (1986) in die industriesoziologische Diskussion eingeführt worden ist, steht für eine neue Qualität betrieblicher Rationalisierungsprozesse. Das Neue liegt darin, daß mit dem Einsatz neuer IuK-Technologien betriebliche Reorganisationen nunmehr verstärkt einzelfunktions-, prozeß- und betriebsübergreifend erfolgen. Aufgrund eines veränderten Verständnisses der Rolle menschlicher Arbeitskraft im Produktionsprozeß wird ein Bedeutungswechsel von Effektivitätsparametern konstatiert. Kapitalkosten (Umlaufkapital) gewinnen gegenüber den Personalkosten an Bedeutung, so daß sich betriebliche Rationalisierungsstrategien verstärkt auf eine gleichzeitige Realisierung bislang unvereinbarer Steigerungen von Produktivität und Flexibilität konzentrieren. Das heißt: Reorganisationsprojekte zielen zur Minimierung von Durchlaufzeiten und Beständen auf die Beschleunigung des Materialflusses, ohne daß die Kapazitätsauslastung kapitalintensiver Anlagen dadurch gefährdet werden darf. Die Nutzung neuer IuK-Technologien wird für eine systemische Rationalisierung fraglos als zentral angesehen. Nichtsdestotrotz werden unterschiedliche technisch-

Ansatz	Verhältnis von Technik und Organisation	Begründung des Organisationsspielraums
Ökonomischer Determinismus (Kern/Schumann 1970)	Technik determiniert Arbeitsorganisation nicht, steckt aber den Rahmen dafür ab. Organisationsform ist ökonomisch determiniert.	*Faktisch kein Organisationsspielraum.* Der technische Wandel läßt zwar abstrakt arbeitsorganisatorische Spielräume zu, aber die Bedingungen ökonomischer Rationalität sind zu zwingend, so daß - von Ausnahmen abgesehen - de facto doch eine große Abhängigkeit zwischen technischem System und Arbeitsorganisation besteht.
"Organisatorische Spielräume" (Mickler et al. 1976)	Technik determiniert Arbeitsorganisation nicht, steckt aber den Rahmen dafür ab. Organisationsform ist nicht vollständig ökonomisch determiniert.	*Geringer, aber nicht zu vernachlässigender Organisationsspielraum.* Form der Arbeitsteilung wird durch den Technikeinsatz nicht determiniert, aber über die Festlegung der Ausgangsdaten beeinflußt die installierte Produktionstechnik in erheblicher Weise die Gestaltung der Arbeitsorganisation. Da zudem Technikeinsatz und Arbeitsorganisation letztlich durch das Rentabilitätsprinzip bestimmt werden, sind die sich technisch eröffnenden Spielräume relativ begrenzt.
Betriebsansatz (Altmann/Bechtle 1971)	Technik und Organisation als interdependente, und dennoch selbständige Autonomiestrategien.	*Relativ umfassender Organisationsspielraum.* Das permanente Autonomiestreben von Unternehmen mit Hilfe betrieblicher Strategien bewirkt (zumindest) zeitweise eine Überwindung von Abhängigkeiten und eröffnet somit Handlungsspielräume. Diese sind umso begrenzter, je schneller es Wettbewerbern in ihrem Streben nach Autonomie gelingt, die Handlungsspielräume zurückzuführen.
Computer als Produktions- und Organisationstechnik (Brandt et al. 1978)	Technik und Organisation als stark interdependente Strategien. Computertechnik verzahnt technische und arbeitsorganisatorische Gestaltung.	*Geringer Organisationsspielraum auf der Arbeitsplatzebene.* Die Computertechnik kann traditionell der Arbeitsorganisation zugehörige Regulationsfunktionen übernehmen. Dadurch nimmt das unternehmerische Interesse an alternativen Formen der Arbeitsorganisation zugunsten des Technikeinsatzes ab. Im Zuge der Technikentwicklung werden darüber hinaus Organisationsspielräume auf der Ebene eines einzelnen Arbeitsplatzes zunehmend eingeschränkt.
Bandbreiten-These (Kern/-Schumann 1985)	Technik und Organisation als interdependente Rationalisierungsstrategien.	*Größerer Organisationsspielraum.* Neue Qualität fertigungstechn. Möglichkeiten, verändertes Grundkonzept der kapitalistischen Rationalisierung und die Existenz innerbetrieblicher Aushandlungsprozesse um die technisch-organisatorische Gestaltung eröffnen Handlungsspielräume innerhalb bestimmter Bandbreiten.
Systemische Rationalisierung (Baethge/Oberbeck 1986; Altmann et al. 1986)	Technik und Organisation als interdependente Rationalisierungsstrategien.	*Größerer Organisationsspielraum.* Neue IuK-Technologien erlauben unterschiedliche technisch-organisatorische Optionen mit erheblichen Bandbreiten. Mit welcher Nutzungsperspektive welche IuK-Techniken eingesetzt werden, hängt von individuellen Rationalisierungsstrategien ab. Da diese aber in hohem Maße von gesellschaftlichen Rahmenbedingungen abhängig sind, entziehen sie sich letztlich dem Gestaltungsspielraum einzelner Unternehmen.

Abb. 2-1: Industriesoziologische Perspektiven zum Organisationsspielraum (in Anlehnung an Sydow 1985b, S. 367)

organisatorische Optionen mit erheblichen Bandbreiten für die Entwicklung neuer Produktionsmodelle gesehen (vgl. Wittke 1990, S. 38). Zwar wird der Gestaltungsspielraum auch bei den neuen IuK-Techniken enger, wenn die Technik ersteinmal feststeht. Allerdings wird aus dieser Feststellung kein Determinismus abgeleitet, welche technischen und arbeitsorganisatorischen Optionen sich künftig durchsetzen. Hierfür werden primär betriebliche Rationalisierungskonzepte und -strategien als entscheidende Determinanten betrachtet. Da diese aber zu einem Gutteil von gesellschaftlichen Rahmenbedingungen abhängig sind, entziehen sie sich damit letztlich auch dem Gestaltungsspielraum einzelner Unternehmen (vgl. Wittke 1990, S. 39).

(b) Organisationstheoretische Ansätze

Früher noch als die deutsche Industriesoziologie haben Vertreter des Londoner Tavistock Institute for Human Relations die Annahme eines Technikdeterminismus aufgegeben. Aufbauend auf Ergebnissen empirischer Studien im englischen Kohlebergbau wurde dort in den 50er und 60er Jahren der soziotechnische Ansatz der Arbeits- und Organisationsgestaltung entwickelt, der die Existenz organisatorischer Wahlmöglichkeiten bei gegebener Technologie konstatierte. Hinsichtlich der Möglichkeiten einer organisatorischen Wahl bzw. der Größe des Organisationsspielraums bei gegebener Technik waren sich die Tavistock-Forscher allerdings uneinig[4]. Gemeinsam ist ihnen allen die Ansicht, daß die Technologie der wichtigste Einflußfaktor auf den Umfang des Organisationsspielraums darstellt. Die Möglichkeit einer organisatorischen Wahl wird dabei mehrheitlich bei sehr niedrigem und sehr hohem Mechanisierungs- bzw. Automatisierungsniveau als am größten betrachtet. Der soziotechnische Ansatz wurde allerdings aus verschiedenen Gründen als konzeptionell wenig ausgereift kritisiert (vgl. Sydow 1985a, S. 60-90). Dennoch ist die Idee der organisatorischen Wahl für die weitere Entwicklung der Organisationstheorie von ausschlaggebender Bedeutung gewesen.

So entwickelte Child (1972) in dem Bemühen, die Schwächen des klassischen situativen Ansatzes zu überwinden, den "Ansatz der strategischen Wahl". Im Gegensatz zu den Annahmen des situativen Ansatzes weist Child explizit darauf hin, daß die Technik nicht allein eine Determinante der Organisationsstruktur, sondern zugleich ein Gestaltungsparameter des Betriebes ist. Der Ansatz basiert auf der Einsicht, daß die

---

[4]   Vgl. hierzu wie zum folgenden Sydow (1985a).

betriebliche Strategie zwischen der (externen) Umwelt der Unternehmung und ihrer Organisationsstruktur vermittelt. Organisationsstruktur ebenso wie z.B. die Technologie stellen somit das Ergebnis einer bewußten strategischen Entscheidung des Managements unter Berücksichtigung der Umweltbedingungen dar. Im Gegensatz zur quasi-mechanistischen Variante des situativen Ansatzes ist nach Ansicht von Child die betriebliche Umwelt (zumindest teilweise) wähl- und/oder gestaltbar. Um ihr Überleben langfristig zu sichern, können Unternehmen demzufolge sowohl ihre Organisationsstrukturen an die Umwelt anpassen als auch (in Grenzen) ihre Umfeldbedingungen beeinflussen. Die eingesetzte Technik, die Betriebsgröße, die Organisationsstruktur sowie die Personalpolitik bilden hierbei wesentliche Gestaltungsparameter. Child begründet die Existenz von Organisationsspielräumen zum einen damit, daß Betriebe gestaltend auf ihr Umfeld einwirken und sich dadurch Freiheitsgrade der Organisationsgestaltung verschaffen können. Zum anderen ergeben sich organisatorische Gestaltungsspielräume seiner Ansicht nach dadurch, daß die Effizienzwirkungen von Organisationsstrukturen nicht eindeutig bestimmt werden können, Effizienzkriterien für strategische Wahlentscheidungen selten hinreichend operational sind und zudem situative Bedingungen in der Regel miteinander konfligierende Anforderungen an die Strukturgestaltung stellen. Child weist deshalb darauf hin, daß keinesfalls von einer deterministischen Wirkung der Effizienz ausgegangen werden darf.

Ebenso wie Child gelangt Schreyögg (1978) aufgrund einer ausführlichen Analyse und Kritik des klassisch-situativen Ansatzes zu der Erkenntnis, daß den zwischen Kontext und Struktur vermittelnden Organisationsgestaltern mehr Aufmerksamkeit geschenkt werden muß. In seinem "handlungstheoretischen Ansatz" definiert er die betriebliche Organisationsgestaltung als Ausdruck menschlichen Handelns. Dieses charakterisiert er dadurch, daß es durch Argumentation vorbereitet wurde und damit auch durch Argumentation verändert oder mit Absicht bewahrt werden kann. Ein solches argumentativ zugängliche Handeln von Organisationsgestaltern begründet er jedoch nicht nur durch individuell verfolgte Zwecke, sondern auch durch gesellschaftliche Zwänge. Letztere sieht Schreyögg vor allem extern, im Wirtschaftssystem begründet. Allerdings sieht er in den Zwängen, die sich aus Verfolgen des ökonomischen Rentabilitätsprinzips ergeben, die Organisationsstrukturen von Unternehmen nicht determiniert. Dagegen spricht nach Meinung von Schreyögg die mangelnde Markttransparenz, die sich aufgrund der Unvollkommenheiten des wettbewerblichen Systems ergibt.

Die Überwindung der fehlenden Bezugnahme auf den gesellschaftlichen Kontext in situativen Analysen ist Ausgangspunkt der Überlegungen von Kubicek zu einem

Konzept des Organisationsspielraums. In seinem "Ansatz der begrenzten Wahl von Begrenzungen strukturbezogener Wahlmöglichkeiten" konzentriert sich Kubicek (1980) vorrangig auf die "Constraints" von Organisationsspielräumen. Zur Erklärung von Gemeinsamkeiten und Unterschieden bestehender Organisationsstrukturen unterscheidet er zwei Stufen. In einer ersten Stufe (z.B. Gründung einer Organisation) werden die für eine Organisation konstitutiven Entscheidungen wie Sach- und Formalziele, Unternehmensverfassung, Sozialstruktur, Standort oder Technologie getroffen. Aufgrund gesellschaftlich-ökonomischer Bedingungen sind die Wahlmöglichkeiten allerdings bereits in diesem Planungs- und Entscheidungsprozeß begrenzt. Kubicek spricht in diesem Zusammenhang von einer begrenzten Wahl(möglichkeit) für Ziele, Strategien und Strukturen durch gesellschaftliche Rahmenbedingungen wie Bildungssystem, technisches Know-how, Wirtschaftssystem etc. Auf einer zweiten Stufe bilden diese konstitutiven Entscheidungen Begrenzungen für nachfolgende Detailentscheidungen, die die Vorgabe von Leistungsstandards, die Entwicklung einer Strategie, die Schaffung einer Organisationsstruktur und den Einsatz des Personals betreffen. Mit jeder Entscheidung werden somit Spielräume für andere Entscheidungen eingeengt, indem sie die Bedingungslage ändern. Kubicek weist allerdings explizit darauf hin, daß nicht davon auszugehen ist, daß stets erst Grundsatzentscheidungen und anschließend Detailentscheidungen gefällt werden. Vielmehr können sich die Überlegungen in einer Unternehmung auch nur auf Detailentscheidungen beziehen, die in ihrer Summe den jeweiligen Grundtatbestand ausmachen. Kubicek sieht die Aufgabe der Organisationsforschung darin, typische Entscheidungssequenzen und die dabei geschaffenen Restriktionen für die jeweiligen Folgeentscheidungen zu identifizieren. Hierdurch würde das Aufzeigen von Spielräumen in Form alternativer Verzweigungen an bestimmten Punkten deutlich. Selbstkritisch merkt der Autor an, daß damit die Frage nach den Einflußgrößen von Organisationsstrukturen, nach Sachzwängen und Gestaltungsspielräumen allerdings auch auf dieser Basis nicht abschließend und eindeutig beantwortet werden kann.

Im Unterschied zu den bislang erörterten organisationstheoretischen Ansätzen stellt sowohl der Ansatz der Ressourcenabhängigkeit von Pfeffer/Salancik (1978) wie auch der Ansatz der "natürlichen Wahl" von Aldrich (1979) die Abhängigkeit der Organisation von der externen Umwelt in den Vordergrund. Infolgedessen kommen beide Ansätze zu einer pessimistischeren Einschätzung gegenüber dem Umfang von Organisationsspielräumen. Der Ansatz der Ressourcenabhängigkeit von Pfeffer/Salancik basiert auf folgenden zwei Annahmen. Zum einen gehen die Autoren davon aus, daß Organisationen den Anforderungen entsprechen müssen, die die externe Umwelt an sie

stellt. Sie erklären dies mit dem Hinweis, daß die Organisation nur durch diese An-
passung in der Lage ist, die für ihre Existenz benötigten Ressourcen (von der externen
Umwelt), zu beschaffen. Der Anpassungszwang ist abhängig von der eigenen Stellung
und Macht der Organisation im Gefüge interorganisationaler Abhängigkeiten. Zur
Erhöhung der Außenautonomie der Organisation ist das Management bestrebt, die
Abhängigkeiten von der externen Umwelt zu vermeiden. Zum anderen basiert der
Ansatz auf der Annahme, daß das Management auch deshalb bestrebt ist, die Ressourcenabhängigkeit zu kontrollieren, um seine eigenen Machtpositionen innerhalb der
Organisation aufzubauen. Dies erlaubt ihnen ihrerseits, Einfluß auf die Wahl der
Strategien und Strukturen zur Anpassung an die externe Umwelt zu nehmen. Organisationsspielräume leiten sich - vergleichbar dem Betriebsansatz (vgl. Altmann/Bechtle
1971) - von dem Grad ab, in dem es dem Management gelingt, von Ressourcen bzw.
den damit verbundenen Anforderungen der Umwelt unabhängiger zu werden. Die sich
dadurch ergebenden Handlungsspielräume des Managements können, abhängig von
internen, aber extern determinierten Machtprozessen, zu Organisationsspielräumen
werden (vgl. Sydow 1985b, S. 406).

Im Unterschied zu den Überlegungen von Pfeffer/Salancik konzentrieren sich evolu-
tionstheoretische Ansätze (vgl. Aldrich 1979; McKelvey 1982; Hannan/Freeman 1977)
weniger auf die einzelne Organisation und deren Umwelt als vielmehr auf eine Mehrzahl von Organisationen innerhalb einer Nische (population ecology). Anders als in
allen bisher diskutierten Ansätzen gehen die Vertreter evolutionstheoretischer Ansätze
davon aus, daß die Anpassung von Organisationen an ihre Umwelt das Ergebnis eines
ständigen Selektionsprozesses durch die Umwelt darstellt, der auf die Dauer zu einer
Auswahl effizienter bzw. 'passender' Organisationen, Strukturlösungen oder organisatorischen Wissenseinheiten (sog. Comps) führt. Dem Koalitionsmodell (vgl. Cyert/
March 1963) und dem Carbage Can-Modell (vgl. Cohen/March/Olsen 1972) ähnlich
wird unterstellt, daß Organisationen nur in sehr geringem Maße fähig sind, sich zielge-
richtet an Umweltveränderungen anzupassen oder solche gar zu antizipieren. Organisationsgestalter können demzufolge diesen Selektionsprozeß nur dadurch beeinflussen,
daß sie neue Aktionen, Strukturen und Verfahren generieren, diese der Umwelt 'zum
Test vorlegen' und im Falle ihrer Bewährung in das organisatorische Lösungsrepertoi-
re aufnehmen (vgl. Kieser 1982, S. 53). Da eine Vielzahl unterschiedlicher Organisationsformen den spezifischen Umwelten ausreichend angepaßt erscheinen, ist von der
Existenz betrieblicher Organisationsspielräume auszugehen. Ihr Umfang ist allerdings
unternehmensspezifisch nur ex post abzuschätzen.

Ansatz	Verhältnis von Technik und Organisation	Begründung des Organisationsspielraums
Soziotechnischer Ansatz (Trist/-Bamforth 1951)	Technik determiniert Arbeitsorganisation nicht, steckt aber den Rahmen dafür ab.	*Großer Organisationsspielraum auch bei gegebener Technik.* Technische Entwicklung eröffnet zunehmenden Organisationsspielraum, d.h. mehrere soziale Systeme sind mit einer Technologie vereinbar. Prämisse gleich effizienter Organisationsformen.
Ansatz der strategischen Wahl (Child 1972)	Technik und Organisation als zwei Gestaltungsparameter, deren Ausprägung von der Wahl der Strategie abhängt.	*Großer Organisationsspielraum.* Zum einen können Betriebe gestaltend auf ihre Umwelt einwirken und sich dadurch Spielräume verschaffen. Zum anderen können Effizienzwirkungen von Organisationsstrukturen nicht eindeutig bestimmt werden. Zudem sind die Anforderungen an die Strukturgestaltung in der Regel nicht widerspruchsfrei.
Handlungstheoretischer Ansatz (Schreyögg 1978)	Technik und Organisation als Gegenstand bzw. Ergebnis intensionalen Handelns.	*Größerer Organisationsspielraum innerhalb des Wirtschaftssystems.* Organisationsgestaltung ist Ausdruck bewußten und zweckorientierten Handelns von Organisationsgestaltern. Handlungsschranken sind vor allem extern, im Wirtschaftssystem begründet. Aufgrund mangelnder Markttransparenz sind Organisationsstrukturen aber nicht durch das Rentabilitätsprinzip determiniert.
Ansatz der begrenzten Wahl (Kubicek 1980)	Technik und Organisation als Gestaltungsvariablen, denen durch konstitutive Entscheidungen ein bestimmter Rahmen gesetzt ist.	*Größerer Organisationsspielraum.* Unternehmen haben die Möglichkeit, konstitutive Entscheidungen z.B. auch bezüglich der technisch-organisatorischen Gestaltung zu treffen. Diese kann allerdings durch den jeweiligen gesellschaftlich-ökonomischen Kontext eingeschränkt werden. Der verbleibende Spielraum erfährt mit jeder getroffenen Entscheidung eine weitere Einschränkung.
Ansatz der Ressourcenabhängigkeit (Pfeffer/ Salancik 1978)	Vernachlässigung von organisationsinternen Variablen und Kontextfaktoren.	*Geringer Organisationsspielraum.* Generell besteht ein Anpassungszwang der Organisation an die Umwelt. Spielräume können sich (zumindest zeitweise) dadurch ergeben, daß es gelingt, von den Anforderungen der Umwelt unabhängiger zu werden. Die sich daraus ergebenden Wahlmöglichkeiten können aber aufgrund betrieblicher Machtstrukturen eingeschränkt werden.
Ansatz der natürlichen Wahl (Aldrich 1979)	Vernachlässigung der Technik sowohl als Variable wie auch als interner Kontextfaktor.	*Geringer Organisationsspielraum, der erst ex post feststellbar ist.* Anpassungszwang an die jeweilige Umwelt führt auf Dauer zu effizienten Lösungen. Vielzahl von Lösungen können für spezifische Umwelt ausreichende Anpassung gewährleisten. Zielgerichtete Anpassung ist aber kaum möglich.
Interpretative Ansätze	Verhältnis von Technik und Organisation ist nicht objektiv beschreibbar, da es ein soziales Konstrukt darstellt.	*Größerer Organisationsspielraum.* Spielräume sind das Ergebnis subjektiver Wahrnehmungs- und Interpretationsleistungen der Unternehmen von ihrer Umwelt, der Funktionsweise verfügbarer Technik sowie der Beziehung von Mensch und Technik.

Abb. 2-2: Organisationstheoretische Perspektiven zum Organisationsspielraum (in Anlehnung an Sydow 1985b, S. 413)

Die bislang dargestellten Ansätze haben die situativen Rahmenbedingungen von Organisationsgestaltung und Technikeinsatz (d.h. die Umwelt) als exogene Variable betrachtet. Effizienz und Effektivität des Fertigungsbereichs sind demzufolge dann zu erreichen, wenn Technik und Organisation hinsichtlich der jeweiligen Umwelt "stimmig" sind. Vertreter interpretativer Ansätze (vgl. Überblick bei Wollnik 1993) halten dem entgegen, daß es nicht "die" Umwelt eines Unternehmens gibt. Vielmehr ist das, was in Unternehmen als solche wahrgenommen wird, ein soziales Konstrukt der Organisationsmitglieder. Die betriebliche Wirklichkeit wird somit als eine durch Interaktionen hergestellte und aufrechterhaltene, kontinuierlich produzierte und reproduzierte Realität von Bedeutungen verstanden (vgl. Ranson/Hinings/Greenwood 1980). Sie muß damit in einem prinzipiellen Sinn als kontingent, d.h. auch anders möglich, betrachtet werden (vgl. Wollnik 1993, S. 282). Damit verbindet sich allerdings nicht die Vorstellung, daß die Wahrnehmung der organisatorischen Wirklichkeit instabil ist und externe Restriktionen angesichts der Bedeutung von subjektiver Wahrnehmung und Interpretation für die Vertreter dieser Sichtweise völlig irrelevant sind. Sie weisen aber darauf hin, daß die Wahrnehmungs- und Interpretationsleistungen in einer Organisation ein wichtiges Bindeglied zwischen den Möglichkeiten und Zwängen der Umwelt, den Handlungen der Organisationsmitglieder und dem Erfolg dieser Handlungen für die Organisation ist (vgl. Daft/Weick 1984; Scheid-Cook 1992)[5]. Zur Erklärung von Wahrnehmungs- und Interpretationsleistungen dienen den Vertretern dieses organisationstheoretischen Ansatzes kognitive Schemata und Skripts (vgl. u.a. Gioia/Poole 1984), "myth systems" (Nottenburg/Fedor 1983), "belief structures" (Fiol 1990), "causal maps" (Narayanan/Fahey 1990) oder "implizite Theorien" (vgl. u.a. Hewstone 1989).

2.1.3 Zwischenfazit: Existenz begrenzter Spielräume

Faßt man die vorangegangenen Ausführungen zusammen, so bleibt festzuhalten, daß seit Beginn der 80er Jahre weder in der Industriesoziologie noch in der Organisationsforschung die Ausgestaltung von Organisationsstrukturen primär mit technischen Sachzwängen begründet wird. Die Technik wird demgegenüber als eine von vielen Situationsfaktoren betrachtet, die arbeitsorganisatorischen Maßnahmen zwar einen Rahmen setzt, in der Regel aber innerhalb gewisser Grenzen Gestaltungsspielräume

---

[5] Für den Bereich der Büroautomation hat beispielsweise Sydow (1985b) deutlich gemacht, daß die subjektive Wahrnehmung und Interpretation vorgegebener Organisationsspielräume in hohem Maße das Verhalten der Organisationsgestalter im Prozeß des Organisierens beeinflußt.

offen läßt. Die industriesoziologischen Ansätze haben sich infolge der Kritik am technologischen Determinismus vermehrt ökonomischen Begründungszusammenhängen angenommen (vgl. Sydow 1985b, S. 414). Der technologische Determinismus ist so zum Teil durch einen ökonomischen ersetzt worden. Im Gegensatz dazu nimmt bei organisationstheoretischen Ansätzen die universelle Gültigkeit des Rentabilitätsprinzips als Einflußfaktor von Organisationsspielräumen vielfach keine herausragende Rolle ein, im Gegenteil. Zum Teil werden gerade die Schwierigkeiten bei der Bestimmung von organisatorischer Effizienz als Begründung dafür angeführt, daß technisch-organisatorische Lösungen im Prinzip 'so-und-auch-anders' ausfallen können. Desweiteren werden betriebliche Handlungsspielräume, die auch als Organisationsspielräume wirksam werden können, mit den Potentialen neuer Techniken, der Wahlmöglichkeit von Rationalisierungs- bzw. Unternehmensstrategien, der Existenz von Aushandlungsprozessen zwischen Arbeitgebern und Arbeitnehmern, der Bedeutung innerbetrieblicher Einfluß- und Machtstrukturen, gesellschaftlichen Rahmenbedingungen oder dem Einfluß von Werten und Präferenzen der Organisationsgestalter begründet. Dies macht deutlich, daß das Ergebnis der technisch-organisatorischen Gestaltung des Fertigungsbereichs im Prinzip 'so-und-auch-anders' ausfallen kann. Aufgrund der aufgezeigten vielfältigen Einflußfaktoren ist allerdings anzunehmen, daß trotz dieser 'Offenheit' entsprechende Lösungskonzepte nicht völlig beliebig sind. Es ist also von der Existenz begrenzter Spielräume auszugehen.

Diese pauschale Schlußfolgerung läßt allerdings noch offen, welche technisch-organisatorischen Optionen bei der computergestützten Fertigung existieren, wieviel Wahlfreiheit besteht oder welche Einflußfaktoren die konkreten Wahlmöglichkeiten bestimmen bzw. den betrieblichen Auswahlprozeß begrenzen. Daher wird im folgenden zunächst auf die organisatorischen Gestaltungsspielräume beim Einsatz neuer Fertigungstechniken und dann auf die allgemeine Problematik der Bestimmung arbeitsorganisatorischer Gestaltungsspielräume näher einzugehen sein.

2.2 Neue Fertigungstechniken und organisatorischer Gestaltungsspielräume

2.2.1 Technisch-organisatorische Optionen in der computergestützten Fertigung

Wurde bereits für ältere Fertigungstechniken die Annahme deterministischer Zusammenhänge zwischen Technik und Organisationsstruktur in Frage gestellt, so gilt dies erst Recht im Hinblick auf neue Fertigungstechniken. Diese sind vor allem durch den

Einsatz von Informationstechnik gekennzeichnet: Die Miniaturisierung und Verbilligung elektronischer Bauelemente und das Vordringen der Digitaltechnik hat zu einer fortschreitenden Verbesserung der Aufnahme, Verarbeitung, Speicherung, Übertragung und Ausgabe von Informationen geführt. Da die Leistungspotentiale der Informationstechnik eine zunehmende zeitliche, räumliche und personelle Entkopplung von Systemeinheiten grundsätzlich erlauben, kann der Einsatz entsprechender Techniken den organisatorischen Gestaltungsspielraum erhöhen. Staudt (1985, S. 25) konstatiert, "daß insbesondere Kopplungen in Mensch-Mensch- und Mensch-Maschine-Systemen, soweit sie auf den Austausch von Daten, Text, Sprache, Bildern reduzierbar, in einer ersten Stufe durch Telekommunikationstechnologien räumlich zu entkoppeln sind". Soweit die auszutauschenden Informationen speicherbar sind und aufgrund von Selbstregulationseinrichtungen zumindest partielle Autonomie bzw. Automation besteht, sind sie in einer zweiten Stufe auch zeitlich entkoppelbar." Darüber hinaus ermöglichen die Eigenschaften der Informationstechnologie eine 'Verfunktionalisierung'. In dem Maße, in dem die Fähigkeit zur Problemlösung in Form einer informationstechnischen Lösung (z.B. Programm) festgehalten werden kann, ist eine personengebundene, kognitive Verarbeitung im jeweiligen Anwendungsfall durch den Menschen nicht mehr oder nur bedingt erforderlich (vgl. Widmer 1990, S. 141). Menschliche Arbeit kann somit durch Technik ersetzt oder informatorische und kommunikative Tätigkeiten können technisiert werden. Zu diesen generellen Potentialen der Informationstechnik trafen in der ersten Hälfte der 80er Jahre mehrere Entwicklungen zusammen, die in ihrem Zusammenspiel eine neue Qualität der Informationstechnologien bewirkten (vgl. Wollnik 1988; Lullies/Bollinger/Weltz 1990, S. 11f.):

- *(Gerätetechnische) Dezentralisierung:* Arbeitsplatzrechner (PC, Workstations) bieten dieselbe Speicher- und Rechnerkapazität wie frühere Großrechner, so daß tendenziell von jedem Ort der Zugriff auf Datenbestände und Programme möglich ist. Damit können neue Formen der Kommunikation und des Austausches von Dokumenten praktiziert und einmal erfaßte Datenbestände von unterschiedlichen Stellen verwendet werden.

- *Anwendungsflexibilität:* Die Flexibilität von Anwendungsprogrammen wurde erhöht. So kann beispielsweise ein Datenbankprogramm für unterschiedliche Anwendungsprobleme eingesetzt werden.

- *Reduzierte Benutzungskomplexität:* Der zur Systembedienung erforderliche Professionalisierungsgrad wird zunehmend geringer. Standardisierungen von Benutzungsoberflächen tragen dazu ebenso bei wie didaktisch gut gestaltete Unterstützungen bei der Systemanwendung.

- *Gerätetechnische und übertragungstechnische Integration:* Die Integration verschiedener Anwendungen in einem "multifunktionalen Terminal" ermöglicht zunehmend, mit einem einzigen Arbeitsmittel die unterschiedlichsten Tätigkeiten zu unterstützen. Die Integration von Arbeitsplätzen in bereichsübergreifende bzw. unternehmensweite Systemnetze schafft darüber hinaus die Basis für den unternehmenweiten Durchlauf einmal erfaßter Daten ebenso wie den allgemeinen Zugriff auf alle Datenbestände von Unternehmen. Die Integration von unternehmensinternen und -externen Datenbeständen erleichtert den Austausch von Informationen und ermöglicht damit eine umfassende Vernetzung kooperierender Unternehmen.

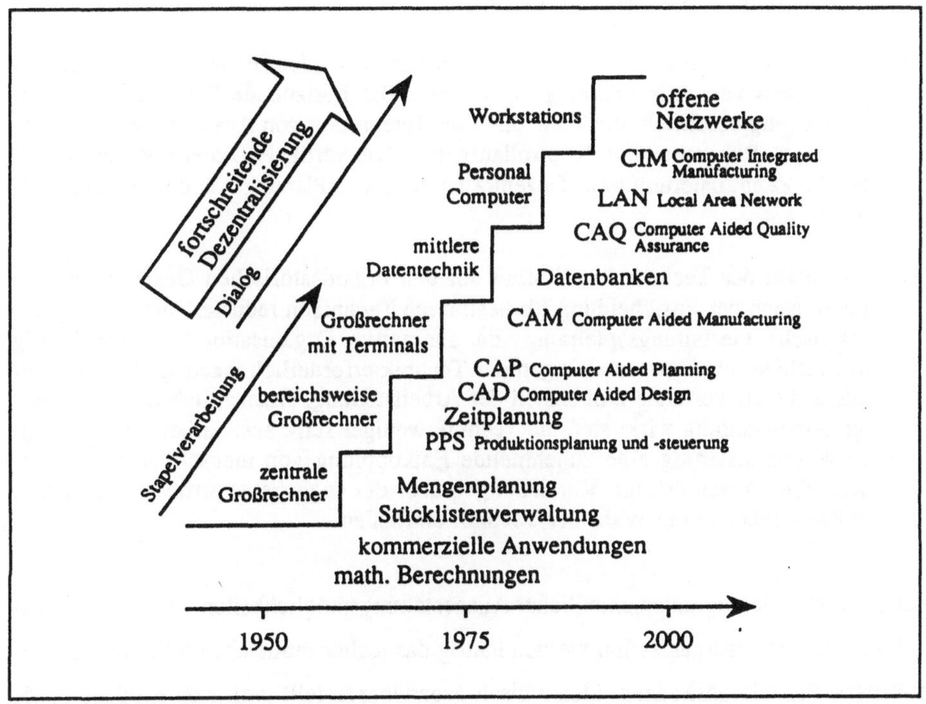

Abb. 2-3: Informationsverarbeitung in der Produktion (Quelle: Warnecke 1992, S. 19)

Abbildung 2-3 verdeutlicht die Dynamik der technischen Möglichkeiten zur Informationsverarbeitung in der industriellen Fertigung. Durch diese Entwicklung ermöglicht der Einsatz neuer Technologien die Realisierung neuer Formen der betrieblichen wie überbetrieblichen Arbeitsteilung, die noch vor wenigen Jahren nur denkbar waren. Der

Einsatz neuer Fertigungstechniken erweitert damit den Organisationsspielraum im direkten und indirekten Fertigungsbereich. Dieser muß nicht nur nicht mehr an die Technik angepaßt werden, sondern vielmehr kann die Fertigungstechnik in einem gewissen Umfang so gestaltet werden, daß sie sich einer gewünschten Organisationsstruktur anpaßt.

Kieser/Kubicek (1992, S. 327-338) führen die These erweiterter organisatorischer Gestaltungsspielräume für den Fertigungsbereich an vier Beispielen computergestützter Techniken exemplarisch näher aus. Sie kommen dabei zu folgenden Ergebnissen:

(1)   Für bestimmte Ausgangsprobleme stehen häufig mehrere technisch-organisatorische Lösungsalternativen zur Verfügung.

(2)   Alternative Arbeitsorganisationen lassen sich vor allem entlang der beiden Dimensionen von Arbeitsteilung entwickeln. Die horizontale Dimension der Arbeitsteilung beschreibt die Trennung oder Integration von Ausführungs-, Instandhaltungs-, Reparatur- und Kontrollaufgaben. Die vertikale Dimension kennzeichnet die Zentralisierung bzw. Dezentralisierung von Planungs- und Steuerungsaufgaben.

(3)   Die Wahl der Technik hat Einfluß auf den organisatorischen Gestaltungsspielraum. Nach der Entscheidung für bestimmte Techniken reduziert sich der organisatorische Gestaltungsspielraum, da alternative Organisationskonzepte häufig unterschiedliche Ausgestaltungen der Technik erforderlich machen. Dies gilt vor allem für die vertikale Dimension der Arbeitsteilung. Hinsichtlich der horizontalen Arbeitsteilung wirkt sich die Technik weniger stark aus, da bei fortschreitende Automatisierung eine zunehmende Entkopplung von menschlicher und maschineller Arbeit erfolgt. Vorstellungen über die angestrebte Arbeitsorganisation müssen daher in die Wahl der Technik einfließen.

Zur Charakterisierung unterschiedlicher Ausgestaltungsmöglichkeiten von Produktionstechnik und Arbeitsorganisation werden häufig das technozentrische und das anthropozentrische Produktionskonzept idealtypisch gegenübergestellt (vgl. z.B. Brödner 1985; Köhl et al. 1989, S. S. 248ff.; Pries et al. 1990, S. 57f.). Abbildung 2-4 veranschaulicht den Unterschied der unterschiedlichen Gestaltungskonzepte. Der technozentrische Entwicklungspfad wird mit Visionen von der "Geisterschicht" und der "menschenleeren Fabrik" verbunden. Der Mensch wird als Kosten- und Störfaktor im Betriebsablauf begriffen und soll daher durch die Automatisierung des Fertigungsprozesses weitgehend ersetzt werden. Die zu bewältigende Arbeit soll soweit wie möglich von EDV-Systemen übernommen werden. Menschliche Arbeit, die sich einer Automatisierung entzieht, kann grob unterteilt werden in Tätigkeiten, die eine hohe Qualifikation voraussetzen, und in einfache, repetitive Aufgaben. Als Folge des Computereinsatzes kommt es zu einer verstärkten Fortsetzung der bisherigen Strukturen, d.h. hohe funktionale Arbeitsteilung nach tayloristischen Prinzipien und hierarchische Macht- und Kommunikationsbeziehungen mit zentralistischen Planungs- und Kontrollkonzepten.

	Technikorientierte Gestaltungskonzepte → **Technikgestaltung**	**Arbeitsorientierte Gestaltungskonzepte** → **Arbeitsgestaltung**
Mensch-Maschine Funktionsteilung	Operateure übernehmen nicht automatisierte Resttätigkeiten	Operateure übernehmen ganzheitliche Aufgaben von der Arbeitsplanung bis zur Qualitätskontrolle
Allokation der Kontrolle im Mensch-Maschine-System	Zentrale Kontrolle. Aufgabenausführung durch Rechnervorgaben inhaltlich und zeitlich festgelegt. Keine Handlungs- und Gestaltungsspielräume durch Operateure	Lokale Kontrolle. Aufgabenausführung nach Vorgaben der Operateure innerhalb definierter Handlungs- und Gestaltungsspielräume
Allokation der Steuerung	Zentralisierte Steuerung durch vorgelagerte Bereiche	Dezentralisierte Steuerung im Fertigungsbereich
Informationszugang	Uneingeschränkter Zugang zu Information über Systemzustände nur auf der Steuerungsebene	Information über Systemzustände vor Ort jederzeit abrufbar
Zuordnung von Regulation und Verantwortung	Regulation der Arbeit durch Spezialisten, z.B. Programmierer, Einrichter	Regulation der Arbeit durch Operateure mit Verantwortung für Programmier-, Einricht-, Feinplanungs-, Überwachungs- und Kontrolltätigkeiten

Abb. 2-4:　Vergleich unterschiedlicher Gestaltungskonzepte für den Einsatz moderner Technologien (Quelle: Ulich 1991, S. 216)

Der anthropozentrische Gestaltungsansatz, der aus den Hindernissen des technozentrischen Pfades und der Widersprüche der 'mannlosen Fabrik' hervorgegangen ist, basiert im Unterschied dazu auf der Annahme, daß eine Steigerung der Produktivität durch eine Reduzierung bzw. Aufhebung von Arbeitsteilung zu erzielen ist (vgl. Brödner 1985, S. 117ff.). Der Mensch wird nicht als Restgröße der Automatisierung betrachtet, dessen Einfluß soweit wie möglich zu reduzieren ist, sondern als zentrales Element einer effizienten Arbeitsteilung zwischen Mensch und Maschine. Es geht vor

allem darum, die Produktion so zu gestalten, daß "Qualifikation, Intelligenz und En-
thusiasmus des Menschen in leicht spezialisierten Arbeitsgruppen genutzt werden, um
das bestmögliche Ergebnis aus der Fertigungstechnologie im Zusammenhang mit den
jeweils gegebenen besonderen Umständen herausholen zu können" (Williamson 1972,
S. 152). Als organisatorische Konsequenzen des alternativen Konzepts ergeben sich
folgende Gestaltungsprinzipien: Schaffung relativ autonomer, dezentraler Organisa-
tionseinheiten mit ganzheitlichen Arbeitsaufgaben, Dezentralisierung von Entschei-
dungskompetenzen, Abbau von Abteilungsgrenzen und Hierarchieebenen und die
Anwendung möglichst flexibler Betriebsmittel[6].

Der Unterschied zwischen diesen beiden idealtypischen Produktionskonzepten, die eine
Vielzahl von Zwischenformen von Produktionstechnik und Arbeitsorganisation nicht
ausschließen, besteht nicht in der Frage des mehr oder weniger intensiven Rechnerein-
satzes und auch nicht in der Frage eines größeren oder kleineren Automatisierungs-
grades. Entscheidend für das Beschreiten des einen oder anderen Entwicklungspfades
ist nach Brödner (1985, S. 118) vielmehr die Frage danach, "wie Menschen und Maschinen zusammenwirken, die Frage nach höchst unterschiedlichen Formen der Entwicklung und Anwendung von Technik in der Produktion".

2.2.2 Organisatorischer Konservatismus bei der Nutzung neuer Techniken

Wie im vorangegangenen gezeigt, eröffnet der Einsatz neuer Fertigungstechniken
erweiterte Spielräume für die organisatorische Gestaltung in den direkten und indirekten Fertigungsbereichen. Es besteht weithin Einigkeit darüber, daß computergestützte
Technologien hier (wie auch in allen anderen Unternehmensbereichen) nur dann zur
Verbesserung der betrieblichen Leistungsfähigkeit beitragen, wenn es gelingt, diese in
Abstimmung mit organisatorischen und qualifikatorischen Maßnahmen an den jeweiligen Unternehmenszielen auszurichten (vgl. u.a. Rommel et al. 1993, S. 135ff.; Evers-
heim/Fuhlbrügge 1992; Schuh 1992; Bullinger 1991, S. 11-39; Thom 1990; Schulz
1990, S. 2f.; Eidenmüller 1989, S. 146f.; Eiff 1989; VDMA/FKM 1988, S. 20f.; Mar-
tin/Ulich/Warnecke 1988; Scheer 1987b). Im Hinblick auf die zeitliche Umsetzung
wird übereinstimmend für die Reihenfolge 'Organisation vor Technik' plädiert, d.h.
vor der datentechnischen Abbildung und Vernetzung betrieblicher Abläufe und Struk-

---

[6]   Als Prototyp des anthropozentrischen Gestaltungsansatzes gilt die Fertigungsinsel in Verbindung
      mit teilautonomen Arbeitsgruppen (vgl. Brödner 1985, S. 145ff.).

turen sollen diese zunächst gestrafft und vereinfacht werden. Mit Bezug auf das "I" in CIM soll vor der Daten- eine Funktionsintegration bzw. Reduzierung der Arbeitsteilung erfolgen, da erst dann die ökonomischen Potentiale von CIM optimal genutzt werden können. Trotz dieser Bekundungen kommen zahlreiche empirische Untersuchungen zum Einsatz neuer Technologien in Büro und Fertigung zu dem Schluß, daß organisatorische Veränderungen gar nicht, nur ansatzweise, zeitlich verzögert und nur in seltenen Fällen radikal erfolgen[7]. Ein organisatorischer Konservatismus im Kontext der Einführung und des Einsatzes neuer Technologien ist daher vielfach festzustellen[8].

Auf der Basis von neun Fallstudien in verschiedenen Branchen kommen Köhl et al. (1989, S. 252f.) zu dem Schluß, daß ein in sich geschlossenes arbeitsorganisatorisches Konzept in kaum einem der Betriebe vorliegt. In weiten Bereichen der Fertigung und Montage in Betrieben der Elektrotechnik und des Straßenfahrzeugbaus fanden sie eine ausgeprägte Arbeitsteilung nach tayloristischem Muster vor. Gruppenarbeit im Werkstattbereich konnte lediglich in einem Fall beobachtet werden. Schultz-Wild et al. (1989, S. 172ff, 192ff.) kommen auf der Grundlage von Experteninterviews in 58 Unternehmen der Investitionsgüterbranche zu folgendem Ergebnis: Nahezu die Hälfte der Unternehmungen streben eine Stabilisierung oder sogar den Ausbau bereits bestehender, ausdifferenzierter, zentralistisch-bürokratischer Strukturen an. Dies geht einher mit hoher fachlicher und funktionaler Arbeitsteilung, die sich in Trennung von planenden, steuernden und ausführenden Aufgaben und einer weitgehenden Spezialisierung des Fertigungspersonals niederschlägt. An diesen Formen der Arbeits- und Betriebsorganisation richtet sich sowohl die Auswahl als auch die Gestaltung des Einsatzes von CIM-Komponenten, so daß der Technikeinsatz die mehr oder weniger ausgepägt arbeitsteiligen Strukturen stützt bzw. partiell sogar verstärkt. Diese Betriebe bezeich-

---

[7] Daß dies nicht nur für den Fertigungsbereich gilt, zeigen beispielsweise Child et al. (1987, S. 87-116) für den Dienstleistungssektor oder Lullies et al. (1990) für den Einsatz neuer Techniken im Büro- und Verwaltungsbereich.

[8] Meist wird mit dem Begriff des organisatorischen Konservatismus das Festhalten von Unternehmen an tayloristischen Gestaltungskonzepten bzw. die geringe Verbreitung anthropozentrischer Konzepte im Kontext des Einsatzes neuer Technologien zum Ausdruck gebracht. Nach diesem Begriffsverständnis sind darunter auch organisatorische Veränderungen zu subsumieren, die die vorhandene Arbeitsteilung nicht wesentlich reduzieren. Der Begriff wird in diesen Fällen somit in einem normativen Sinne verwendet. Darüber hinaus kann er aber auch zur Charakterisierung einer fehlenden oder inkonsequenten organisatorischen Anpassung von Unternehmen an Strategien oder geänderte Marktanforderungen verwendet werden. Sehr anschaulich bringt Wieselhuber (1991) diese Begriffsauffassung mit dem Motto "Alles bewegt und verändert sich - nur die Organisation bleibt starr" zum Ausdruck.

nen sie in einer auf Hirsch-Kreinsen et al. (1988) zurückgehenden Typisierung als strukturkonservativ. Nahezu ein Drittel der Betriebe charakterisieren die Autoren als strukturverändernd, da sie ähnlich den strukturkonservativen mit tayloristischen Rationalisierungsprinzipien operieren. Im Unterschied zu diesen experimentieren sie jedoch in Teilbereichen der Produktion hinsichtlich der fachlichen und teilweise auch der funktionalen Arbeitsteilung mit alternativen Strukturen. So zeigte sich, daß der Experimentierprozeß meist in den Fertigungsbereichen begonnen wird, in denen besondere Anforderungen z.B. hinsichtlich Genauigkeit, Schnelligkeit oder Flexibilität gestellt werden. Lediglich ein Zehntel der Untersuchungsfälle experimentiert nicht nur abteilungs- oder arbeitsgruppenweise, sondern im gesamten Produktionsbetrieb durchgängig mit nicht-tayloristischen, ganzheitlichen und qualifizierenden Arbeitsformen. Die betriebliche Arbeitsteilung wird nicht nur in ihrer fachlichen, sondern auch in ihrer funktionalen und hierarchischen Dimension abgebaut. Diese Betriebe bezeichnen sie als strukturinnovativ.

Im Rahmen der Wirkungsanalyse des technologiepolitischen Förderprogramms zur betrieblichen Anwendung von CAD/CAM-Systemen zeichnen Lay/Wengel (1989, S. 213-215) ein ähnliches Bild vom Beharrungsvermögen der Unternehmen. So stellen die Autoren auf der Grundlage von zehn Fallstudien und einer schriftlichen Befragung von über 800 Unternehmen fest, daß Betriebe versuchen, bei der Einführung von CAD- bzw. CAM-Systemen zunächst an bestehenden arbeitsorganisatorischen Lösungen festzuhalten. Werden dann als Lerneffekt der Technologieanwendung ablauforganisatorische Änderungen durchgeführt, folgen diese in der Regel den technischen Optionen, die mit der gewählten Hard- und Softwarekonfiguration als vorgezeichnet angesehen wurden. Daß auch die Qualifizierungspraxis bei Technikeinführungen vielfach strukturkonservierende Wirkung hat, zeigten Bungard/Jöns (1988) auf der Grundlage einer Befragung von 63 Bildungsleitern. Demnach wurde in zahlreichen Unternehmen den Bildungsleitern die Möglichkeit für eine aktive und präventive Qualifizierungsstrategie dadurch verbaut, daß sie erst spät informiert und ebenfalls erst spät oder überhaupt nicht in die Planungen eingebunden wurden (vgl. Bungard/Jöns 1988, S. 33). Dementsprechend war auch die Einbettung der Technikeinführungen in Organisationsentwicklungsprojekte nur in weniger als einem Drittel anzutreffen. Ferner wies ein Vergleich zwischen erwarteten Problemen bei der Einführung von CIM und der angenommenen Bedeutungszunahme von Qualifikationsanforderungen im Bereich Führung und Organisation auf Defizite bei den Führungskräften hin. Trotz der erwarteten organisatorischen Änderungen wurde auf dem Gebiet der arbeitsorganisatorischen Kenntnisse kein so deutlicher Bedeutungszuwachs angenommen (vgl. Bungard/Jöns

1988, S. 34).

Auf der Basis von Untersuchungen in sieben Betrieben des Maschinenbaus und neun Betrieben der Elektroindustrie resümieren Pries et al. (1990, S. 72): "Insgesamt zeigen die Untersuchungsbefunde, daß es keine 'Logik computergestützter Produktion' gibt, die eindeutig zentrale oder dezentrale Modelle der Arbeitssteuerung und -kontrolle favorisiert. Soweit heute zu erkennen, sind in der Praxis betrieblicher Organisationsgestaltung eindeutig zentralistische Konzepte der hierarchischen Arbeitssteuerung dominant gegenüber dezentralen Modellen netzwerkartiger Koordination. ... Informationstechnische Systeme und arbeitsorganisatorische Strategien bieten neue Gestaltungsalternativen, aber es bleibt real ein Strukturkonservatismus zentralistischer Planung und Kontrolle dominant."

Als Teilergebnis einer Studie zum Computereinsatz in technischen Büros von zehn Maschinenbauunternehmen fassen Wolf/Mickler/Manske (1992, S. 167f.) zusammen: "Vergleicht man die Formen, in denen die Betriebe die neuen computertechnischen und arbeitsorganisatorischen Elemente in die Gestaltung der Entwicklungs- und Konstruktionsprozesse einfließen lassen, so ist es auf den ersten Blick bemerkenswert, wie wenig sich dabei die bisherigen internen Strukturen der Produktmodellierung eigentlich geändert haben. ...Weitgehende Konservierung zentraler Merkmale der überkommenen Organisationsformen bei computertechnisch induzierter, partieller Umgestaltung bestimmter Arbeitsformen - in dieser Formel lassen sich die beschriebenen Linien der Neubestimmung von Konstruktionsarbeit in der von uns untersuchten Etappe der Computerisierung fürs erste gut zusammenfassen".

Lay (1992, S. 150f.) kommt auf der Basis einer schriftlichen Befragung von 164 Unternehmen, überwiegend der Maschinenbaubranche, zum Wandel von arbeitsorganisatorischen Konzepten beim Einsatz von CAD zu dem Ergebnis, daß zwar immerhin 20 % der CAD-nutzenden Firmen ein Organisationskonzept verfolgt, das keine funktionale Spezialisierung innerhalb des Konstruktionsbereichs vorsieht. Allerdings zeigte sich auch, daß der Übergang zur rechnergestützten Konstruktion für die Mehrheit der befragten Unternehmen weder Anlaß war, ganzheitliche oder schwach arbeitsteilige Organisationskonzepte zugunsten arbeitsteiliger Lösungen aufzugeben, noch von stark arbeitsteiligen Konzepten auf eher ganzheitliche Lösungen umzuschwenken. Lay (1992, S. 155) konstatiert daher: "Organisatorische Spielräume, die neue Techniken eröffnen, werden damit - wie hier am Beispiel CAD belegt - weder zum Nutzen noch zum Schaden einer veränderten Arbeitsteilung ausgelotet."

In einer Untersuchung der Einführungsstrategien für die computerintegrierte Produktion bei 28 Unternehmen verschiedener Branchen weist Wildemann (1990, S. 208f.) auf unterschiedliche Strategien der zeitlichen Planung und Umsetzung technischer, organisatorischer und personeller Maßnahmen hin[9]. Er konnte in zeitlicher Hinsicht drei Reaktionsweisen für den Umgang der Unternehmen mit Strukturveränderungen identifizieren: (1) Implementierung von CIM-Technologien zunächst ohne organisatorische Anpassungen, (2) Anpassung der Organisationsstruktur an spezifische CIM-Anforderungen durch Implementierung einer "vorausschauenden" flexiblen Organisation, (3) Synchrone Vorgehensweise der Installation von CIM-Systemen bei gleichzeitiger Organisationsanpassung. Annähernd 60 % der von Wildemann untersuchten Unternehmen führte zunächst die Implementierung von CIM-Technologien durch, um auf diese Weise einen Leidensdruck für die schnelle Durchführung erforderlicher Reorganisationsmaßnahmen zu erzeugen. Allerdings zeigte sich, daß diese Vorgehensweise häufig nicht konsequent zu Strukturveränderungen führte, da heutige CIM-Systeme in der Lage sich, auch stark hierarchische funktionale Strukturen abzubilden (vgl. Wildemann 1993a, S. 502)[10]. Demgegenüber entschieden sich 15 % der Unternehmen dazu, in einem ersten Schritt die Anpassung der Organisation an die neue Produktionstechnologie vorzunehmen. Bei 25 % der Unternehmen konnten Hinweise auf eine simultane Planung technischer, organisatorischer und personeller Aspekte gefunden werden.

2.2.3 Gründe für die zögerliche Nutzung organisatorischer Gestaltungsspielräume

In Anbetracht der dargestellten praktischen Erfahrungen zum Einsatz neuer Technologien im direkten und indirekten Fertigungsbereich stellt sich die Frage nach den Grün-

---

[9]   Auf das zeitliche Auseinanderfallen der Umsetzung technischer Prozeßinnovationen und administrativer Innovationen hat bereits Evan (1966; Damanpour/Evan 1984) mit seiner Hypothese des 'Organizational Lag' aufmerksam gemacht. Er konnte auf der Basis empirischer Untersuchungen zeigen, daß organisatorische und technische Innovationen oftmals nicht zusammen durchgeführt werden, sondern organisatorische Innovationen erst nach zeitlicher Verzögerung technischen Prozeßinnovationen folgen. Dies liegt seiner Ansicht nach in erster Linie darin begründet, daß technische Innovationen sich wirtschaftlich besser begründen lassen und offensichtlich in einem unmittelbareren Gewinnzusammenhang stehen als organisatorische Veränderungen.

[10]   Daß Technik oftmals als "Trojanisches Pferd" für organisatorische Veränderungen dient, konnten auch Lullies et al. (1990, S. 35-36) im Rahmen einer Studie zum Einsatz neuer Bürotechnik zeigen. Allerdings verweisen auch sie darauf, daß keiner der Befragten ein Beispiel dafür geben konnte, daß sich diese Hoffnung auch erfüllt hatte.

den für die große Diskrepanz zwischen Anspruch (bzw. Hoffnung) und Wirklichkeit. Warum nutzen Unternehmen bei der Einführung computergestützter Technologien erweiterte organisatorische Gestaltungsspielräume nur sehr zögerlich? Warum sind anthropozentrische Konzepte vergleichsweise wenig verbreitet? Zur Beantwortung dieser Fragen werden in der Literatur mehrere Gründe angeführt, die den Trend plausibel machen (vgl. Abbildung 2-5):

(1) Methodische Schwierigkeiten bei der Planung und Bewertung innovativer organisatorischer Lösungen: Methodische Defizite bei der Planung und Bewertung innovativer Organisationskonzepte sind eine Ursache für das organisatorische Beharrungsvermögen von Unternehmen (vgl. z.B. Evan 1966; Damanpour/Evan 1984; Kieser 1985, S. 374; Schultz-Wild et al. 1989, S. 203). Könnte nämlich - so die implizite Annahme - die ökonomische Vorteilhaftigkeit innovativer Gestaltungsansätze gegenüber traditionellen Konzepten problemlos nachgewiesen werden, dann würde sich in einem marktwirtschaftlichen System die effizientere Lösung über kurz oder lang durchsetzen. Der Nachweis, daß der Nutzen innovativer Organisationskonzepte höher ist als die damit verbundenen Reorganisationskosten, ist aber aufgrund methodischer Schwierigkeit nur sehr eingeschränkt möglich. Dies ist im wesentlichen auf Meß- und Bewertungsprobleme sowie Probleme der Erfassung qualitativer Größen im Kosten- und Leistungsbereich zurückzuführen. Darüber hinaus wird angeführt, daß für eine konsequente Umsetzung sogenannter ganzheitlicher Planungs- und Gestaltungsansätze die erforderliche Organisationsmethodik fehlt. Weder für die in der Organisationspraxis notwendige Neugestaltung organisatorischer Abläufe mit dem Ziel produktivitätswirksamer Reduzierung der Arbeitsteilung noch für die Unterstützung von Implementierungsprozessen organisatorisch-technischer Lösungen hält die betriebswirtschaftliche Organisationslehre ein geeignetes Instrumentarium bereit (vgl. Reichwald 1989, S. 312, S. 318; Fiedler/Regenhard 1991, S. 118). Knetsch (1987, S. 214) stellt auf der Basis empirischer Untersuchungen fest, daß "das weitgehende Fehlen einer strukturierten und methodischen Gestaltung des Innovationsprozesses von vornherein eine Verengung des Innovationsprozesses bewirkt, die eine Diskussion von technisch-organisatorischen Gestaltungs- und Implementierungsalternativen kaum zuläßt."

(2) Hoher Stellenwert von Handlungs- und Systemrationalität im Entscheidungsprozeß: Eine weitere Erklärung für das Abwehrverhalten von Unternehmen gegenüber (umfassenden) organisatorischen Veränderungen findet sich in verhaltenswissenschaftlich orientierten Ausführungen zur Rationalität betrieblicher Entscheidungen. Dem Konzept der Handlungsrationalität zufolge haben Entscheidungen in Unternehmen keinen

Selbstzweck, sondern sie sollen letztlich Handlungen auslösen[11]. Hierzu müssen Entscheidungen für die Handelnden plausibel sein, zur Umsetzung in der täglichen Praxis motivieren und Verpflichtung erzeugen (vgl. Ortmann et al. 1990, S. 71). Die Einhaltung einer möglichst formal rationalen Entscheidungsprozedur kann sich dabei durchaus als kontraproduktiv erweisen[12]. Nicht nur, weil dadurch die Entscheidungskomplexität erhöht wird, sondern auch weil diese Vorgehensweise Ungewißheit produziert und diese wiederum Motivation und 'commitment' reduziert. "Letztere können aber gerade dadurch gesteigert werden, daß man beispielsweise nur positive Folgen einer präferierten Entscheidung beachtet, nur wenige Alternativen zur Wahl stellt oder bewußt eine Scheinalternative einführt. Ziele werden dieser Logik zufolge am besten nicht am Anfang, sondern am Ende eines Entscheidungsprozesses definiert, und zwar so, daß sie möglichst gut zur Rechtfertigung der Entscheidung dienen" (Ortmann et al. 1990, S. 71). Aber auch aus systemtheoretischer Sicht scheint ein paradigmatischer Wandel der Nutzungsformen von Technik und Arbeit eher unwahrscheinlich (vgl. Braczyk 1992). Unternehmen entscheiden sich nämlich, nicht notwendigerweise explizit und bewußt, von der Ebene der sozialen Rationalität für die Option, die die Befriedigung von Erwartungen an Integration und Kontinuität (Systemstabilität) ebenso wie von Erwartungen an Effizienz und Effektivität versprechen (vgl. Braczyk 1992, S. 204).

(3) Technik als Hemmnis: Des weiteren finden sich auch technisch begründete Argumente für das organisatorische Beharrungsvermögen von Unternehmen. So zeigt sich in einer Art 'circulus vitiosus', daß Anbieter von Hard- und Software - aufgrund der Kenntnis eines organisatorischen Konservatismus bei ihren potentiellen Abnehmern - bestrebt sind, solche Problemlösungen anzubieten, deren Implementierung in den Anwenderunternehmen auf möglichst geringe Widerstände treffen. Das Angebot für

---

[11] Vgl. hierzu die bei Becker et al. 1992 geführte Diskussion zum Rationalitätsbegriff.

[12] Ein sehr anschauliches Beispiel hierfür geben Peters/Waterman (1984, S. 149-187). Die beiden McKinsey-Berater kommen bei ihrer Suche nach den Ursachen von Spitzenleistungen zu dem Ergebnis, daß unter anderem das 'Primat des Handelns' bzw. die 'Aktionsorientierung' gegenüber einer allzu vernünftigen und rationalen Reaktion auf Komplexität eine 'Grundtugend' besonders erfolgreicher amerikanischer Unternehmen ist. Die Auswirkungen eines solchen Postulats der Aktionsorientierung auf die Vorgehensweise und das Ergebnis von CIM-Vorhaben deuten sich bei v. Behr (1994, S. 213) an. Den Zwang, unter dem Verantwortliche von CIM-Projekten vielfach stehen, möglichst schnell Erfolge vorzuweisen, sieht sie als einen Grund dafür an, daß sich die Aufmerksamkeit aller Beteiligten von CIM-Vorhaben eher auf die Beseitigung technischer Störungen als die organisatorischer Defizite richtet. Erstere sind nicht nur leichter zu erkennen, sondern deren Beseitigung ist in der Regel innerhalb des Unternehmens auch einfacher durchzusetzen als die arbeitsorganisatorischer Strukturdefizite und -fehler.

Standardsoftware orientiert sich folglich meist an bestehenden Organisationsstrukturen (vgl. Döhl 1989). Insbesondere für kleine strukturkonservative Betriebe konnten Schultz-Wild et al. (1989, S. 203) die Dominanz eines großen und übermächtigen Computerherstellers ausmachen, dessen Konzepte häufig an großbetrieblich-arbeitsteiligen Strukturen ausgerichtet sind. Verfügen Unternehmen bereits über eine technische Infrastruktur, so erweist sich diese nicht selten nicht nur als Hemmnis für die technische Fortentwicklung von Unternehmen (vgl. u.a. Grünewald/Nicolai 1994), sondern auch für die Realisierung neuer organisatorischer Konzepte[13]. Lullies et al. (1990, S. 28-33) bezeichnen die installierte Technik daher als 'Altlast'. Diese zeichnet für die Unternehmen Entscheidungskorridore vor, die von ihnen kaum zu verlassen sind (vgl. Ortmann et al. 1990, S. 412; Ortmann 1984, S. 93).

(4) Zusammensetzung und formale Kompetenz von Projektteams: Als ein weiterer wichtiger Grund, warum sich in vielen Unternehmen alles verändert, nur organisatorische Strukturen nicht, wird die fachliche Besetzung und die interne hierarchische Gliederung temporärer Projektteams angeführt, die zunehmend mit der Abwicklung größerer Rationalisierungsvorhaben betraut werden (vgl. z.B. Lullies et al. 1990, S. 53ff.; Schultz-Wild et al. 1989, S. 202-204; Seltz/Hildebrandt 1989, S. 203-280; Bergmann et al. 1986). "Mit der Entscheidung darüber, wer aus welcher Abteilung und in welcher hierarchischen Position in dieses Team entsandt wird bzw. wer zum Leiter dieser Gruppe bestimmt wird, werden bereits ganz entscheidende Weichen gestellt. Denn damit werden jetzt bereits im Prozeß der genaueren Zieldefinition eines Projektes bestimmte Interessen systematisch gefördert, andere ausgeblendet ... " (Trinczek 1991, S. 70). Folgende Merkmalskonstellationen konnten in den oben genannten Studien im Zusammenhang mit strukturkonservativen Lösungen identifiziert werden: (a) Zusammensetzung der Projektteams vor allem aus Mitarbeitern technischer (Zentral-)Bereiche sowie aus Vertretern des mittleren Managements[14], (b) beschränkte

---

[13]   Die aktuelle Diskussion um die Notwendigkeit der Entwicklung gruppenarbeitsgerechter Software, die auch unter dem Begriff 'Computer Supported Cooperative Work (CSCW)' stattfindet, stützt dieses Argument. Einen Überblick über diese Diskussion und ihrer verschiedenen Facetten gibt die gleichnamige amerikanische Fachzeitschrift 'Computer Supported Cooperative Work (CSCW)' (zur Einführung vgl. auch König/Zoche 1991).

[14]   Die Dominanz technischer Bereiche in den Projektgruppen ist vielfach auf ein technikorientiertes CIM-Verständnis zurückzuführen. Wird CIM als informationstechnische Verknüpfung aller betrieblichen Funktionsbereiche unter einer gemeinsamen Datenbasis definiert, dann ist naheliegend, daß die zentralen Planungsfelder vor allem in der EDV-Organisation sowie der Gestaltung von Datenstrukturen, Datenflüssen und informationstechnischen Verknüpfungen liegen und daher in erster Linie die Mitarbeit der technischen Bereiche gefordert ist. Barthel/Ganz (1994, S. 77) kommen auf der Grundlage ihrer Analysen zu dem Schluß, daß die Fixierung auf die Technik

38

Beteiligung des Top-Managements (d.h. lediglich grundsätzliche Vorab-Zustimmung zu dem Vorhaben oder die abschließende Zustimmung zu einer entwickelten Lösung) sowie (c) geringe Beteiligung betroffener Arbeitnehmer, ihrer unmittelbaren Vorgesetzten sowie von Vertrauensleuten oder Betriebsräten im Planungsprozeß, (d) fehlende formale Kompetenz des/der Projektverantwortlichen bzw. einer "neutralen" Stelle zur Durchsetzung von Lösungskonzepten, die auch Interessenkonstallationen berühren.

(5) Bestehende Macht- und Einflußstrukturen: Weitreichende Reorganisationen sind immer mit der Umverteilung von Macht und Einfluß verbunden. Die Verantwortlichen in den Unternehmen, die über den Einsatz neuer Technologien zu entscheiden haben bzw. damit betraut sind, entsprechende Entscheidungen vorzubereiten oder umzusetzen, versuchen zu verhindern, daß Gestaltungsspielräume offengelegt werden, um so ihren Einfluß tendenziell zu stärken oder zumindest nicht zu schwächen (vgl. Jöns/ Steinbach 1991, S. 54-56; Fiedler/Regenhard 1991, S. 126-130; Trinczek 1991, S. 71; Ortmann et al. 1990; Lullies et al. 1990, S. 88; Schultz-Wild 1989, S. 202). Entscheidungen über den Einsatz rechnergestützter Technologien bzw. damit verbundene organisatorische Änderungen stellen nicht, wie die betriebswirtschaftliche Planungs- und Entscheidungstheorie annimmt, primär das Ergebnis (zweck-)rationalen Handelns dar, sondern das sozialer Prozesse (vgl. Windeler 1992, S. 102-103). Wenngleich sich nicht behaupten läßt, den Beteiligten ginge es nicht um die Sache, so ist doch davon auszugehen, daß der Kampf um Positionen und Besitzstände, Ressourcen und Karrieren, Einfluß und Macht in solchen Prozessen immer mitläuft (vgl. Küpper/Ortmann, 1992, S. 7). Es ist daher weder zu hoffen noch gar sicher, daß sich die ökonomische Vernunft durch jenes Gewirr und Gerangel hindurch als eine Art "invisible hand" auf dem Markt mikropolitischer Meinungen wie von selbst durchsetzt (vgl. Windeler 1992, S. 103). So haben oft innovative Organisationskonzepte, die ökonomisch sinnvoll wären, keine Chance auf Durchsetzung.

(6) Tayloristische Managementphilosophien und Leitbilder: Als wohl wichtigster Erklärungsfaktor für die Zurückhaltung beim Umsetzen innovativer Organisationskonzepte wird desweiteren auf den Einfluß traditioneller Leitbilder bzw. das Rationalisierungsverständnis von Managern, betrieblichen CIM-Experten oder Unternehmensberatern hingewiesen (vgl. Kieser/Kubicek 1992, S. 346; Wolf et al. 1992, S. 183ff.; Staehle 1991; Fiedler/Regenhard 1991, S. 119f; Brödner 1985, S. 61ff.). Entgegen

---

Lösungswege, Schwachstellen durch organisatorische Änderungen beseitigen zu wollen, in vielen Unternehmen ausschließt.

vieler Bekundungen ist vielfach ein (eher unbewußtes) Festhalten an alten Denkmustern bzw. bürokratisch-mechanistischen Gestaltungsphilosophien festzustellen. Diese Gestaltungs- bzw. Managementphilosophien beeinflussen die Wahrnehmung und Selektion von Entscheidungsalternativen sowie -restriktionen und können so das Andenken neuartiger technisch-organisatorischer Konzepte bereits im Keim ersticken (vgl. Ortmann et al. 1990, S. 60-65; Staehle/Sydow 1992). So können beispielsweise implizite Annahmen über die Leistungsfähigkeit bzw. das Problemlösungspotential von Technik zur Folge haben, daß Problembeschreibungen primär auf technische Aspekte reduziert werden (vgl. Braczyk 1992, S. 107). Im Hinblick auf den Einfluß von Managementphilosophien ist allerdings zu beachten, daß es durchaus denkbar ist, daß eine konservative Managementphilosophie neue organisatorische Lösungen hervorbringt und umgekehrt eine innovative Gestaltungsphilosophie bestehende Strukturen bewahrt (vgl. Staehle 1991, S. 19; Lay 1992, S. 208-209).

(8) Fehlen klar umrissener Visionen innovativer Organisationskonzepte: Nicht zuletzt wird im Zusammenhang mit der Diskussion um einen organisatorischen Konservatismus auch angeführt, daß die Kennzeichen innovativer Organisationsformen nicht eindeutig und klar umrissen sind (vgl. Fiedler/Regenhard 1991, S. 117f.). Schlagworte wie z.B. flache Hierarchien, dezentrale Strukturen, produkt- und prozeßorientierte Ablaufstrukturen kennzeichnen oftmals innovative Lösungen, sie stellen allerdings noch kein erkennbares und nachvollziehbares Bild des komplizierten Beziehungsgefüges formeller und informeller Organisationen dar.

(9) Unzulänglichkeit des menschlichen Denkens beim Umgang mit komplexen und unbestimmten Entscheidungssituationen: Individuen und Organisationen sind in der Regel bestrebt rational zu handeln, 'vernetzt' oder 'systemisch' zu denken. Kognitive Grenzen der Informationsaufnahme und -verarbeitung verhindern jedoch bei komplexen und unbestimmten Entscheidungssituationen, daß objektiv rationale Entscheidungen getroffen werden können. Hierauf haben insbesondere die verhaltenswissenschaftliche Entscheidungstheorie (vgl. u.a. March/Simon 1958; Simon 1976; March 1988) und die kognitive Psychologie (vgl. u.a. Dörner 1989) hingewiesen. Die Suche nach befriedigenden Lösungen oder nach Lösungen, die in früheren, ähnlich gelagerten Entscheidungssituationen erfolgreich waren, das Ausblenden von Neben- oder Fernwirkungen, die Zerlegung von Entscheidungsproblemem in bereichsspezifische Subprobleme, die zur Verfolgung teilweise auch widersprüchlicher Subziele führen kann unter anderem mehr sind typische Lösungsversuche von Individuen bzw. Unternehmungen, trotz Unbestimmtheit und Komplexität die Handlungsfähigkeit zu garantieren.

- Methodische Defizite bei der Planung und Bewertung innovativer Organisationskonzepte

- Hoher Stellenwert von Handlungs- und Systemrationalität bei Entscheidungen über die technisch-organisatorische Gestaltung in Unternehmen

- Verfügbare und/oder bereits installierte Technik ist nicht bzw. nur bedingt an neue Organisationskonzepte anpaßbar

- Dominanz technischer Bereiche bei der Zusammensetzung von Projektteams und begrenzte formale Kompetenz von Projektteams

- Bestehende innerbetriebliche Macht- und Einflußstrukturen insbesondere im mittleren Management

- Tayloristische Managementphilosophien und Leitbilder bei den Organisationsgestaltern prägen Auswahl und Bewertung von Lösungsalternativen

- Fehlen klar umrissener Visionen innovativer Organisationskonzepte

- Unzulänglichkeiten des menschlichen Denkens beim Umgang mit komplexen und unbestimmten Entscheidungssituationen

Abb. 2-5: Gründe für organisatorischen Konservatismus

Die hier genannten Gründe können einzeln und/oder in Kombination sowie mit unterschiedlichem Stellenwert dazu beitragen, daß Unternehmen bei der Nutzung neuer Fertigungstechniken an vorhandenen organisatorischen Lösungen festhalten.

2.3 Zur Bestimmung organisatorischer Gestaltungssspielräume

2.3.1 Art und Umfang organisatorischer Gestaltungsspielräume

Handlungs- und Entscheidungsspielräume in Organisationen beziehen sich auf individuelles oder kollektives Handeln von Organisationsmitgliedern und bezeichnen sowohl die Möglichkeiten als auch die Grenzen des Handelns (vgl. Sydow 1985b, S. 257). Diese können auf unterschiedlichen Ebenen formuliert werden (vgl. Osterloh 1985, S. 291; Sydow 1985b, S. 258): Zum einen können Handlungsmöglichkeiten bezüglich der

Gestaltung von Organisationsstrukturen und Arbeitsprozessen bestehen. Diese werden als Organisationsspielraum bezeichnet und betreffen die Existenz von Alternativen bei der Gestaltung von Aufbau- und Ablauforganisation. Davon zu unterscheiden sind individuelle Handlungs- und Verhaltensmöglichkeiten der Arbeitenden, beispielsweise über Arbeitsinhalt, -methoden oder -tempo. Dadurch, daß einerseits der Organisationsspielraum immer zugleich ein Teil des Handlungsspielraums der Organisatoren ist, andererseits eben dieser Organisationsspielraum die Handlungsspielräume der Organisatoren begrenzt, stehen beide Ebenen in enger Beziehung zueinander. Im folgenden wird primär der Gestaltungsspielraum bei der Organisationsgestaltung betrachtet.

Hierbei ist in erster Linie zwischen Struktur- und Verfahrensalternativen des Organisierens zu unterscheiden. Wenngleich bei der Auseinandersetzung mit Organisationsspielräumen meist das Ergebnis des Organisierens, d.h. verschiedene Strukturalternativen, im Mittelpunkt stehen, weist Szyperski (1969, Sp. 1230) in seiner Definition von Organisationsspielräumen darauf hin, daß hierunter auch der Gestaltungsprozeß und die dazugehörigen "organisatorischen Verfahren", mit deren Hilfe Arbeits- und Organisationsstrukturen implementiert werden, zu verstehen sind. Auf die Zweckmäßigkeit einer expliziten Unterscheidung zwischen vorgegebenen und wahrgenommenen Organisationsspielräumen weist Sydow (1985b, S. 298-318) hin. Dadurch soll der Einfluß der (subjektiven) Wahrnehmung des bzw. der Organisationsgestalter bei der Definition wie der Nutzung von Gestaltungsspielräumen deutlich werden.

Zur konkreten Bestimmung der im Einzelfall vorgegebenen bzw. wahrgenommenen Wahlmöglichkeiten der Organisationsgestaltung werden in der Literatur zwei unterschiedliche Herangehensweisen diskutiert:

(1) Definition des organisatorischen Gestaltungsspielraums durch die Anzahl der verfügbaren (bzw. wahrgenommenen) Handlungsalternativen: Einerseits kann der Organisationsspielraum durch die Menge organisatorischer Gestaltungsalternativen definiert werden, die zur Erreichung desselben Ziels eingesetzt werden können und mit den situativen Bedingungen kompatibel sind (vgl. z.B. Szyperski 1969, Sp. 1230; Khandwalla 1977, S. 260; Türk 1980, S. 158; Sydow 1985b, S. 291).

(2) Definition des organisatorischen Gestaltungsspielraums durch die wahrgenommenen Gestaltungsrestriktionen (constraints): Andererseits ermöglicht die Analyse der gegebenen (bzw. subjektiv wahrgenommenen) Gestaltungsbedingungen oder -restriktionen die Bestimmung des für die organisatorische Gestaltung verbleibenden Handlungsspielraums. Bezogen auf das Organisieren definieren Hill et al. (1974, S. 28) Constraints als wesentliche Einflußgrößen, die die organisatorischen Lösungsmöglichkeiten einschränken und im Rahmen des Organisierens nicht verändert werden können.

Demzufolge ist nicht ausgeschlossen, daß die den Organisationsspielraum definierenden Constraints durch Managementhandeln, das nicht unter den Begriff des Organisierens fällt, gestaltbar sind.

Ungeachtet der grundlegenden Schwierigkeiten, (technisch-) organisatorische Alternativen zu formulieren, wird die Bestimmung situativ gegebener Organisationsspielräume durch die Anzahl möglicher Handlungsalternativen vielfach für problematisch erachtet. Das wesentliche Argument, das gegen eine hinreichende Beschreibung von Organisationsspielräumen durch die Anzahl von Gestaltungsalternativen angeführt wird, ist, daß der Organisationsgestalter zumeist nicht alle Alternativen kennt. Dies wäre jedoch erforderlich, denn "die Formulierung organisatorischer Gestaltungsalternativen setzt immer bereits die Kenntnis einer konkreten Möglichkeit voraus, während Organisationsspielräume nur die Möglichkeit der Kenntnis einer Gestaltungsalternative voraussetzen" (Sydow 1985b, S. 293). Kann allerdings die Bekanntheit aller Alternativen nicht unterstellt werden, so wird befürchtet, daß die Definition dann Gefahr läuft, lediglich den dem Organisationsgestalter bekannten Ausschnitt der Organisationsspielräume zu berücksichtigen (vgl. Sydow 1985b, S. 293; Szyperski 1969, Sp. 1231). Für den Fall, daß sich die Alternativen kaum unterscheiden, die Wahl einer Alternative zu kaum (weit) verzweigten Folgehandlungen führt und die einzelnen Alternativen sehr bestimmt (unbestimmt) sind, läßt eine solche Vorgehensweise zudem die Frage offen, wie groß (bzw. klein) der Spielraum ist (vgl. Widmer 1990, S. 72).

Aus diesen und weiteren Gründen kommen viele Autoren zu dem Schluß, daß Organisationsspielräume zweckmäßiger durch die sie einschränkenden Rahmenbedingungen (constraints) definiert werden als durch die Menge der den Gestaltungszielen und -bedingungen gerecht werdenden Alternativen (vgl. Sydow 1985b, S. 294; Segler 1981, S. 247; Pfeffer/Salancik 1978, S. 15; Türk 1980, S. 163). Die Vorteile eines "Denkens in Constraints" werden beispielsweise darin gesehen, daß sie, vergleichbar der Funktion von Gestaltungszielen, die Suche nach Lösungsalternativen lenken. Nach Simon (1964, S. 4f.) kann auch die Einhaltung bestimmter Constraints als Ziel gesetzt und verfolgt werden. Türk (1980, S. 163) verweist unter anderem darauf, daß das Denken in Constraints differenziertere Antworten auf Fragen nach dem, was eingrenzt, ausgrenzt, bedingt und ermöglicht wird, liefern kann und die Anwendung von Sensitivitätsanalysen zur Feststellung der Veränderung von Art und Umfang von Organisationsspielräumen im Zuge der Variation einzelner oder mehrerer Restriktionen erlaubt. Kritisch ist gegen die Definition von Organisationsspielräumen durch die Analyse der Constraints jedoch anzumerken, daß auch bei dieser Herangehensweise nicht sichergestellt werden kann, daß der Organisationsgestalter alle Gestaltungsrestriktionen kennt. Berücksichtigt man ferner die begrenzten kognitiven Kapazitäten der Informationsaufnahme und -verarbeitung von Organisationsgestaltern wie auch die Kosten der Informationssuche, so scheint die skizzierte Diskussion um die hinreichend exakte und umfassende Bestimmung von Organisationsspielräumen für die praktische Gestaltungsarbeit nur von begrenztem Nutzen.

2.3.2 Technische Einflußgrößen von Organisationsspielräumen

Erfolgt die Gestaltung betrieblicher Leistungserstellungsprozesse mit Hilfe computergestützter Techniken, so gewinnen diese unvermeidlich Einfluß auf die organisatorischen Gestaltungsmöglichkeiten. Wie im folgenden zu zeigen sein wird, ist die DV-Technik hinsichtlich des betrieblichen Organisationsspielraums ambivalent: Sie kann Gestaltungsspielräume sowohl erweitern als auch einschränken.

Inwieweit die technischen und ökonomischen Potentiale der Informationstechnik im Einzelfall in der Lage sind, Organisationsspielräume zu begründen, ist in hohem Maße von der jeweiligen technischen Konkretisierung der Informationstechnologie abhängig. Daß diese von Unternehmen nur sehr eingeschränkt zu beeinflussen sind und diese daher vielfach vor "vollendeten Tatsachen" stehen, zeigt Hack (1988, S. 56-57) sehr anschaulich in seinem Kaskadenmodell der Forschungs- und Technologiepolitik.

Mit ihm macht er deutlich, daß sich die Ergebnisse der Grundlagenforschung in den Bereich der angewandten Forschung ergießen, dort umgeformt werden in neue technologische Produkte und Verfahren, aus denen sich wiederum die industrielle Massenproduktion speist. Auf der Ebene konkreter technischer Systeme, Anlagen oder Maschinen stehen Unternehmen somit vor "vollendeten Tatsachen". Ortmann et al. (1990, S. 413) sprechen in Anlehnung an das Hacksche Kaskadenmodell von einer forschungs- und technologiepolitischen Korridorbildung (vgl. Abbildung 2-6). Sie kennzeichnen damit den Sachverhalt, daß im Prozeß der Technikentwicklung in unterschiedlicher Weise Weichenstellungen vollzogen werden, die mit zunehmender Spezifizierung einer Technologie auf konkrete Anwendungen hin, zu einer Verringerung unternehmensindividueller Gestaltungsmöglichkeiten führen. Mit anderen Worten werden Organisationsspielräume auf der Ebene konkreter technischer Systeme, Anlagen oder Maschinen durch die "Vollendung der Tatsachen" (Hack 1988) in hohem Maße geprägt. Dies kann zur Folge haben, daß die spätere Nutzung technischer Systeme auf bestimmte organisatorische Gestaltungslösungen hin optimiert wird und davon abweichende Lösungen erschwert oder gar ausgeschlossen werden. Betriebliche Organisationsspielräume sind dann erheblich reduziert. Rödiger (1988, S. 72) kommt zu dem Schluß, daß Gestaltungspotentiale nur dann vorhanden sind, wenn der Prozeß der Produkt- bzw. Softwareentwicklung noch in der Vorphase steckt. Danach mutieren Gestaltungsspielräume seiner Meinung nach zu Nutzungsspielräumen oder zu Optionen auf einzelne Systembausteine.

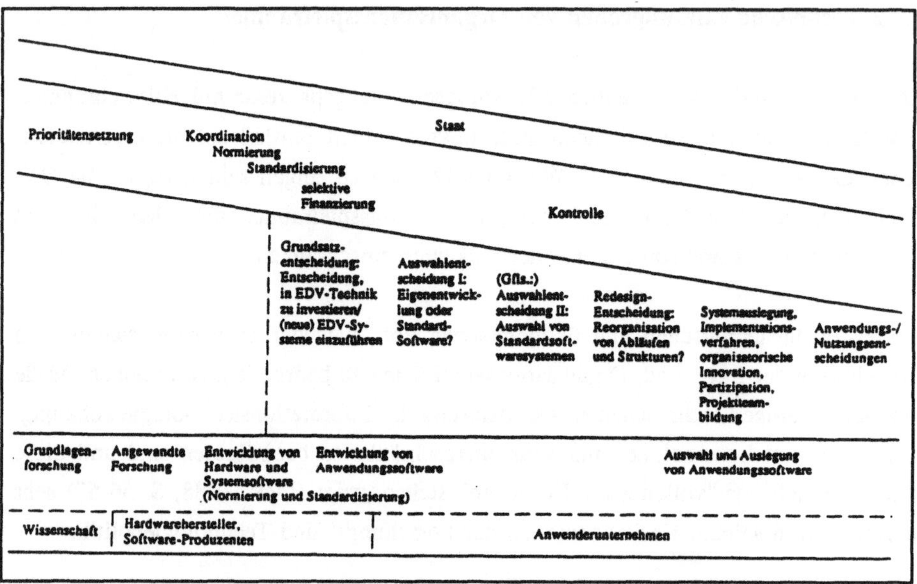

Abb. 2-6:   Forschungs- und technologiepolitischer Entscheidungskorridor
(Quelle: Ortmann et al. 1990, S. 413)

Der Einsatz einer Technik, die außerhalb der Unternehmen bereits weitgehend festgelegt ist, kann für die Akteure in den Unternehmen zwar verringerte Gestaltungsspielräume zur Folge haben, die Entscheidung zu deren arbeitsorganisatorischen Nutzung ist dadurch allerdings nur selten determiniert. Die nach Abschluß einer Produktentwicklung verbleibenden Gestaltungsspielräume können durch die in einem Unternehmen getroffenen Entscheidungen zur Auswahl und Auslegung der Systeme (d.h. die vorhandene technische Infrastuktur) weitere Einschränkungen erfahren. "Dieser Sachverhalt, daß Unternehmen durch frühere Entscheidungen festgelegt sind, ist natürlich nicht sonderlich neu; einen neuartigen Stellenwert erhält er aber dadurch, daß gerade an die neue Informationstechnik vielfach die Hoffnung geknüpft wird, sie könne sozusagen der Deus-ex-machina sein für die "neue große Freiheit" und die Unternehmen unabhängiger machen von Zwängen und der Inflexibilität der konventionellen Groß-DV" (Lullies et al. 1990, S. 33). Statt dessen erweist sich die in Unternehmen installierte Technik mehr und mehr als 'Altlast', die die Nutzung von Organisationsspielräumen einschränkt.

könne sozusagen der Deus-ex-machina sein für die "neue große Freiheit" und die Unternehmen unabhängiger machen von Zwängen und der Inflexibilität der konventionellen Groß-DV" (Lullies et al. 1990, S. 33). Statt dessen erweist sich die in Unternehmen installierte Technik mehr und mehr als 'Altlast', die die Nutzung von Organisationsspielräumen einschränkt.

3 Ökonomische Bewertung von Gestaltungsoptionen in der computergestützten Fertigung

Wie die vorangegangenen Ausführungen zeigen, existieren bei der technisch-organisatorischen Gestaltung in der computergestützten Fertigung - zumindest innerhalb gewisser Bandbreiten - betriebliche Handlungsspielräume. Da weder davon auszugehen ist, daß bestimmte Gestaltungsoptionen generell zu vergleichbaren ökonomischen Ergebnissen führen, noch, daß sich die Wirtschaftlichkeit einzelner Optionen betrieblichen Entscheidungsträgern quasi von selbst erschließt, stellt sich die Frage nach den Möglichkeiten einer methodischen Unterstützung dieses Bewertungs- und Entscheidungsprozesses. Folgt man dem ökonomischen Prinzip, so vermag in einer solchen Situation eine analytisch-rationale Bewertung beispielsweise in Form von Wirtschaftlichkeitsanalysen die Treffsicherheit von Investitionen gegenüber intuitiven Globalbewertungen zu erhöhen und das Risiko von Fehlinvestitionen zu mindern.

Im folgenden gilt es, der Frage nachzugehen, ob und gegebenenfalls inwieweit eine analytisch-rationale Bewertung technisch-organisatorischer Gestaltungsoptionen in der computergestützten Fertigung praktische Unterstützung bieten kann, um die Wahrscheinlichkeit für effiziente Lösungen zu erhöhen. Vor dem Hintergrund spezifischer Merkmale von CIM-Investitionen wird hierzu im folgenden ein Überblick über die in den letzten Jahren auf unterschiedlichen Arbeitsgebieten der Betriebswirtschaftslehre hervorgegangenen Arbeiten gegeben. Diese Ausführungen werden ergänzt durch empirische Erkenntnisse zur Akzeptanz und zum Stellenwert von Wirtschaftlichkeitsrechnungen in CIM-Planungsprozessen.

3.1 Ökonomische Implikationen der computergestützten Fertigung

3.1.1 Wirtschaftlichkeit und Bewertung

Die betriebliche Leistungserstellung sowie deren technische und organisatorische Gestaltung sind aus betriebswirtschaftlicher Sicht kein Selbstzweck. Sie dienen nur als Mittel zur Erreichung ökonomischer und sozialer Ziele von Unternehmungen. Jede Investition, Reorganisations- oder Rationalisierungsmaßnahme in diesem Bereich ist daher hinsichtlich ihres Zielbeitrags zu bewerten. Als Bewertungskriterium hierfür dient das aus dem Rationalprinzip abgeleitete Wirtschaftlichkeitsprinzip. Dieses wird als grundlegendes Prinzip jeden Wirtschaftens, d.h. jeder Disposition über knappe Mittel mit alternativen Verwendungsmöglichkeiten, angesehen. Als rein formales Prinzip, das keine Aussage über Handlungsmotive oder Zielvorstellungen enthält, postuliert es, zur Erzielung eines bestimmten Ergebnisses diejenige Handlungsalternative zu ergreifen, die mit dem geringsten Faktoreinsatz verbunden ist (sog. Minimumprinzip), oder bei gegebenem Faktoreinsatz diejenige Alternative zu wählen, die zum bestmöglichen Ergebnis führt (sog. Maximumprinzip). Die Operationalisierung eingehender Größen wird über den Erfolg, d.h. die Differenz zwischen Faktoreinsatz und Ertrag ermittelt.

Pragmatisch wird unter Wirtschaftlichkeit meist das Verhältnis von Kosten zu Leistungen bzw. dem Nutzen verstanden, das nach seiner Zweck-Mittel-Relation möglichst als ein "Best-Verhältnis" beurteilt wird (Sabel 1965, S. 19). Der in dieser Formulierung bestechend simple Vorgang zur Beurteilung der Zweck-Mittel-Relation kompliziert sich bei der Bestimmung der eingehenden Kriterien. Dies ist in erster Linie darauf zurückzuführen, daß unterschiedliche Interpretationen des Wirtschaftlichkeitsbegriffs innerhalb der Betriebswirtschaftslehre zu recht differierenden Auffassungen über die eingehenden Größen führen[15]. Neben der Definitionsvielfalt und Mehrdeutigkeit des Wirtschaftlichkeitsbegriffs erweist sich die Vergleichbarkeit der Dimensionen, die notwendig ist, um mittels einer Verhältniszahl zu einer Aussage zu kommen, nicht selten als problematisch. Hier führt insbesondere die zahlenmäßige Faßbarkeit qualitativer Effekte zu Schwierigkeiten, die bereits seit Mitte des letzten Jahrhunderts einen Streitpunkt in der Wirtschaftswissenschaften darstellt (vgl. Röß 1993, S. 154). Trotz dieser Schwierigkeiten wird eine analytisch-rationale Bewertung, d.h. eine bestimmte

---

[15] Eine ausführliche Darstellung der Definitionsvielfalt und historischen Entwicklung der Begriffe Wirtschaftlichkeit und Wirtschaftlichkeitsprinzip findet sich bei Röß (1993, S. 150-171).

Abfolge von Bewertungsschritten sowie die Zugrundelegung eindeutiger Bewertungs-kriterien, gegenüber einer intuitiven Globalbewertung als vorteilhafter angesehen. Auch wenn damit Fehlinvestitionen nicht in jedem Fall ausgeschlossen werden kön-nen, wird der Vorteil doch darin gesehen, die Treffsicherheit von Entscheidungen zu erhöhen und das Risiko der Vornahme von Fehlinvestitionen zu vermindern (vgl. Blohm/Lüder 1983, S. 46; Horváth 1988, S. 4). Die Anwendung von Analyse- und Bewertungsverfahren soll dadurch rationale Entscheidungen ermöglichen.

Funktion der Wirtschaftlichkeits-analyse	Planungs-Instrument	Entscheidungs-instrument	Kontroll-Instrument
Inhalt der Wirtschaft-lichkeitsanalyse	Analyse von potentiellen Nutzengrößen	Analyse von geplanten Nutzengrößen	Analyse von realen Nutzengrößen
Objektbereich der Wirtschaft-lichkeitsanalyse	Veränderun-gen durch Anforderungen / Situation vor der Veränderung	Informationstechnik-alternativen	Vorhergesagte zukünftige Situation / Situation nach der Einführung

Abb. 3-1: Aufgaben der Wirtschaftlichkeitsanalyse (Quelle: Wolfram 1991, S. 1064)

Die Ermittlung der Wirtschaftlichkeit von Investitionen kann aber nicht nur in der Planungsphase wertvolle Informationen zur Entscheidungsfindung liefern, sondern auch für eine nachträgliche Überprüfung des Wirkungsgrades getroffener Entscheidun-gen. Hier können Wirtschaftlichkeitsanalysen anhand eines Vergleichs von Soll/Plan- und Ist-Größen Aufschlüsse über den Grad der Zielerreichung bzw. über Planungs-fehler oder Fehleinschätzungen geben. Einen groben Überblick über die Aufgaben, die Wirtschaftlichkeitsanalysen in allen "Lebenszyklusphasen" betrieblicher Investitionen einnehmen können, zeigt Abbildung 3-1 am Beispiel der Bewertung von Informations-technikkonzepten.

3.1.2   Besonderheiten von CIM-Investitionen

Die Durchführung von Wirtschaftlichkeitsanalysen, z.B. in Form von Investitionsrechnungen, hat in der betrieblichen Praxis eine lange Tradition. Im Zuge der Entstehung computergestützter Technologien hat sich die Entscheidungskomplexität allerdings zunehmend erhöht. Dies hat in erster Linie mit den spezifischen Merkmalen neuer Fertigungstechnologien zu tun. Wie das Adjektiv bereits andeutet, unterscheiden sich diese von den sogenannten konventionellen Fertigungstechnologien. Die neue Qualität computergestützter Fertigungstechnologien ist im wesentlichen auf folgende Merkmale zurückzuführen:

- *Hohe Anwendungsflexibilität:* Neue Fertigungstechnologien sind gekennzeichnet durch ihre Flexibilität im Hinblick auf die Einsatzmöglichkeiten im Produktionsprozeß (vgl. Horváth 1988, S. 6). Diese ist durch die Computertechnik per se noch nicht festgelegt. Die Anwendungsflexibilität und Gestaltungsmöglichkeiten verringert sich allerdings mit der technischen Konkretisierung der Computertechnik.

- *Hoher Neuheitsgrad:* Systeme der computerintegrierten Fertigung haben für den Nachfrager einen relativ hohen Neuheitsgrad (vgl. Günter 1990, S. 45). Dieses Charakteristikum hatte insbesondere in der Frühphase der Markteinführung von C-Technologien eine große Bedeutung. Angesichts der hohen Dynamik der Technikentwicklung auf dem Gebiet der Informations- und Kommunikationstechnik gilt dies sicherlich für zahlreiche Nachfrager nach wie vor.

- *Ausbau- und Integrationsfähigkeit:* Neue Fertigungstechnologien zeichnen sich im Zeitablauf durch unterschiedliche Ausbaustufen (Integrationsstufen) aus, die aus organisatorischen und qualifikatorischen Gründen alle mehr oder weniger durchlaufen werden müssen (vgl. Niemeier 1988, S. 19). Die wirtschaftliche Beurteilung einzelner Anlagen bzw. Integrationsstufen kann zu Fehlschlüssen bei Investition und Einsatz führen. Erschwert kommt hinzu, daß sich die wirtschaftlichen Auswirkungen nicht von Anfang an detailliert bestimmten lassen (vgl. Horváth 1988, S. 6).

- *Hohe Wettbewerbsrelevanz:* Der Einsatz neuer Fertigungstechnologien bewirkt eine entscheidende Veränderung der qualitativen und quantitativen Kapazität und Flexibilität des Produktionssystems. Mit den damit verbundenen Verschiebungen von Input-Output-Beziehungen ergeben sich erhebliche ökonomische Konsequenzen, die die Gewinnsituation und die langfristige Sicherung der Wettbewerbsfähigkeit einer Unternehmung beeinflussen kann (vgl. Hoitsch 1993,

S. 215; Wolfrum 1991, S. 50ff.; Zahn 1989, S. 194-210; Zäpfel 1989, S. 1060-1066). Unternehmerische Zielgrößen wie Senkung der Kosten, Erhöhung der Zuverlässigkeit, Qualität und Flexibilität oder auch die Verkürzung von Produktentwicklungs- und Lieferzeiten können dabei als Bindeglied von Technologie- und Fertigungsstrategie mit wettbewerbsstrategischen Überlegungen dienen.

- *Verbundeffekte:* Investitionen in neue Fertigungstechnologien machen mit zunehmendem Integrationsgrad tiefgreifende Veränderungen von Regelungs- und Steuerungsvorgängen, Informations- und Kommunikationsbeziehungen sowie Führungs- und Organisationsstrukturen erforderlich. Ohne sie ist ein Ausschöpfen der Nutzenpotentiale nur bedingt möglich (vgl. Zahn/Dogan 1991, S. 5; Thom 1990). Des weiteren hat die Systemauswahl bei diesen Technologien einen großen Einfluß auf den organisatorischen Gestaltungsspielraum. Vorstellungen über die angestrebte Arbeitsorganisation müssen daher bereits in die Systemauswahl einfließen (vgl. Kieser/Kubicek 1992, S. 335).

- *Hohe Investitionen in Sach- und Humanvermögen:* Die Anschaffung neuer Fertigungstechnologien erfordert in der Regel hohe Investitionen in Sach- und Humanvermögen. Einmal getroffene Grundsatzentscheidungen bezüglich Hard- oder Software sind kurz- oder mittelfristig kaum mehr zu revidieren (vgl. Zahn/Dogan 1991, S. 5).

Diese Merkmale neuer Fertigungstechnologien werfen Probleme bei der Wirtschaftlichkeitsbeurteilung entsprechender Investitionsvorhaben auf. Die Schwierigkeiten konzentrieren sich vor allem in den nachfolgend genannten Aspekten (vgl. u.a. Reichwald/Weichselbaumer 1991, S. 98-99; Günter 1990, S. 47; Niemeier 1988, S. 17-19):

(1) Meß- und Bewertungsprobleme: Die Rechtfertigung von CIM-Investitionen macht Annahmen über die Entwicklung der damit verbundenen Kosten und der zu erzielenden Erträge erforderlich. Dazu müssen geeignete Maßgrößen bzw. Indikatoren gefunden werden. Problematisch auf der Kostenseite ist beispielsweise die Ermittlung von Kosten für Qualifizierung oder für die Veränderung der Aufbau- und Ablauforganisation. Auf Schwierigkeiten stößt aber auch die Erfassung und Bewertung von Kostensenkungen im Bereich der Lagerkosten, von Kosteneffekten durch Verkürzung von Durchlauf- und Lieferzeiten oder höherer Kosten im Personalbereich (z.B. bei Neueinstellung oder Höhergruppierung von Mitarbeitern). Als noch schwieriger erweist sich die Suche nach geeigneten Kenngrößen für die Ertrags- bzw. Leistungsseite der Produktion. So sind beispielsweise Vorstellungen darüber zu entwickeln, "wie die direkten und indirekten Preiswirkungen durch den Einsatz neuer Technologien beeinflußt wer-

den, welche Stückkosten (im Vergleich zur Konkurrenz) entstehen, wie die zukünftige Nachfrageentwicklung unter Einschluß der Handlungsmöglichkeiten der Wettbewerber aussieht und welche Marktanteile sich daraus ergeben" (Zäpfel 1989, S. 1070). Ebenso stellt sich die Frage, wie sich die Unternehmensposition verändert, wenn die Investition nicht durchgeführt wird. Da es sich auf der Ertragsseite oftmals um strategische und damit globale und langfristig zu realisierende Ziele handelt, wird eine Operationalisierung bzw. Quantifizierung der Wirkungen von CIM-Investitionen erschwert.

(2) Unvollkommenheit der Information: Aufgrund fehlender Daten der Vergangenheit sowie des langfristigen Planungshorizonts von CIM-Investitionen sind entsprechende Entscheidungen oftmals durch eine Unvollkommenheit der Information gekennzeichnet. So fehlen nicht selten wichtige Teilinformationen, Informationen sind nicht exakt und/oder die Wahrscheinlichkeit für die Richtigkeit der Information ist nicht bekannt (vgl. Horváth 1988, S. 4). Da deshalb weder die Folgekosten von CIM-Investitionen noch die Realisierungschancen der Nutzenpotentiale (z.B. Gewinn, Marktanteil) exakt ermittelt werden können, lassen sich entsprechende Zahlungsreihen nur schwer aufstellen (vgl. Schreuder/Upmann 1988, S. 10; Kemmner 1988, S. 27).

(3) Verbund- und Zurechnungsproblematik: Die zeitliche Verschiebung von Aus- und Einzahlungen ist ein üblicher Effekt bei Investitionsvorhaben. Da umfassende CIM-Konzepte nur schrittweise über mehrere Jahre hinweg realisiert werden können und die Implementierung von CIM-Komponenten zudem langer Einführungszeiten bedarf, ist - sofern fehlende Vergleichsdaten eine aussagekräftige Schätzung von Amortisationszeiten überhaupt erlauben - vielfach mit einer überdurchschnittlichen Verschiebung von Ein- und Auszahlung zu rechnen. Da sich zudem viele Nutzenfaktoren von CIM-Technologien erst durch eine Integration von Teilsystemen erschließen lassen, kann ein isolierter Wirtschaftlichkeitsnachweis für ein Teilsystem oder eine Teilintegration nur in wenigen Fällen gelingen (vgl. Horváth/Mayer 1988, S. 51; Schulz/Bölzing 1988b, S. 5). Zu dieser 'zeitlichen' Diskrepanz gesellt sich besonders bei CIM-Investitionen eine 'räumliche' Diskrepanz von Kosten und Nutzen einer Integrationsmaßnahme (vgl. Köhl et al. 1989, S. 105f.; Kemmner 1988, S. 26). Diese führt dazu, daß tendenziell am Anfang einer Integrationslinie gegenüber dem nicht-integrierten Zustand höhere Kosten anfallen, während 'die Früchte' der Integration von den in der Integrationslinie nachfolgenden Bereichen bzw. Kostenstellen 'geerntet' wird oder der Unternehmung als Ganzes zuzurechnen sind. Die Wahl der zeitlichen und räumlichen Systemgrenzen besitzt daher einen entscheidenden Einfluß auf das Ergebnis des Wirtschaftlichkeitsnachweises (vgl. Rall 1991, S. 12; Niemeier 1988, S. 18).

(4) Innovations- und Substitutionseffekte: Die Einführung computergestützter Techniken kann sowohl mit Substitutions- als auch mit Innovationseffekten verbunden sein. Da der Technikeinsatz nicht nur zu einer Reduzierung von Übertragungs- und Eingabetätigkeiten oder von Abstimmungsprozessen, sondern auch zu neuen Handlungsmöglichkeiten führen kann, müssen beide Effekte bei der Bewertung entsprechender Maßnahmen berücksichtigt werden. Innovationseffekte neuer Technologien wie z.B. die Möglichkeiten zur Herstellung neuer Produkte, zur Verarbeitung neuer Werkstoffe oder zur Verwirklichung neuer Organisationsformen, sind es, die langfristig von grundlegender Bedeutung für den Erfolg einer Unternehmung sind. Sie erschweren jedoch aufgrund ihrer mangelnden Quantifizierbarkeit eine ökonomische Gesamtbewertung erheblich (Reichwald/Weichselbaumer 1991, S. 99).

(5) Ganzheitlichkeitsproblematik: Ökonomische Nutzenpotentiale neuer Techniken können oftmals nur dann (optimal) ausgeschöpft werden, wenn die Technikeinführung mit tiefgreifenden Veränderungen von Regelungs- und Steuerungsvorgängen, Informations- und Kommunikationsbeziehungen sowie Führungs- und Organisationsstrukturen verbunden wird. Der Einsatz neuer Techniken kann daher immer nur unter Bezugnahme auf die mit der Technikunterstützung zu erfüllenden Aufgaben, die veränderten Qualifikationsanforderungen der Mitarbeiter sowie die jeweils verwirklichte Organisationsstruktur betrachtet werden (vgl. Reichwald/Weichselbaumer 1991, S. 99). Die Ganzheitlichkeit der Implementierung von CIM-Konzepten und das Spektrum der Einflußgrößen, die auf die Aufwands- und Ertragsentwicklung von CIM-Projekten einwirken, erhöhen zusätzlich die Komplexität der Wirtschaftlichkeitsbetrachtung (vgl. Kersten 1990, S. 186-201; Köhl et al. 1989, 93-102).

Die in Abbildung 3-2 zusammenfassend wiedergegebenen Merkmale computergestützter integrierter Produktionssysteme und der daraus erwachsenden Probleme ihrer Wirtschaftlichkeitsbeurteilung führen vielfach zu der Einschätzung, daß Investitionen in neue Fertigungstechnologien mit üblichen Investitionsvorhaben nicht vergleichbar sind (vgl. u.a. Horváth 1988, S. 5ff.; o.V. 1988, S. 33-39). Nicht selten bilden diese auch die Grundlage zur Entwicklung innovativer Ansätze der Wirtschaftlichkeitsrechnung (vgl. Reichwald/Weichselbaumer 1991, S. 98-99; Zahn/Dogan 1991; Niemeier 1988, S. 17-19).

Merkmale computergestützter integrierter Produktionssysteme	Probleme der Wirtschaftlichkeitsbeurteilung
• begrenzte Anwendungsflexibilität • Relativ hoher Neuheitsgrad • Ausbau- bzw. Integrationsfähigkeit • Hohe Wettbewerbsrelevanz • Verbundeffekte • Hohe einmalige und laufende für Sach- und Humaninvestitionen	• Erfassung und Bewertung von Kosten- und Erlöswirkungen • Unvollkommenheit der Information • Verbundwirkungen und Zurechnungsproblematik • Substitutions- und Innovationseffekte • Ganzheitlichkeitsproblematik

Abb. 3-2:   Merkmale neuer Fertigungstechnologien und Probleme ihrer Wirtschaftlichkeitsbeurteilung

3.1.3 Anforderungen und Grenzen einer ökonomischen Bewertung

Die Einschätzungen, ob und gegebenenfalls wie die Wirtschaftlichkeit von CIM-Investitionen vor dem Hintergrund dieser Besonderheiten berechnet werden kann, gehen weit auseinander. Sie reichen von der Auffassung, daß sich die Frage der Wirtschaftlichkeit dieser Investitionen im engen Sinne oft gar nicht mehr stellt, da CIM wegen der überbetrieblichen Integration und des Wettbewerbsdrucks durch höhere Variantenvielfalt bei gleichzeitig geringeren Entwicklungs- und Fertigungszeiten häufig die einzige Alternative sei (vgl. z.B. Lechner 1989, S. 207; Scheer 1987b, S. 95), daß CIM aufgrund des strategischen Charakters sich mit normalen Maßstäben nicht "rechnen" lasse (vgl. z.B. Wildemann 1987; Höfling 1987), bis hin zu dem Standpunkt, daß auch für CIM-Investitionen vergleichbare Maßstäbe anzulegen sind wie bei anderen betrieblichen Investitionsvorhaben (vgl. z.B. Horváth 1988; Kaplan 1986, S. 79). Einigkeit besteht allerdings darin, daß traditionelle Methoden der Wirtschaftlichkeitsrechnung (zumindest allein) nicht ausreichen, um eine CIM-Realisierung aus ökonomischer Sicht zu beurteilen (vgl. z.B. Köhl et al. 1989, S. 90). Der Grund hierfür wird weniger in konzeptionellen Schwächen dieser Methoden selbst gesehen als vielmehr in den Schwierigkeiten der Beschaffung und Aufbereitung der erforderlichen Informationen (vgl. Horváth 1988, S. 9; Günter 1990, S. 60)[16]. Als Konsequenz werden mit zunehmendem Integrationsgrad immer höhere Anforderungen an einen systematischen Wirtschaftlichkeitsnachweis computerintegrierter Produktionssysteme gestellt. Anforderungen, die von Wissenschaft und Praxis in der Fachliteratur gemeinhin vertreten werden, sind nachfolgend dargestellt (vgl. auch Abbildung 3-3):

(1) Verknüpfung von Fertigungs-, Technologie- und Wettbewerbsstrategie: Im Hinblick auf die strategische Bedeutung neuer Fertigungstechnologien werden insbesondere zwei Aspekte besonders hervorgehoben: Zum einen wird gefordert, die Fertigungs- und Technologiestrategie mit wettbewerbsstrategischen Überlegungen zu verknüpfen. Investitionsvorhaben in CIM sollen daher aus den jeweiligen Geschäftsstrategien abgeleitet werden. Darauf aufbauend soll dann ein übergeordnetes CIM-Rahmenkonzept erarbeitet werden, das auch die Beurteilung von Investitionen in Einzeltechnologien oder Teilintegrationen erlaubt (vgl. u.a. Hoitsch 1993, S. 161ff.; Schneider 1992; Eberle/Schäffner 1988, S. 119; Maier-Rothe 1986, S. 144-156). Zum anderen wird häufig die Forderung laut, im Rahmen des Wirtschaftlichkeitsnachweises auch die Auswirkungen auf die Wettbewerbsposition des Unternehmens zu berücksichtigen (vgl. Zäpfel 1989; Zahn 1989; Eberle/Schäffner 1988, S. 118; Wildemann 1986). Dabei geht es nicht nur um die Frage, welche Marktanteile und Umsätze bei welcher Rendite zu erzielen ist, sondern auch wie sich die Unternehmensposition verändert, wenn die Investition nicht durchgeführt wird. Letzteres soll mit Hilfe von Opportunitätskostenüberlegungen erfolgen (vgl. Mertens/Schumann 1989b, S. 777; Zäpfel 1989, S. 1070). Im Zusammenhang mit der strategischen Bedeutung von CIM-Investitionen wird auch für eine Einbettung der Wirtschaftlichkeitsanalyse in die Investitionsplanung und -kontrolle plädiert (vgl. CIM-Center NRW 1991, S. 9; Hoitsch 1989; Horváth 1988, S. 13).

(2) Mehrdimensionales Zielsystem: Die Beurteilung von CIM-Investition allein anhand finanzwirtschaftlicher Kriterien wird vielfach als unzureichend eingeschätzt. Dies wird damit begründet, daß sich nicht alle Vorteile von CIM durch monetäre Größen quantifizieren lassen und diese zudem in der Regel lediglich einen Ausschnitt des betrieblichen Zielsystems abzubilden vermögen (vgl. Zahn/Dogan 1991, S. 7; Horváth 1988, S. 4). Entsprechend der Vielzahl und Unterschiedlichkeit betrieblicher Ziele sollen

---

[16]   Blohm/Lüder (1983, S.2) sehen dies als grundlegende Schwierigkeit der Investitionsplanung. Ihrer Meinung nach liegen die Probleme für den Praktiker generell weniger in dem Nachvollzug immer perfekterer Methoden der Investitionsrechnung als in der Beschaffung und zielgerechten Auswertung der erforderlichen Informationen.

auch Investitionen in CIM-Vorhaben im Hinblick auf unterschiedliche Ziele bewertet werden. Die zunehmende Notwendigkeit sozialer Ziele wie z.B. Arbeitszufriedenheit, gerechte Lohnfindung oder Erfolgsbeteiligung begründen insbesondere Reichwald/ Weichselbaumer (1991, S. 97-98) damit, daß die menschliche Arbeitskraft in vielen Bereichen zum Engpaß der betrieblichen Planung geworden ist. Zudem verstärken gesellschaftliche Veränderungen, die sich unter dem Begriff 'Wertewandel' zusammenfassen lassen, die Forderung nach humanen Arbeitsbedingungen und Persönlichkeitsentfaltung. Welche der eng miteinander verflochtenen Zielkategorien bzw. Ziele vorrangig verfolgt werden, hängt letztlich von der unternehmensspezifischen Entscheidung der am Zielbildungsprozeß Beteiligten ab.

(3) Berücksichtigung quantitativer und qualitativer Wirkungen: Eng verknüpft mit der Forderung nach einem mehrdimensionalen Zielsystem steht das Plädoyer für eine differenzierte ökonomische Wirkungsanalyse. Hierbei sollen übereinstimmend sowohl quantitative wie auch qualitative Wirkungen berücksichtigt werden, da die Betrachtung lediglich einer der beiden Dimensionen zu betriebswirtschaftlich falschen Entscheidungen führen kann (vgl. u.a. Horváth/Mayer 1988; Zahn/Dogan 1991, S. 7). Über die praktische Einlösung dieser Forderung, insbesondere der quantitativen Wirkungsanalyse, existieren allerdings unterschiedliche Einschätzungen. Diese sind in erster Linie darauf zurückzuführen, daß relevante Input- und Outputmengen oft nicht quantifizierbar und die Daten über die Mengen selbst nicht immer bekannt sind.

(4) Zielbezogene und problemindividuelle Operationalisierung von Input- und Output: Der Begriff Wirtschaftlichkeit ist zur Bestimmung der Vorteilhaftigkeit von Investitionsalternativen per se zu ungenau, da damit lediglich das zu erreichende Verhältnis von Kosten zu Leistungen bzw. Nutzen zum Ausdruck gebracht ist. Für die Bewertung von CIM-Investitionen bedeutet dies, daß die für die jeweilige Entscheidung relevanten Kosten- und Nutzengrößen situationsbezogen zu spezifizieren und zielbezogen so weit als möglich zu operationalisieren sind (vgl. Müller-Merbach 1983, S. 813; Siebig 1980, S. 631-645). So werden beispielsweise für die ökonomische Bewertung einer Werkzeugmaschine andere Kriterien zugrundezulegen sein als für die eines Fertigungsplanungs- und -steuerungssystems. Darüber hinaus erfordert die Bewertung organisatorischer Maßnahmen in der Regel andere Kosten- und Nutzengrößen als die einer technischen Innovation. Die situationsbezogene Operationalisierung von Input- und Outputgrößen gewährleistet einerseits die Unterscheidung von Effektivität und Effizienz, so daß nicht das falsche Problem (wenn auch effizient) gelöst wird (vgl. Horváth 1988, S. 3). Andererseits wird durch die Operationalisierung offengelegt, welche

Aspekte der Begriff "Wirtschaftlichkeit" im jeweiligen Fall abdeckt werden.

(5) Wirtschaftlichkeitsnachweis und situative Methodenwahl: Betrachtet man den Gesamtprozeß von Planung, Bewertung und Einführung technisch-organisatorischer Innovationen, so kann nicht generell von "der" Wirtschaftlichkeitsanalyse gesprochen werden. Vielmehr können in verschiedenen Phasen des Innovationsprozesses Wirtschaftlichkeitsbetrachtungen mit ganz unterschiedlichen Zielsetzungen und Anforderungen stattfinden (vgl. auch Abbildung 3-1). Dies erfordert neben der situationsbezogenen Operationalisierung von Input und Output auch die Anwendung adäquater Bewertungskonzepte und -methoden. Insbesondere Meredith/Hill (1987) und Niemeier (1988, S. 31-32) machen darauf aufmerksam, daß einzelne Integrationsstufen der Nutzung computergestützter Systeme mit spezifischen Zielsetzungen verbunden sind und daher auch unterschiedliche Konzepte des Wirtschaftlichkeitsnachweises erfordern. Je nachdem, ob es um die Analyse potentieller, geplanter oder realer Kosten- bzw. Nutzengrößen geht, sind andere Konzepte und Methoden des Wirtschaftlichskeitnachweises einzusetzen.

(6) Betrachtung von Gesamtsystemen bzw. -prozessen: Da Kosten und Nutzen von CIM-Vorhaben räumlich auseinanderfallen können - beispielsweise, indem bei einer CAD/NC-Kopplung erhöhte Aufwendungen in der CAD-Konstruktion anfallen, die nicht dort, sondern in der Arbeitsvorbereitung zu Einsparungen bei der NC-Programmierung führen - werden partielle Wirkungsanalysen als unzureichend erachtet (vgl. u.a. Eiff 1993; Schuh 1992; Zahn/Dogan 1991, S. 7; Eberle/Schäffner 1988, S. 119). Dies gilt umso mehr, je höher der Integrationsgrad der jeweiligen technisch-organisatorischen Maßnahme ist. Mit Bezug auf die Systemanalyse verweisen daher beispielsweise Eberle/Schäffner (1988, S. 119) darauf, daß bei der Planung einer CIM-Lösung nicht nur die Effizienz einzelner Teilbereiche, sondern vorrangig die Effektivität des Gesamtsystems im Vordergrund stehen sollte. Ebenso ist nach Müller-Merbach (1983, S. 813) dem ökonomischen Prinzip erst dann Rechnung getragen, wenn Mitteleinsatz und Ergebnis so aufeinander abgestimmt werden, daß der durch sie definierte Gesamtprozeß optimiert wird. Die isolierte Betrachtung lediglich eines Prozeßausschnittes wird als einer der großen Fehler von Wirtschaftlichkeitsanalysen kritisiert (vgl. Horváth 1988, S. 3).

(7) Berücksichtigung von Risiken: Die Qualität von Entscheidungen ist bestimmt durch die Qualität der zugrundliegenden Informationsbasis. Wenn für eine Investitionsentscheidung wichtige (Teil-)Informationen fehlen, Informationen nicht exakt sind und/

oder die Wahrscheinlichkeit für die Richtigkeit der Informationen nicht bekannt ist, verliert das Wirtschaftlichkeitsprinzip in der Regel nicht seine Gültigkeit; es läßt sich dann lediglich nicht mehr exakt realisieren. Insbesondere Müller-Merbach (1974, S. 14) und Horváth (1988, S. 4) weisen darauf hin, daß in solchen Fällen das Sicherheits- bzw. Risikoschmälerungsprinzip neben das Wirtschaftlichkeitsprinzip treten solle. Für den Umgang mit dem Problem der Ungewißheit wird wiederholt vorgeschlagen, die einer Investitionsentscheidung zugrundeliegenden Annahmen, z.B. bezüglich der Absatzchancen, Marktentwicklungen oder Kosteneinsparmöglichkeiten, im Rahmen von Sensitivitätsanalysen oder Szenarien auf ihre "Robustheit" hin zu prüfen (vgl. Zäpfel 1989, S. 1071; Horváth 1988, S. 9; Bürstner 1988, S. 134-136; Wildemann 1986, S. 111-116). Wenngleich sich damit zwar die Unsicherheit der Daten nicht beseitigen läßt, so wird auf diese Weise doch das Risiko der Investitionsentscheidung transparenter (vgl. Zäpfel 1989, S. 1071).

- Verknüpfung von Fertigungs-, Technologie- und Wettbewerbsstrategie

- Zugrundelegung eines mehrdimensionalem Zielsystems

- Berücksichtigung quantitativer und qualitativer Wirkungen

- Zielbezogene Operationalisierung von Input- und Outputgrößen

- Wirtschaftlichkeitsnachweis und situative Methodenwahl

- Betrachtung von Gesamtsystemen bzw. -prozessen

- Berücksichtigung von Risiken

Abb. 3-3: Anforderungen an die ökonomische Bewertung von CIM-Investitionen

3.2 Ansätze zur ökonomischen Wirkungsanalyse technisch-organisatorischer Fertigungssysteme

Die Orientierung am Wirtschaftlichkeitsprinzip zieht sich wie ein roter Faden durch die Theoriegeschichte der Betriebswirtschaftslehre. In allen Phasen dieser jungen Disziplin wurden daher vielfältige methodische Ansätze zur Wirtschaftlichkeitsbewertung vorgelegt und angewendet. Vor dem Hintergrund der Entstehung und Verbreitung neuer Fertigungstechnologien hat die betriebswirtschaftliche Bewertungsdiskussion, wie im vorangegangenen gezeigt, eine neue Dimension erfahren. Diese ist vor allem auf die Zusammenhänge zwischen vernetztem Technikeinsatz und Organisationsgestaltung sowie deren Wechselwirkungen zurückzuführen. Die in diesem Kontext auf unterschiedlichen Arbeitsgebieten der Betriebswirtschaftslehre hervorgegangenen Bewertungsansätze sind Gegenstand des folgenden Abschnitts.

3.2.1 Ansätze der Produktionswirtschaft

Der überwiegende Teil der Arbeiten, der sich explizit dem Thema "Wirtschaftlichkeit rechnergestützter Fertigung" widmet, ist der produktionswirtschaftlich orientierten Literatur zuzuordnen. Das zentrale Erkenntnisinteresse dieser Arbeiten ist durch die Beantwortung folgender Fragestellungen gekennzeichnet (vgl. Günter 1990, S. 44):

- Ist die Investition in C-Systeme als solche gegenüber dem Status quo ökonomisch vorteilhaft?
- Welches System ist im Falle einer alternativ betrachteten Investition das ökonomisch vorteilhaftere?
- Wie stellt sich die Wirtschaftlichkeit von C-Systemen auf unterschiedlichen Aufbaustufen? Welcher dieser Integrationsstufen ist wirtschaftlich, welche rechnet sich nicht oder nicht mehr?

Oder, wie Kersten (1990, S. 7) im Hinblick auf die Bestimmung eines geeigneten Investitionsbudgets für neue Produktionstechnologien konkretisiert: "Wie hoch darf der Kapitaleinsatz für eine Prozeßinnovation sein, bezogen auf die davon ausgehenden Wirkungen, in Relation zu alternativen Mittelverwendungen?" Im Unterschied zum Blickwinkel von einzelwirtschaftlicher Arbeitsökonomie oder Organisationsforschung steht in den produktionswirtschaftlichen Ansätzen verstärkt die Technik als Bewertungsobjekt im Mittelpunkt der Betrachtung.

Für die zahlreichen und zum Teil sehr unterschiedlichen Bewertungsansätze existieren unterschiedliche Typisierungen. So unterscheiden beispielsweise Mertens/Schumann (1989a, S. 245-246) die Art, den Hauptzweck und den Umfang der Verfahren. Bürstner (1988, S. 1-2) dagegen unterteilt die Ansätze zur Beurteilung von Investitionen in der rechnergestützten Produktion in strategisch orientierte, ökonomisch orientierte, mehrdimensionale und mehrstufige Vorgehensweisen. Zahn/Dogan (1991, S. 7) wie auch Niemeier (1988, S. 19-31) systematisieren die Vielzahl unterschiedlicher Verfahren im Hinblick auf unterschiedliche Integrationsstufen von CIM bzw. integrierten

Informationssystemen. Da einzelne Ansätze verschiedene Investitionsrechenverfahren beinhalten können, verschiedene Wirkungsdimensionen berücksichtigen oder ergänzend eine Nutzwertanalyse vorsehen können, erscheint in Anlehnung an Mertens/ Schumann (1989a) eine Systematisierung nach dem Umfang der Verfahren bzw. dem Integrationsgrad zweckmäßig:

- *Bewertung bereichsisolierter (stand-alone) Systeme*
  Bewertungsgegenstand sind hier aufgabenspezifische Systeme wie z.B. CAD-Systeme, Roboter, CNC-Maschinen oder NC-Programmiersysteme, die nicht in ein übergeordnetes Informationssystem integriert sind. Da vom Einsatz dieser isolierten, arbeitsplatzorientierten Technologien Verbesserungen der Input-Output-Relationen im lokalen Umfeld zu erwarten sind (z.B. Verkürzung von Bearbeitungs- oder Zeichnungszeiten, Erhöhung der Flexibilität, Verbesserung der Ergebnisqualität), kommen hier in erster Linie Verfahren der klassischen Investitions- und Kostenrechnung zur Anwendung. Beispiele für derartige Rechnungen sind: Stückkostenrechnungen für unterschiedliche Kapazitätsgrade bei Fertigungssystemen (vgl. Schliengensieben 1987), Kalkulationssätze für die Erstellung von Konstruktionszeichnungen mit CAD-Systemen (vgl. Encarnacao et al. 1984, S. 132ff.), Break-even-Analysen (vgl. Schünemann/Lehnen 1983), Vergleich von Kostenbudgets (vgl. Hettesheimer 1988) oder die marktinduzierte Kapitalwertberechnung (vgl. Wildemann 1987, S. 169ff.). Zielt der Einsatz der Systeme auch auf die Erreichung qualitativer Nutzengrößen ab, wird ergänzend zu den oben genannten Methoden auch der Einsatz von Nutzwertanalysen, Kosten-Nutzen-Analysen oder sog. Scoring-Modellen vorgeschlagen. Mit ihrer Hilfe sollen auch qualitative Nutzengrößen auf der Leistungsseite Berücksichtigung finden. Da bei diesen Ansätzen primär die Realisierung von Einzel- oder Teilzielen, die mit einem System verbunden sind, überprüft werden, sind entsprechende Methoden meist stark technologieabhängig. Niemeier (1988, S. 22) weist zudem darauf hin, daß die Anwendungsbedingungen von statischen und dynamischen Investitionsrechenverfahren in vielen Fällen nur bedingt gegeben sind.

- *Bewertung bereichsübergreifender Systeme*
  Gegenstand der Bewertung ist hier die datentechnische Verkettung verschiedener Insellösungen einzelner betrieblicher Funktionsbereiche zu einem bereichsübergreifenden Informationssystem. Aufgrund des bereichsübergreifenden Charakters der Systemnutzung sowie der Auswirkungen auf organisatorische Strukturen und

61

Abläufe steht bei der Bewertung von Integrationskonzepten die (nach Unternehmensbereichen) differenzierte Analyse von Wirkungsketten im Vordergrund. Beispiele hierfür sind Ansätze, die die Berücksichtigung aller durch die neu einzusetzende Technologie betroffenen Unternehmensebenen fordern (vgl. Reichwald/Weichselbaumer 1991; Rall/Bauer 1990; Eberle/Schäffner 1988), prozeß-(ketten-)orientierte Ansätze, die Wertschöpfungsprozesse mit und ohne die zu beurteilende Technologie einander gegenüberstellen (vgl. Zangl 1988), Argumentenbilanzen (vgl. Wildemann 1987) oder die Analyse von Nutzeffektketten (vgl. Anselstetter 1985). Traditionelle Verfahren der Investitionsrechnung kommen bei der Bewertung integrierter Technologien bzw. bereichsübergreifender Maßnahmen teilweise als Bausteine zur Anwendung. Bewertungsansätze, die sich speziell der Kopplung von CAD- und NC-Programmiersystemen widmen, sind nicht bekannt. Beiträge, die sich mit der Beurteilung von Investitionen in CAD/CAM-Systeme befassen, sprechen diese Kopplungsthematik nur am Rande an (vgl. Schreuder/Fuest 1988; Steudel 1988; Suchentrunk 1987; Wildemann 1986; Eversheim et al. 1989).

- *Beurteilung unternehmensweiter Integrationskonzepte*
Über die Bewertung von Einzeltechnologien und Teilintegrationen hinaus wird in der Literatur auch die Beurteilung von unternehmensweiten Fertigungskonzepten im Hinblick auf unternehmensstrategische Gesichtspunkte thematisiert. Der Schwerpunkt liegt hier auf der Verknüpfung von Fertigungs- und Technologiestrategie mit wettbewerbsstrategischen Überlegungen. Ausgehend von Soll-Ist-Analysen bezüglich kritischer Erfolgsfaktoren und Marktposition wird eine strategische Planung der Ausgestaltung des Produktionsbereiches gefordert. Dies ist die Grundlage zur Bestimmung des strategischen Nutzens von CIM-Investitionen. Ansätze dieser Art gehen über die Wirtschaftlichkeitsrechnung im engeren Sinne hinaus und können als Element der strategischen Unternehmensplanung bzw. des Technologiemanagements bezeichnet werden. Entsprechend kommen hier in erster Linie Methoden der strategischen Planung zur Anwendung wie z.B. Stärken-Schwächen-Analyse, Portfolio-Analyse, Szenario-Technik, Delphi-Methode oder Sensitivitätsanalyse (vgl. Zahn/Dogan 1991; Zäpfel 1989; Hoitsch 1989, S. 161ff.; Wildemann 1986 und 1987).

Bei aller Unterschiedlichkeit der produktionswirtschaftlichen Ansätze ist ihnen eines gemeinsam - der Betrachtungsgegenstand der Investitionsrechnung. Trotz der Forderung nach einer ganzheitlichen Betrachtungsweise von Mensch, Organisation und

Technik messen sie dem Einsatz rechnergestützter Fertigungstechnologien einen herausragenden Stellenwert bei der Verbesserung der Wettbewerbsfähigkeit zu. Dies kommt darin zum Ausdruck, daß in den meisten Ansätzen primär die Ermittlung von Kosten und Nutzen angestrebt wird, die sich im Kontext des Technikeinsatzes ergeben. Dabei können grob zwei Kategorien von Vergleichsrechnungen unterschieden werden: Vorher-Nachher-Vergleiche bzw. Wirtschaftlichkeitsbetrachtungen zwischen herkömmlichen und computergestützten Fertigungstechniken und investitionsrechnungsorientierte Systemvergleiche, die z.B. das CAD-System A dem CAD-System B gegenüberstellen. Alternative Integrationskonzepte auf dem gleichen technischen Niveau (z.B. alternative Konzepte der CAD/NC-Kopplung) oder gar alternative organisatorische Einsatzformen einer Technologie werden als Entscheidungs- bzw. Investitionsoptionen nicht explizit in Betracht gezogen und thematisiert. Vereinzelt wird zwar auf die Notwendigkeit hingewiesen, die Kosten organisatorischer und personalwirtschaftlicher Maßnahmen bei der Beurteilung neuer Fertigungstechnologien zu berücksichtigen, eine alternative Nutzenbetrachtung aufbau- oder ablauforganisatorischer Veränderungen erfolgt allerdings nicht.

3.2.2 Ansätze der einzelwirtschaftlichen Arbeitsökonomie

Zahlreiche Erweiterungsvorschläge für traditionelle Verfahren der Wirtschaftlichkeitsrechnung entstanden in der Bundesrepublik Deutschland vor allem aus dem Forschungsbereich der einzelwirtschaftlichen Arbeitsökonomie im Zusammenhang mit dem 1974 begonnen Aktionsprogramm "Forschung zur Humanisierung des Arbeitslebens (HdA)" des BMFT. Es galt vor allem, für neue Formen der Arbeitssystemgestaltung (z.B. Gruppenarbeit, job enlargment, job enrichment) die Vereinbarkeit von humaner Arbeitsgestaltung und einzelbetrieblicher Rentabilität zu prüfen. Durch den Nachweis positiver ökonomischer Effekte sollte ein wichtiger Schritt zur Verbreitung des Humanisierungsgedankens getan werden (vgl. Staudt 1981, S. 871). Da die Investitionsrechnung quasi als "Nadelöhr" betrieblichen Innovationshandelns betrachtet wurde, sah man in den sog. erweiterten Wirtschaftlichkeitsrechnungen ein "natürliches" Einfallstor für die indirekte Beeinflussung betrieblicher Formen der Nutzung von Arbeit und Technik (vgl. Braczyk 1992, S. 96).

Gemeinsamer Nenner all dieser Verfahren ist - wie der Begriff bereits nahelegt - die Erweiterung traditioneller Verfahren der Wirtschaftlichkeitsrechnung um Aspekte,

Merkmale oder Wirkungen, die dort nicht erfaßt werden[17]. Erweiterung bedeutet allerdings keineswegs bei allen Verfahren das gleiche (vgl. hierzu Freimann 1989, S. 34-36). So liegen Erweiterungsvorschläge im Hinblick auf die zugrundezulegende Bewertungsdimension (Ein- bzw. Mehrdimensionalität), die Anwendergruppen (Management, Arbeitnehmer), der Beurteilungskriterien (qualitative, quantitative Merkmale) sowie auf die organisationale, insbesondere die partizipative Ausgestaltung der Verfahren vor. Bei den erweiterten Wirtschaftlichkeitsrechnungen im engeren Sinne sind grundsätzlich drei unterschiedlich weit greifende Entwicklungen erkennbar, die durchaus auch in einem Verfahren zum Tragen kommen können (vgl. auch Freimann 1989, S. 38):

- *Berücksichtigung verhaltensbedingt relevanter Kosten*
  Bei Verfahren dieser Kategorie wird vorgeschlagen, die kostenrechnerische Erfassung betrieblicher Prozesse so auszuweiten, daß auch verhaltensbedingt kostenrelevante Folgen einer betrieblichen Entscheidung Berücksichtigung finden, die im traditionellen System der Kostenrechnung implizit den Gemeinkosten zugerechnet werden. Beispiele für eine solche Verfeinerung der Kostenrechnung ist die Erfassung und Bewertung von Fehlzeiten, Fluktuation sowie An- und Umlernkosten der Arbeitnehmer (vgl. Gaitanides 1976; Steffen 1978; Oechsler 1979; Zippe 1979; Metzger 1977).

- *Berücksichtigung der Leistungsseite betrieblicher Entscheidungen*
  Hierbei wird vorgeschlagen, neben den Kosten- auch die Ertrags- bzw. Nutzenseite von Maßnahmen zur Arbeitssystemgestaltung in die Betrachtung einzubeziehen. Darüber hinaus wird eine Beurteilung einzelner betrieblicher Subsysteme in den Zusammenhang übergeordneter Systeme (z.B. Teilbetrieb, Gesamtbetrieb, Unternehmen) vorgeschlagen (vgl. Reichwald/Picot 1979).

- *Berücksichtigung gesamtwirtschaftlich wirksam werdender Folgen*
  Dieser Erweiterungsvorschlag bezieht sich auf den betriebswirtschaftlichen Kostenbegriff. Kritisch wird gegen dieses Kostenverständnis eingewendet, daß es ausschließlich auf einzelbetriebliche Folgen betrieblicher Entscheidungen abhebt,

---

[17] Angesichts der Vielfalt und Unterschiedlichkeit der Verfahren sei zu deren ausführlicher Beschreibung auf die entsprechenden Publikationen verwiesen (vgl. beispielsweise Anders et al. 1986; Gottschalk/Staehle 1986; Elias et al. 1985). Hier soll es genügen, in aller Kürze einen Überblick über die von der einzelwirtschaftlichen Arbeitsökonomie entwickelten Verfahren zu geben.

ohne die gesamtwirtschaftlichen monetären Folgen zu berücksichtigen. Zur umfassenderen Wirkungsanalyse wird daher vorgeschlagen, die sog. sozialen Kosten betrieblicher Entscheidungen in die Kostenbetrachtung aufzunehmen (vgl. Heinen/Picot 1974; Picot/Reichwald 1979; Bodem et al. 1984).

Die einzelwirtschaftliche Arbeitsökonomie hat mit ihren Arbeiten zur erweiterten Wirtschaftlichkeitsrechnung zweifellos wichtige Impulse für die ökonomische Beurteilung computergestützter Technologien geliefert. Hervorzuheben ist hier der Vier-Ebenen-Ansatz von Reichwald/Picot (1979), der so bzw. in modifizierter Form zur Beurteilung computergestützter Fertigungskonzepte vorgeschlagen wird (vgl. Reichwald/Weiselbaumer 1991; Rall/Bauer 1990; Eberle/Schäffner 1988; Bürstner 1988). Darüber hinaus ist es sicherlich auch als Verdienst der einzelwirtschaftlichen Arbeitsökonomie zu werten, daß die Forderung bzw. Realisierung einer "Erweiterung" traditioneller Ansätze der Investitionsrechnung heute zur herrschenden Auffassung gezählt werden kann (vgl. Kapitel 3.1.3). Im Unterschied zu den meisten Arbeiten der Produktionswirtschaft zielen die Ansätze der einzelwirtschaftlichen Arbeitsökonomie explizit auf die Bewertung innovativer, ganzheitlicher Arbeitssysteme in Fertigung und Büro. Wenngleich das individuelle Ausloten technisch-organisatorischer Gestaltungsspielräume damit ein Anliegen dieses Forschungszweiges war, so ist doch kritisch anzumerken, daß die Dichotomisierung von Arbeitssystemen in 'humane' und 'traditionelle' Formen für Wirtschaftlichkeitsbetrachtungen zu kurz greifen kann. Dies gilt insbesondere dann, wenn dadurch ein Wirtschaftlichkeitsvergleich alternativer 'humaner' Arbeitsformen unterbleibt. Die meisten der vorliegenden Ansätze sind darüber hinaus im Hinblick auf ihre Anwendungsgebiete sehr allgemein gehalten, so daß vor einer Anwendung zunächst die jeweiligen Beurteilungskriterien (Kosten- und/oder Nutzengrößen) problemspezifisch auszuwählen, zu operationalisieren oder zu modifizieren sind. Der damit verbundene Aufwand übersteigt zum Teil den zu erwartenden Nutzen (vgl. Klimmer 1991, S. 75). Von Ausnahmen abgesehen hat sich die geringe Praktikabilität der Verfahren bislang als entscheidendes Hemmnis einer über den Rahmen von Forschungsvorhaben hinausgehenden betrieblichen Anwendung erwiesen (vgl. Volkholz 1991, S. 69; Gottschalk 1989, S. 79; Niebur 1987, S. 92f.; Anders et al. 1986, S. 131).

3.2.3 Ansätze der betriebswirtschaftlichen Organisationsforschung

Die Ermittlung bzw. Prognose von Wirkungen, die primär mit organisatorischen Maßnahmen verbunden sind, hat sich die organisatorische Effizienzforschung zur Aufgabe
gemacht. Die Einschätzung der organisatorischen Effizienz stellt eine der wohl kom-
plexesten Fragen der Organisationslehre dar (vgl. Welge 1987, S. 589). Die Forschung
konzentriert sich dabei schwerpunktmäßig auf die Entwicklung von zumeist theoretischen Effizienzansätzen und der empirischen Absicherung von Effizienzkriterien. Die
theoretischen Ansätze können als unterschiedliche konzeptionelle und methodische
Zugangswege verstanden werden, mit deren Hilfe organisatorische Effizienz faßbar
gemacht wird (vgl. Fessmann 1979, S. 6). Innerhalb der heute am häufigsten verfolgten theoretischen Erklärungsansätze organisatorischer Effizienz, lassen sich ziel-,
system- und koalitions- bzw. interaktionsorientierte Ansätze unterscheiden[18].

- *Zielorientierte Ansätze*
  Zielorientierte Ansätze haben, wie die Bezeichnung bereits erkennen läßt, als
  Bezugsgrundlage von Effizienzbeurteilungen die Ziele einer Unternehmung gewählt (typische Vertreter: Barnard 1938; Price 1968). Da sie unterstellen, daß
  Unternehmungen zielverfolgende Einheiten sind, definieren sie die Effizienz am
  jeweiligen Grad der Zielerreichung. Unterschiede zwischen den verschiedenen
  zielorientierten Ansätzen bestehen in erster Linie bezüglich der Anzahl berück-
  sichtigter Zieldimensionen einer Organisation. Während sogenannte monokausale
  Ansätze die Effizienz lediglich an der Erfüllung eines Maßstabs (z.B. Gewinn)
  messen, berücksichtigen multivariable Ansätze die Erfüllung mehrerer Maßstäbe
  (z.B. ökonomische und soziale Ziele).

- *Systemorientierte Effizienzansätze*
  Die systemorientierten Ansätze zeichnen sich als "Erweiterung und Gegenposi-
  tion" zum Zielansatz aus (vgl. Meier 1983, S. 113). Die Beurteilung der Effizienz von Unternehmungen hier nicht mehr ausschließlich ergebnis- bzw. zielbezogen. Durch die zusätzliche Berücksichtigung der Ressourcengewinnung und -
  verwendung wird vielmehr auch dem Zustandekommen des Ergebnisses Rechnung getragen. Bezugsobjekt dieser Ansätze ist damit das System 'Unterneh-

---

[18]   Zur detaillierten Darstellung der Ansätze sowie deren Stärken und Schwächen sei auf die entsprechende Literatur verwiesen (vgl. insbesondere Kogelheide 1992, S. 162-168; Hafkesbrink
1986, S. 103-118 und Grabatin 1981, S. 21-39 und die dort zitierte Literatur).

mung' in seiner Gesamtheit. Bei den sogenannten geschlossenen Systemansätzen werden die Ziele der organisatorischen Gestaltung und die unternehmensinternen Prozesse untersucht. Effizienz wird dann im Sinne einer optimalen Verteilung des Ressourceneinsatzes auf verschiedene Betriebsprozesse definiert (vgl. Welge 1980, S. 82). Bei den sogenannten offenen Systemansätzen werden neben den Zielen der organisatorischen Gestaltung und den unternehmensinternen Prozessen zusätzlich das Beziehungsgefüge zwischen der Unternehmung als System und der Umwelt berücksichtigt. Hier ergeben sich drei mögliche Untersuchungsebenen: die System-Umwelt-Beziehung, die Strukturen und Prozesse sowie die Ziele. Im Mittelpunkt dieser Ansätze stehen die Transaktionsbeziehungen zwischen Unternehmung und Umwelt sowie das Ausmaß, in dem Unternehmungen mit Wettbewerbern um knappe Ressourcen (z.B. Rohstoffe, Finanzmittel, Führungskräfte) wetteifern. Die organisatorische Effizienz einer Unternehmung wird am Verhandlungsergebnis gemessen (typische Vertreter: Etzioni 1971; Katz/ Kahn 1978; Yuchtmann/Seashore 1967).

- *Koalitions- bzw. interaktionsorientierte Ansätze*
Diese Ansätze beziehen in der Regel die Effizienz von Unternehmungen auf das Ausmaß der Interessenbefriedigung von relevanten Mitgliedern der sozialen Umwelt einer Unternehmung (typische Vertreter: Grabatin 1981; Zammuto 1982; Keeley 1984). Damit kommt Interessengruppen, zu denen eine Unternehmung Interaktionsbeziehungen aufrechterhält, wie z.B. Kunden, Lieferanten, Gewerkschaften, eine große Bedeutung zu. Eine zentrale Stellung in interaktionsorientierten Ansätzen nimmt dabei das sogenannte Meta-Kriterium ein, mit dessen Hilfe eine Präferenzreihenfolge unter den artikulierten Interessen hergestellt werden soll. Nach Art und konzeptioneller Einbindung des Meta-Kriteriums lassen sich prinzipiell unterscheiden (vgl. Hafkesbrink 1986, S. 113-117): "Relativistic Approach", "Power Approach", "Developement Approach" und "Social Justice Approach". Die Effizienz einer Unternehmung wird hier beispielsweise danach definiert, inwieweit sie in der Lage ist, alle Interessengruppen, die Macht über die Unternehmung besitzen, zufriedenzustellen oder nach ihrer Fähigkeit, sich ändernden Präferenzstrukturen der an der Unternehmung beteiligten Interessengruppen anzupassen.

Trotz der Unterschiedlichkeit der theoretischen Erklärungsansätze organisatorischer Effizienz ist ihnen doch gemeinsam, daß sie alle die Erreichung eines Ziels oder Zielbündels anstreben. Der Unterschied besteht im Grunde nur in der Festlegung des Ziels.

Während es einmal die theoretisch-deduktiv abgeleiteten oder empirisch ermittelten Ziele der Unternehmung sind, sind es ein andermal der optimale Ressourceneinsatz oder die Zufriedenstellung relevanter Interessengruppen. Welge/Fessmann (1980, Sp. 58) konstatieren daher, daß sich zahlreiche Effizienzansätze nicht explizit mit organisatorischer Effizienz befassen und sich prinzipiell jeder anstrebungswürdige Zustand eines Unternehmens zur Begründung eines (neuen) Effizienzansatzes heranziehen läßt. Bei der Präzisierung des unscharfen Konstrukts "Effizienz" prägt zudem der (implizit oder explizit) zugrundegelegte organisationstheoretische Standort des Beurteilers sowohl die Wahl der Effizienzkriterien als auch die der Analyseebene (vgl. Ebers, 1981, S. 6). Da die Wirksamkeit bestimmter organisatorischer Maßnahmen, wie die historische Entwicklung der Organisationstheorie zeigt, von den jeweils herrschenden historischen Umständen abhängig ist, kann beim gegenwärtigen Stand der organisationstheorischen Forschung nicht auf gesicherte Zusammenhänge zwischen bestimmten organisatorischen Variablen und Effizienzkriterien zurückgegriffen werden (vgl. Ebers 1981, S. 7)[19]. Kritisch ist gegenüber sämtlichen Ansätzen anzumerken, daß diese Effizienz nur auf der Ebene der Gesamtunternehmung behandeln (vgl. Kogelheide 1992, S. 170). Meist werden zudem organisatorische Gestaltungsregeln in diesem Zusammenhang ebensowenig explizit thematisiert wie die Verhaltens- und Funktionssteuerung von Menschen und Maschinen (vgl. Fessmann 1979, S. 9). Die bisher entwickelten Konzepte organisatorischer Effizienz erlauben somit keine hinreichende Klärung von Zusammenhängen zwischen bestimmten organisatorischen Variablen und Effizienzkriterien.

3.2.4 Resümee: Eingeschränkte Aussagefähigkeit der Rechenansätze

Wie die vorangegangenen Ausführungen zeigen, hat die Betriebswirtschaftslehre auf verschiedenen Arbeitsgebieten mit unterschiedlichem Detaillierungsgrad eine Vielzahl von Konzepten und Methoden zur Ermittlung bzw. Prognose der Wirtschaftlichkeit (computergestützter) Fertigungssysteme hervorgebracht. Auffallend ist, daß diese je nach Forschungsgebiet, dem sie entstammen, unterschiedliche Zielsetzungen und Schwerpunkte verfolgen. So ist beispielsweise festzustellen, daß die finanz- und produktionswirtschaftlichen Arbeiten, die - bezogen auf die spezifische Anwendung in CIM-Vorhaben - das Gros der vorhandenen konzeptionellen wie empirischen Arbeiten

---

[19] Auf weitere Probleme, die bei der Entwicklung von praktischen Gestaltungsaussagen aus allgemeinen Organisationstheorien entstehen, geht Nienhüser (1993) ausführlich ein.

darstellen, sich primär auf die ökonomische Bewertung der Fertigungstechniken selbst konzentrieren. Die Arbeiten der einzelwirtschaftlichen Arbeitsökonomie und der Organisationsforschung sind dagegen vergleichsweise wenig technikspezifisch angelegt und rücken die Bewertung sozio-technischer Arbeitssysteme bzw. auf- und ablauforganisatorischer Maßnahmen stärker in den Mittelpunkt ihrer Betrachtungen.

Die Aufarbeitung vorhandener theoretisch-konzeptioneller Ansätze zur ökonomischen Wirkungsanalyse technisch und/organisatorischer Systeme dieser drei Forschungsgebiete der Betriebswirtschaftslehre machte zudem deutlich, daß eine kaum mehr überschaubare Anzahl von Bewertungskonzepten- und -kriterien existieren, die zum Teil erhebliche Überschneidungen aufweisen. Ferner fiel auf, daß nur wenige Arbeiten, insbesondere zwischen den verschiedenen Forschungsfeldern aufeinander Bezug nehmen. Unabhängig von den Stärken und Schwächen einzelner Ansätze sind zu deren Aussagefähigkeit im Hinblick auf die nachfolgenden Schritte drei Erkenntnisse festzuhalten:

(1) Es gibt kein Verfahren der ökonomischen Wirkungsanalyse technisch-organisatorischer Fertigungskonzepte, das in der Lage ist, die monetäre Dimension der Investitionsentscheidung vollständig und ohne (zum Teil wirklichkeitsfremde) Prämissen abzubilden.

(2) Jedes Verfahren eröffnet mehr oder weniger umfangreiche Bewertungsspielräume bei dessen Anwendung, so daß die Ergebnisse bei allem Anschein der Objektivität immer auch auf der Grundlage subjektiver Erwartungen zustandekommen.

(3) Es existieren zwar zahlreiche Vermutungen bzw. Hypothesen über Zusammenhänge zwischen bestimmten organisatorischen Variablen und Effizienzkriterien, aber eindeutige, theoretisch fundierte und empirisch bestätigte Ursache-Wirkungszusammenhänge sind bislang nicht vorhanden.

In Bezug auf die in Kapitel 2 geführte Diskussion um die Existenz organisatorischer Gestaltungsspielräume zeigte sich damit, daß die begrenzte Aussagefähigkeit von Rechenansätzen zur Beurteilung der Wirtschaftlichkeit technisch-organisatorischer Gestaltungslösungen unter anderem auch betriebliche Gestaltungsspielräume eröffnet.

3.3 Wirtschaftlichkeitsbetrachtung bei der Planung neuer Produktionskonzepte zwischen Anspruch und Wirklichkeit

3.3.1 Methodeneinsatz zur Unterstützung von Bewertungsprozessen

Die Auseinandersetzung mit den Anforderungen, Möglichkeiten und Grenzen der ökonomischen Bewertung neuer Fertigungstechnologien hat in der betriebswirtschaftlichen Forschung zu zahlreichen Lösungsansätzen geführt. Vor diesem Hintergrund stellt sich die Frage, inwieweit die betriebliche Praxis in Planungs- und Implementierungsprozessen computergestützter Fertigungstechniken auf die vorhandenen Forschungsergebnisse zurückgreift.

Wie ein Blick in die vorhandene Literatur zur Analyse betrieblicher Planungs- und Einführungsprozesse der computergestützten Fertigung zeigt, kann diese Frage leider nur ansatzweise beantwortet werden. Die empirischen Belege zur Einsatzhäufigkeit und den Einsatzerfahrungen ökonomischer Bewertungsmethoden fallen dort sehr knapp aus[20]. So findet sich in einer Untersuchung von Wildemann (1990, S. 226-231) bei 28, überwiegend größeren Unternehmen der Branchen Maschinenbau, Kfz und Elektrotechnik/Elektronik der Hinweis auf eine vergleichsweise starke methodische Unterstützung bei der Beurteilung der Wirtschaftlichkeit neuer Produktionstechnologien. Dabei zeigte sich, daß Verfahren wie die Kosten-/Nutzenanalyse und die Abschätzung eines zulässigen Investitionsrahmens breite Anwendung finden (vgl. Abbildung 3-4). Allerdings wendeten alle Unternehmen auch Verfahren der statischen und dynamischen Investitionsrechnung an, wobei sich jedoch nur knapp 16 % der Unternehmen ausschließlich auf dynamische Rechnungen beschränkten. Ferner zeigte sich, daß die Hälfte der Unternehmen auch nutzwertanalytische Verfahren eingesetzte, die die Bewertung qualitativer Wirkungen ermöglichten.

---

[20] Dies dürfte allerdings weniger auf das Versäumnis einzelner Forscher zurückzuführen sein. Vielmehr steht zu vermuten, daß dies Ausdruck eines typischen Defizits 'wissenschaftlicher Wirkungsforschung' ist, sich nicht mit der sozialen Akzeptanz betriebswirtschaftlicher Forschungsergebnisse durch die betriebliche Praxis zu befassen. So kritisiert bereits Freimann (1989, S. 175), daß zur Akzeptanz verschiedener Verfahren der Investitionsrechnung in der Bundesrepublik Deutschland seit Mitte der 50er Jahre lediglich eine Handvoll empirischer Untersuchungen durchgeführt worden sind und diese sich zudem größtenteils mit dem einfachen Abfragen der Methodenverbreitung in standardisierten schriftlichen Interviews begnügen.

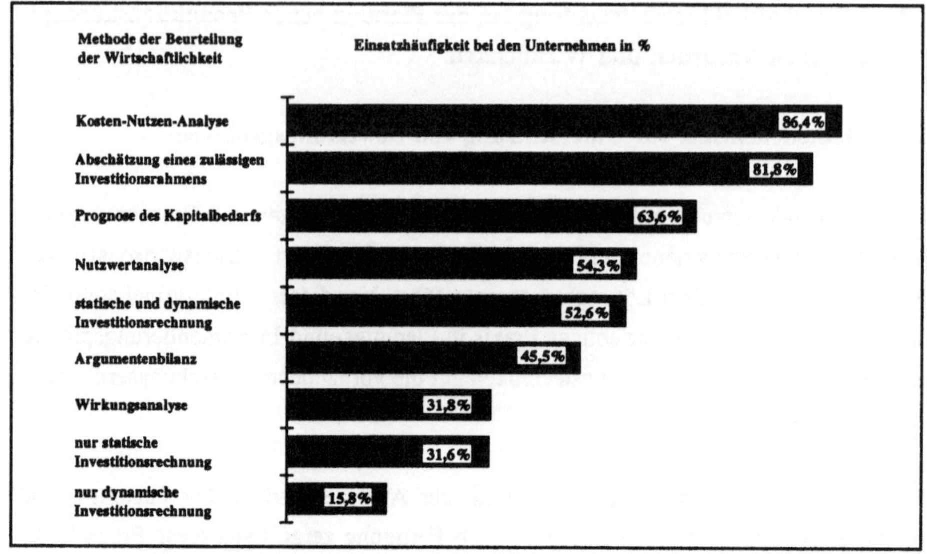

Abb. 3-4: Einsatzhäufigkeit von Methoden zur Beurteilung der Wirtschaftlichkeit
neuer Technologien in der Produktion (n=28)
(Quelle: Wildemann 1990, S. 229)

Zu einer weitaus kritischeren Bilanz kommt Wengel (1994, S. 170) auf der Basis einer
Befragung von 407 Unternehmen, die im Zeitraum von 1988 bis 1992 öffentliche
Fördermittel zur Einführung von CIM-Komponenten erhalten hatten. Von den befragten Unternehmen antwortete lediglich ein knappes Fünftel auf die Frage, ob sie Verfahren zur wirtschaftlichen Bewertung der CIM-Vorhaben einsetzten, überhaupt mit ja.

Etwa 80 % der Unternehmen verzichteten also zugunsten einer intuitiven Bewertung
ganz auf eine systematische Wirtschaftlichkeitsbetrachtung der von ihnen getätigten
CIM-Investitionen[21]. Soweit die Unternehmen detaillierte Angaben über die eingesetzten Verfahren machten, verteilten sich diese in etwa gleichmäßig auf drei Kategorien: (1) Ein Drittel der Unternehmen nutzte Verfahren der klassischen Investitionsrechnung, (2) ein weiteres Drittel verwendete Kosten/Nutzen-Analysen oder andere
nutzwertanalytische Verfahren und (3) das restliche Drittel beschränkte sich auf Soll/
Ist-Vergleiche zumeist einzelner Kriterien wie z.B. der Durchlaufzeit oder stützte sich
auf externe Hinweise. Diese lieferten meist Unternehmensberater, in seltenen Fällen

---

[21] Zu ähnlichen Ergebnissen kommen auch Studien zur Einführung von EDV-Systemen in anderen
betrieblichen Funktionsbereichen bzw. Branchen (vgl. z.B. Berger 1992, S. 122 und die dort
zitierte Literatur; Lullies et al. 1990, S. 41; Freimann 1989, S. 205f.; Selig 1986, S. 192ff.).

wurden sie auch der einschlägigen Fachliteratur entnommen. Bei der Einsatzhäufigkeit der Methoden zeigen sich allerdings betriebsgrößenspezifische Unterschiede. Je größer die Unternehmungen sind, desto eher werden standardisierte Verfahren der Wirtschaftlichkeitsrechnung eingesetzt, da sie dort für größere Investitionsvorhaben meist ohnedies obligatorisch sind. Überraschenderweise konnten die in dieser Studie befragten Unternehmen trotz des geringen Einsatzes systematischer Verfahren der Wirtschaftlichkeitsbewertung und damit des expliziten rechnerischen Nachweises der Vorteilhaftigkeit vergleichsweise detaillierte Antworten darüber geben, inwieweit die mit der entsprechenden Investition verbundenen Zielvorstellungen erreicht wurden (vgl. Wengel 1994, S. 171f.).

3.3.2 Allgemeiner Stellenwert von Wirtschaftlichkeitsrechnungen

Angesichts der von Wengel (1994) vorgelegten Ergebnisse, die tendenziell mit denen anderer Studien korrespondieren, ist zu vermuten, daß analytischen Rechenverfahren und den von ihnen gelieferten Ergebnissen in der betrieblichen Praxis nicht annähernd der Stellenwert zukommt, den man nach der Lektüre einschlägiger Veröffentlichungen erwarten müßte. Diese Vermutung wird durch zahlreiche empirische Untersuchungen zum Investitionsverhalten von Unternehmen gestützt.

Ein Beispiel für den Stellenwert der Investitionsrechnung geben Blumberg/Gerwin (1981) auf der Basis einer Fallstudie zur Entscheidung zwischen einem flexiblen Fertigungssystem gegenüber starreren Formen der Automatisierung. Die Autoren zeigen, daß die von ihnen untersuchte Entscheidungsfindung auf unsicheren und teilweise willkürlichen Ausgangswerten aufbaute und die grundsätzliche Entscheidung des maßgeblichen Fertigungsingenieurs bereits vor Durchführung der Investitionsrechnung feststand. Die Entscheidung war in letztlich nicht genau berechenbaren Annahmen über die Marktentwicklung und der strategischen Notwendigkeit größerer Variantenvielfalt und kleineren Fertigungslosen begründet. Verfahren und Ausgangswerte der Wirtschaftlichkeitsrechnung wurden dann so bestimmt, daß das gewünschte Ergebnis herauskam. Die Rechnung diente damit der Legitimierung des Ergebnisses, nicht aber seiner Ermittlung. Ergebnis und genaues Verfahren mußten dann in einem komplexen konzerninternen Willensbildungsprozeß durchgesetzt werden. Hierfür war weniger die genaue Kenntnis der nötigen Ausgangswerte und die Sicherheit der Eignung des angewendeten Rechenverfahrens notwendig als vielmehr die Macht und der Einfluß einzelner Entscheidungsträger.

Auch Freimann (1989, S. 197-220) kommt auf der Basis intensiver Fallstudien in zehn Unternehmen zu Ergebnissen, die den Stellenwert von Investitionsrechnungen in betrieblichen Entscheidungsprozessen deutlich machen. So zeigt er, daß im Rahmen mehrstufiger Planungs-, Bewertungs- und Implementierungsprozesse die Vorentscheidungen der anfangs involvierten betrieblichen Instanzen den Entscheidungsspielraum nachgelagerter Instanzen immer weiter eingrenzen, so daß die entgültige Entscheidung zumeist auf die Ja/Nein-Alternative reduziert wird. Bedingt durch die Techniker-Dominanz in den frühen Phasen solcher Prozesse kommt nicht-monetären Entscheidungskriterien im Verlauf eine so entscheidende Bedeutung zu, daß nicht selten allein auf Grund technisch-qualitativer Vergleichsbetrachtungen die Zahl der Investitionsalternativen erheblich - oft bis auf eins - reduziert wird. Manchmal geben sie sogar den Ausschlag zur Entscheidungs-Revision oder bestimmen die entgültige Entscheidung, allerdings wohl nur ausnahmsweise gegen anderslautende Ergebnisse der Wirtschaftlichkeitsrechnungen. Monetäre Investitionsrechnungen spielen fast immer nur bei der entgültigen Ja/Nein-Entscheidung eine Rolle. Ihnen kommt damit der Charakter eines Indikators für die Wirtschaftlichkeit der Vorhaben zu, keineswegs aber die Rolle des allein entscheidenden Vorteilhaftigkeitsmaßes im kompletten Alternativen-Vergleich, die ihnen die Theorie der Investitionsrechnung zuweist.

Zu einem ähnlichen Ergebnis kommt Braczyk (1992, S. 108f., S. 113f.) auf der Grundlage einer Analyse von Beschaffungsmustern in 9 Unternehmen. Er hebt besonders hervor, daß die Lösungskonzepte zu den von ihm untersuchten Investitionsfällen - zumindest im Kern - schon lange feststanden, bevor der formale Vorgang der Investitionsplanung und -entscheidung in Gang gesetzt wurde. Er stellt fest, daß mit einer Ausnahme, alle Lösungskonzepte bereits über einen Zeitraum von zwei bis drei Jahren "reiften". Einmal auf die "richtige" Idee gekommen, schienen die jeweiligen Akteure den günstigsten Zeitpunkt für eine Realisierung abzuwarten, und das Umfeld ihrer Handlungen im Rahmen ihrer Möglichkeiten gewogen zu stimmen. Die angestrebten Lösungen resultierten weniger aus nüchternem Kalkül und systematischem Vergleich von Alternativen als vielmehr aus vorliegenden Präferenzen und Lösungen.

Ebenso relativieren Ortmann et al. (1990, S. 432) auf der Basis empirischer Fallstudien zur Einführung computergestützter Informations- und Planungssysteme den Stellenwert von Wirtschaftlichkeitsrechnungen gegenüber den idealtypischen Vorstellungen der Investitionstheorie. Sie kommen zu dem Schluß, daß Investitionsrechnungen in diesen Entscheidungsprozessen Objekte, Resultate und Mittel mikropolitischer Auseinandersetzungen darstellen. Trotz des (mikro-)politischen Charakters, den sie Investitionsrechnungen beimessen, weisen sie allerdings darauf hin, daß diese nicht ausschließlich oder überwiegend als politische Instrumente zu betrachten sind (Ortmann et al. 1990, S. 424).

Als Ergebnis dieser Ausführungen zum Stellenwert von Wirtschaftlichkeitsrechnungen in betrieblichen Entscheidungsprozessen ist somit festzuhalten: Wirtschaftlichkeitsrechnungen kommen, wenn überhaupt, oftmals erst nach vollzogener (Vor-)Entscheidung zur Anwendung. Die systematische Bewertung von Investitionsalternativen erfolgt somit in vielen Unternehmen erst im Anschluß an eine intuitiv begründete Entscheidung. Da der Einsatz analytischer Rechenverfahren sich demzufolge auf eine erheblich reduzierte Zahl von Investitionsalternativen beschränkt, kommt den Ergebnissen dieser Rechenverfahren in betrieblichen Planungs- und Gestaltungsprozessen nicht annähernd der Stellenwert zu, der ihnen in der betriebswirtschaftlichen Literatur zugewiesen wird. Die Probleme, die sich aus diesem empirisch nachweisbaren Widerspruch zwischen Bewertungsanspruch und Bewertungsrealität und den methodischen Schwierigkeiten einer exakten und objektiven Wirtschaftlichkeitsbewertung von IuK-Investitionen ergeben, führen nach Meinung von Röß (1993, S. 198ff.) zu einem Zustand des Anscheins, zu Scheinwirtschaftlichkeit.

3.3.3 Funktionen analytisch-rationaler Entscheidungstechniken

Wenn der systematischen Bewertung von Investitionsalternativen mit Hilfe analytisch-rationaler Entscheidungstechniken[22] in der betrieblichen Praxis nicht die Rolle zukommt, die aufgrund der betriebswirtschaftlichen Literatur zu erwarten gewesen wäre, und auch aufgrund methodischer Probleme permanent die Gefahr der Scheinwirtschaftlichkeit droht, dann stellt sich die Frage, ob diesen Methoden bei der Planung und Gestaltung computergestützter Fertigungskonzepte überhaupt noch eine Funktion zukommt bzw. realistischerweise zukommen kann.

Zu ihrer Beantwortung erscheint es hilfreich, an die von Ortmann et al. (1990, S. 436-438) auf der Basis der drei Giddenschen Dimensionen des Sozialen getroffene Unterscheidung von kommunikativen, normativen und herrschaftlichen Funktionen analytisch-rationaler Entscheidungstechniken anzuknüpfen. Wie Abbildung 3-5 verdeutlicht,

---

[22] Wie beispielsweise Investitions- oder Wirtschaftlichkeitsrechnungen, Kosten-Nutzen-Analysen oder Scoring-Modelle.

kann die Ausgestaltung dieser drei Funktionen sehr unterschiedlich sein, je nachdem, ob man das Konzept der Entscheidungs- oder das der Handlungsrationalität zugrunde-legt[23]. Unter dem Blickwinkel der Entscheidungsrationalität besitzen diese Techniken primär eine Informationsfunktion. Ausgehend von der Annahme, daß sich in einem marktwirtschaftlichen Wirtschaftssystem betriebliche Entscheidungen primär an der Norm der ökonomischen Rationalität orientieren, sind Verfahren der Investitions- bzw. Wirtschaftlichkeitsrechnung Planungs- und Entscheidungsheuristiken; ihre Anwendung soll - nachvollziehbar begründet - die Entscheidung über die Annahme oder Ablehnung von Investitionsobjekten und Finanzierungsbedingungen erleichtern (vgl. Niebur 1987, S. 93). Dies erreichen diese Techniken, indem sie Handlungsalternativen in die "einheitliche Sprache des Geldes" übersetzen und sie damit besser vergleichbar machen als dies mit einer intuitiven Globalbewertung möglich ist. Auf diese Weise können sie die Unsicherheit und Komplexität von Entscheidungssituationen reduzieren bzw. die Treffsicherheit von Investitionen erhöhen. Da es demzufolge einzig um die sachliche, optimale Allokation von Ressourcen geht, ist unter dem Blickwinkel der Entscheidungsrationalität die Anwendung analytisch-rationaler Entscheidungstechniken nicht mit Aspekten der Machtausübung verknüpft.

Unter dem Blickwinkel der Handlungsrationalität dienen Wirtschaftlichkeitsrechnungen demgegenüber weniger dazu, eine formale Rationalität von Entscheidungsprozeduren zu garantieren. Sie haben vielmehr eine stark symbolisch-politische Funktion. Sie bilden eine ordnungsstiftende "rationale Fassade des betrieblichen Geschehens" (Horváth 1982, S. 252). Schärfer als Horváth stellt Berger (1992, S. 127) mit Bezug auf Luhmann heraus, daß sie den vorgeschlagenen Alternativen einen Anschein von Seriosität und ökonomischer Rationalität verleihen, den die gröberen Kriterien und "weicheren" Verfahren nicht bieten können. Zudem erhöhen diese Rechenverfahren die Durchsetzungschancen von Alternativen und verleihen den Akteuren, die sich ihrer - unter Umständen taktisch - bedienen, ein allseits akzeptiertes Alibi. Dies erleichtert ihnen

---

[23] In Anlehnung an Ortmann et al. (1990, S. 73 und S. 436) können für organisatorische Entscheidungsprozesse unter anderem diese beiden Arten von Rationalität unterschieden werden. Entscheidungsrationalität bezeichnet demzufolge eine Verhaltensnorm, die eine möglichst formal rationale Entscheidungsprozedur einhält. Dadurch soll erreicht werden, daß die (sachlich) 'richtige' Wahl getroffen wird. Aspekte der Durchsetzung und Implementierung bleiben dabei unberücksichtigt. Da es jedoch bei organisatorischen Entscheidungsprozessen letztlich darum geht Handlungen auszulösen ("to get things done"), bezeichnet der Begriff der Handlungsrationalität ein Entscheidungsverhalten, das sich in hohem Maße an der Durchsetzung und Implementation von Handlungsalternativen orientiert. 'Vernünftig' ist es demzufolge, keine Dinge anzugehen, von denen der Akteur der Meinung ist, daß sie sich - selbst wenn sie aus ökonomischer Sicht 'richtig' wären - im Unternehmen nicht durchsetzen lassen.

Funktionen Art der Rationalität	*kommunikativ*	*normativ*	*herrschaftlich*

Entscheidungs-
rationalität
	- Informations-
	  funktion
		- Durchsetzung des
		  Wirtschaftlichkeits-
		  prinzips
			--
			(da rein sachliche
			Allokation von Res-
			sourcen)

Handlungs-
rationalität
	- Funktion der Sinn-
	  konstitution (Eta-
	  blierung von Deu-
	  tungsmustern, Ra-
	  tionalitätsfassaden
	  etc.)
	- Kommunikations-
	  funktion (Verhand-
	  lung, Kompromiß-
	  bildung)
		- Einhaltung von
		  Regeln
		- Selbstverpflichtung
		- Sanktionierung/
		  Gratifikation bei
		  (Miß-)Erfolgen
		- Rechtfertigungs-
		  funktion
			- Ressourcen-
			  allokation
			- Ordnungsfunktion
			  bzw. Koordination
			- Droh- bzw. Druck-
			  funktion
			- Kontrollfunktion
			- Funktion der Ab-
			  sicherung
			- Akzeptanzsicherung

Abb. 3-5:   Funktionen analytisch-rationaler Entscheidungstechniken
(Quelle: Ortmann et al. 1990, S. 437)

die Abwehr negativer Sanktionen im Fall von Mißerfolgen und erhöht damit ihre Bereitschaft, unter Unsicherheit zu entscheiden oder Verantwortung zu übernehmen. Da keine dieser Rechnungen die betriebliche Realität so repräsentiert wie sie "ist", sondern lediglich bestimmte Ausschnitte der Wirklichkeit widerspiegelt, haben sie die Funktion einer sozialen Konstruktion von Realität. Braczyk (1992, S. 112f.) sieht eine weitere Funktion von Wirtschaftlichkeitsrechnungen darin, daß ihre Anwendung eine Facette innerbetrieblicher Simplifizierung komplexer Entscheidungssituationen dar-stellt. Als Folge der "Transformation von Sachproblemen in eine Semantik des Gel-des" konstatiert er: "Hier werden einzelne Faktoren des Produktionsprozesses in durch-aus simplizifierender Weise in quantitative Größen überführt, und diese Größen wer-den simplifizierend mit anderen in kausale Beziehungen gesetzt. Unvermeidlich sind hierbei funktionsspezifisch bedingte perspektive "Versetzungen" der zugrundeliegenden Problembeschreibung" (Braczyk 1992, S. 113).

Zusammenfassend ist festzuhalten, daß Wirtschaftlichkeitsrechnungen in der Praxis zwar weniger zur formal rationalen Entscheidungsfindung verwendet werden, ihnen aber dennoch aus handlungsrationaler Sicht eine Reihe wichtiger Funktionen zuge-sprochen werden können. Sie stellen sowohl interpretative Schemata als auch Mittel der Legitimation von Entscheidungen dar - und nicht zuletzt sind sie Machtmittel.

4   **Die CAD/NC-Prozeßkette: Ein bedeutendes Glied der computergestützten Fertigung**

Die bisherigen, eher generellen Ausführungen zu technisch-organisatorischen Gestaltungsspielräumen in der computergestützten Fertigung werden im folgenden am Beispiel der CAD/NC-Prozeßkette konkretisiert. Hierzu sind zunächst die Grundzüge des Produktionsprozesses eines metallverarbeitenden Industriebetriebs zu skizzieren, um den Stellenwert der CAD/NC-Prozeßkette im Wertschöpfungsprozeß deutlich zu machen. Darüber hinaus soll diese Darstellung das Verständnis für das Konzept der computergestützten Fertigung und seiner Komponenten, das anschließend vorzustellen ist, erleichtern. Um die betriebliche Bedeutung der CAD/NC-Prozeßkette als Baustein der computergestützten Fertigung aufzuzeigen, wird die Darstellung der konzeptionellen Grundlagen von CIM durch empirische Angaben zur Verbreitung von CAD-Techniken und deren Vernetzung ergänzt. Da Kenntnisse über die Anforderungen des innerhalb der CAD/NC-Prozeßkette zu bewältigenden Arbeitprozesses für das Verständnis und die Beurteilung technisch-organisatorischer Gestaltungsspielräume wichtig sind, werden diese zunächst herausgearbeitet. Im Anschluß daran werden die Alternativen der technischen Unterstützung und der organisatorischen Gestaltung dieser Prozeßkette vorgestellt. Ökonomische Gestaltungsziele und Erwartungen sowie empirische Ergebnisse zur Wirtschaftlichkeit einer der technischen Lösungen - der CAD/NC-Kopplung - runden das Kapitel ab.

4.1 Allgemeine Grundlagen

4.1.1 Auftragsabwicklung in der industriellen Fertigung

Die Herstellung eines Produktes hat ihren Ausgangspunkt im Bereich der Entwicklung und Konstruktion. Hier werden alle zur Herstellung und Nutzung eines Produktes notwendigen Informationen erarbeitet und in entsprechenden Produktdokumentationen festgehalten. In der Phase von Entwicklung und Konstruktion wird der größte Teil der Kosten eines Produktes festgelegt. Als Daumenregel gilt weithin, daß ca. 70 % der Kostenverantwortung eines Produktes auf Konstruktion und Entwicklung lasten (vgl. u.a. Poths/Löw 1985, S. 41 und die dort zitierte Literatur). Ein weiterer Aspekt, der die Bedeutung von Konstruktion und Entwicklung unterstreicht, ist darin zu sehen, daß hier der zentrale Informationsträger für die technische Auftragsabwicklung erarbeitet wird: die technische Zeichnung bzw. Werkstattzeichnung. Die meisten der Konstruktion nachgelagerten Arbeiten wie z.B. die Arbeitsplanung, die Werkzeug- und Vorrichtungskonstruktion, die NC-Programmierung oder die Prüf- und Kontrollplanung bauen auf den Ergebnissen der Konstruktion auf.

Im Rahmen der Arbeitsplanung werden die einmaligen Planungsmaßnahmen getroffen, die zur wirtschaftlichen Fertigung eines Erzeugnisses erforderlich sind. Hierzu werden anhand von Konstruktions- und Rohteilzeichnung einzelne Arbeitsgänge, die Folge von Arbeitsgängen, Materialien und Halbzeuge sowie die für jeden Arbeitsschritt erforderlichen Werkzeuge und Hilfsmittel (z.B. Spannmittel, Vorrichtungen) festgelegt. Diese Planung ist auftrags- und terminneutral, da unter der Annahme einer zunächst unbegrenzt verfügbaren Kapazität das wirtschaftlich günstigste Fertigungsverfahren oder Betriebsmittel gesucht wird. Diese dispositiven und arbeitsplanerischen Funktionen werden in Deutschland mit dem Begriff 'Arbeitsvorbereitung' umrissen. Ein anderer wichtiger Bereich der Arbeitsvorbereitung ist die Fertigungssteuerung. Hier wird der terminliche Ablauf der in der Arbeitsplanung festgelegten Fertigungsschritte und die Belegung der einzelnen Maschinen, Maschinengruppen und Arbeitsgruppen mit Einzelaufgaben geplant. Vielfach ist keine klare Trennungslinie zwischen Fertigungsplanung und -steuerung auszumachen, da der Planer anhand aktueller Steuerungsinformationen entscheiden muß, wann der in Planung befindliche Auftrag in die Produktion geht. Nicht selten wird durch den Planer auch steuernd eingegriffen, um wichtige Termine halten zu können und Warteschlangen umzugestalten.

Wird zur Fertigung eines Werkstücks eine numerisch gesteuerte Werkzeugmaschine eingesetzt, sind die hierfür erforderlichen Steuerinformationen im Rahmen der NC-Programmierung zu erarbeiten. Dies gilt unabhängig von realisierten Steuerungskonzept (Numerical Control (NC), Computer Numerical Control (CNC), Direct Numerical Control (DNC)). Für die Programmerstellung sind die im Arbeitsplan definierten Bearbeitungsschritte unter fertigungstechnischen Gesichtspunkten zu interpretieren und sämtliche bearbeitungsrelevanten Parameter im voraus eindeutig festzulegen. Dies erfordert hauptsächlich die Eingabe der Werkstückabmessungen und Verfahrwege als geometrische Informationen (Weginformationen) und die technologischer Informationen wie z.B. Vorschub, Schnittgeschwindigkeit, Schnittiefe, Werkzeuge, Einsatzfolge der Werkzeuge etc. (Schaltinformationen). Die geometrischen und technologischen Informationen sind anschließend in einen maschinenlesbaren Steuercode zu übersetzen. Das so erstellte NC-Programm gelangt dann entweder auf einem Datenträger (Lochstreifen, Magnetband, Diskette o.a.) oder über eine direkte Leitungsverbindung (DNC) auf die Steuerung der Werkzeugmaschine.

Aus der Arbeitsplanung ergibt sich weiterhin die Tätigkeit des Betriebsmittelwesens, in welchem Werk- und Spannzeuge voreingestellt, gegebenenfalls konstruiert, beschafft oder gefertigt und dann für die Werkstatt bereitgestellt werden. Parallel zur Bereitstellung der Betriebsmittel wird der Durchlauf von Roh- und Halbfertigteilen durch die Werkstatt geplant. Sind Roh- bzw. Halbfertigteile, Werk- und Spannzeuge, Vorrichtungen, Teilezeichnung, Arbeits- und Spannpläne sowie das NC-Programm an der Maschine, sind die Voraussetzungen für das Einrichten der NC-Maschine gegeben. Die Werkzeuge werden in den Aufnahmestationen gespannt, das NC-Programm wird in den Programmspeicher der Maschinensteuerung geladen, und das erste Werkstück wird ein- oder aufgespannt. In einem Probelauf wird das Programm überprüft. Nach Abschluß des Testlaufs beginnt die Bearbeitung des restlichen Teileloses. Während des Produktionslaufes sind Werkstücke ein-, um- und auszuspannen, Maße zu überprüfen und gegebenenfalls Programmkorrekturen oder Werkzeugwechsel durchzuführen. Um Maschinenschäden möglichst frühzeitig zu entdecken und zu verhindern, ist der Lauf der Maschine zu beobachten. Nach Abarbeitung eines Teileloses wird das NC-Programm entnommen oder ausgestanzt und in einem Datenarchiv aufbewahrt. Dort steht es bei Wiederholaufträgen zur Verfügung. Der gesamte Prozeß vorbereitender und durchführender Fertigungsaufgaben ist schematisch in der folgenden Abbildung 4-1 illustriert.

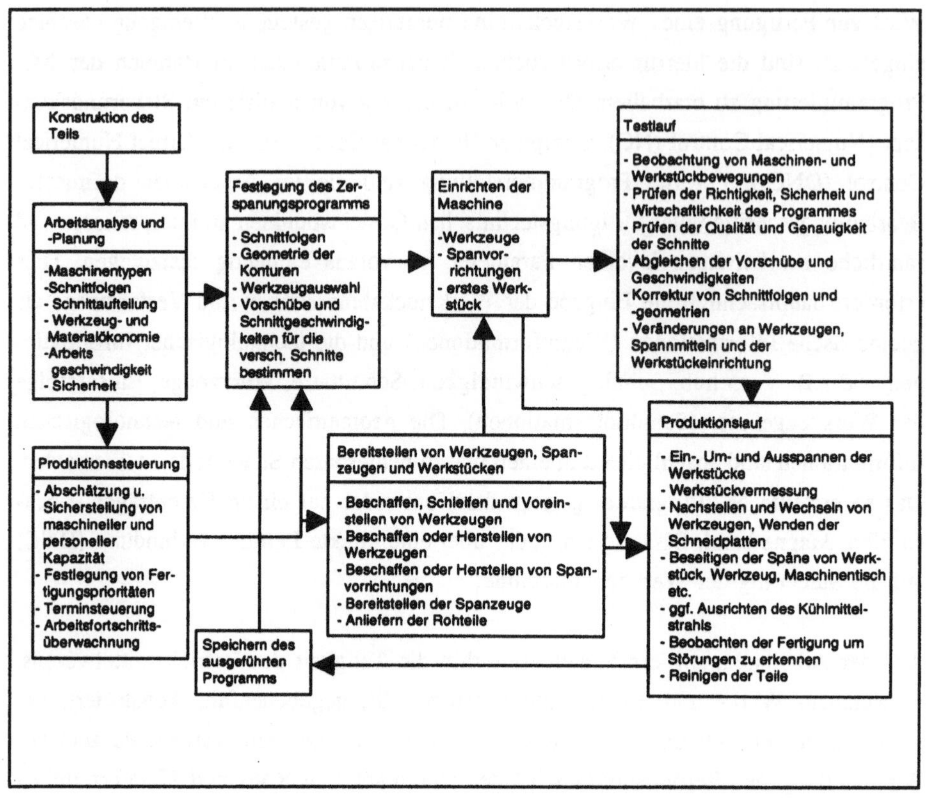

Abb. 4-1:   Vorbereitung und Ausführung von Bearbeitungsaufgaben
(Quelle: Sorge 1985, S. 119)

Die angeführten Teiltätigkeiten müssen nicht notwendigerweise in eigenen Funktionsbereichen, Berufs- oder Tätigkeitsgruppen erfolgen. Beispielsweise kann ein Arbeits-
planer die Erstellung des NC-Programms vornehmen. Ebenso kann aber auch zwischen
Arbeitsplanern und Programmierern als Tätigkeitsgruppen oder zwischen Arbeitsplanung und Programmierung als Teilbereich der Arbeitsvorbereitung unterschieden
werden. Das Einrichten der Maschine kann in der Hand des Maschinenbedieners oder
hierfür spezialisierter Arbeitskräfte wie z.B. Einstellern liegen. Das Erstellen und
Optimieren des Programms kann vom Programmierer oder vom Maschinenführer oder
von beiden ausgeführt werden. Dies macht die Vielfalt möglicher Kombinationen und
die unterschiedlichen Arten und Ausmaße funktionaler Arbeitsteilung deutlich.

4.1.2 Konzept der computergestützten Fertigung

Die Anfänge der computergestützten Fertigung sind älter als die in den 80er Jahren intensiv um dieses Thema geführte Diskussion vermuten läßt. Die theoretischen Grundlagen für eine Unterstützung fertigungstechnischer Prozesse durch den Einsatz elektronischer Datenverarbeitungsanlagen wurden bereits in den 50er und 60er Jahren erarbeitet. Die Entwicklung einer neuen Generation von Fräsmaschinen stellte hierbei einen entscheidenden Kristallisationspunkt für das Konzept der computergestützten Fertigung dar. Anlaß für das Nachdenken über neue Maschinenkonzepte für die industrielle Fertigung bildeten erhebliche fertigungstechnische Probleme im amerikanischen Flugzeugbau. Die Herstellung geometrisch abspruchsvoller und komplexer Teile war mit manuell geführten Werkzeugmaschinen nicht in der gewünschten Qualität möglich. Erforderlich waren daher Maschinen, die exakt eine mathematisch-numerisch festgelegte Werkzeugbewegung vollführen konnten. Am Massachusetts Institute of Technology wurde daraufhin eine numerisch gesteuerte Fräsmaschine entwickelt und 1952 in den USA vorgestellt. Aufgrund ihrer Eignung für geometrisch anspruchsvollere Konstruktionen von Metallteilen verbreiteten sich NC-Maschinen sehr schnell über den Flugzeugbau hinaus auch in anderen Bereichen der metallverarbeitenden Industrie (vgl. Sorge 1985, S. 99)[24]. Nun konnten Teile mit hoher Wiederholgenauigkeit gefertigt werden.

Die Kehrseite der Medaille war allerdings, daß mit zunehmender Komplexität des Werkstücks der Aufwand für die Erstellung des zugehörigen NC-Programms stieg. In der Folge wurde vielfach die NC-Programmierung zum Engpaß in modernen Fertigungsunternehmen (vgl. Franz 1988, S. 17). Da der Anteil geometrischer Beschreibungen eines Werkstücks nicht selten den größten Teil der NC-Programme ausmachte, kam die Idee auf, die Werkstückgeometrie in der Konstruktion so zu erstellen, daß sie für die NC-Programmierung und andere, der Konstruktion nachgelagerte Aufgaben, direkt Verwendung finden kann. Damit war die eigentliche Grundidee für die computergestützte Konstruktion bzw. die CAD-Technik geboren.

Mit fortschreitender Entwicklung der EDV wurden in den 60er Jahren dann Computer zur Unterstützung der Konstruktionsarbeit entwickelt. Der Begriff "rechnergestütztes Konstruieren", insbesondere die Abkürzung CAD, hat allerdings im Laufe der Zeit

---

[24]   Eine ausführliche Darstellung der Durchsetzung numerisch gesteuerter Werkzeugmaschinen findet sich bei Noble (1979). Eine aktuelle Aufarbeitung hat unter anderem Benad-Wagenhoff (1993) vorgenommen.

unterschiedliche inhaltliche Ausrichtungen erfahren (vgl. Encarnacao/Hellwig 1984, S. 3). Ursprünglich beschränkte sich die CAD-Anwendung ausschließlich auf die Zeichnungserstellung (Computer Aided Drafting). Darüber hinaus wurden dann zunehmend weitere Konstruktionsaufgaben unterstützt, wie z.B. die Stücklistenerstellung, kinematische Simulationen, allgemeine Berechnungen und FEM-Anwendungen, die Arbeitsplangenerierung und die Kopplung zur NC-Programmierung (vgl. Milberg 1992, S. 13). Wenngleich die direkte Wiederverwendung der in der Konstruktion einmal erzeugten Werkstückdaten eines der Hauptmotive für das Entstehen der CAD-Technik bildete, erfolgte deren technische Entwicklung allerdings weitgehend eigenständig und zunächst ohne Bezugnahme auf die NC/CNC-Technik. Aufgrund individueller Anforderungen an Soft- und Hardware, die Konstruktion, Arbeitsvorbereitung und Fertigung an den Einsatz von EDV-Systemen stellten, zeichneten sich bald unterschiedliche technische Entwicklungspfade ab. Da parallel zum Einsatz von numerisch gesteuerten Werkzeugmaschinen und CAD-Systemen immer mehr EDV-Systeme ihren Weg in die Unternehmen fanden, waren im direkten und indirekten Fertigungsbereich auch Aufgaben wie die der Arbeitsplanung, der NC-Programmierung, der Produktionsplanung und -steuerung sowie der Qualitätsprüfung von dieser Entwicklung betroffen. Es entstanden EDV-Systeme, die mehr und mehr auf die spezifischen Anforderungen einzelner betrieblicher Funktionsbereiche wie z.B. Konstruktion, Arbeitsplanung, NC-Programmierung oder Fertigungssteuerung zugeschnitten waren. Bereichsübergreifende Arbeitszusammenhänge traten zunehmend in den Hintergrund. Die im Zuge der DV-technischen Entwicklung sich eröffnenden Möglichkeiten der Dezentralisierung von Rechnerleistungen brachte in vielen Unternehmen das Problem der Inkompatibilität mit sich. Innerhalb eines Unternehmens konnten auf unterschiedlichen DV-Systemen vorhandene Datenbestände oder Programme nicht bzw. nicht ohne besondere Maßnahmen ausgetauscht werden. Identische Daten waren daher in verschiedenen Funktionsbereichen (bzw. DV-Systemen) zu erzeugen und zu pflegen. Dies verursachte nicht nur einen enormen Arbeitsaufwand, sondern barg auch die Gefahr von Übertragungsfehlern und der Inkonsistenz von Datenbeständen in sich.

In dieser Phase der EDV-Anwendung in den Unternehmen wird Anfang der 80er Jahre die Idee eines integrierten EDV-Einsatzes (wieder-)entdeckt. Vom Entwurf eines Produktes über seine Herstellung bis zum Versand an den Kunden soll die elektronische Datenverarbeitung in einem bereichsübergreifenden Informationssystem einen durchgängigen Informationsfluß gewährleisten, der alle mit der Produktion zusammenhängenden Betriebsbereiche verbindet (vgl. AWF 1985, S. 2). Dahinter steht die Vorstellung, daß der Produktionsprozeß mit Hilfe von Datenmodellen so umfassend und präzise abbildbar ist, daß sie ohne größere Schwierigkeiten auch zeitlich und räumlich getrennt von realen Bearbeitungsprozessen oder Materialflüssen automatisch geplant und gesteuert werden können. Da so der Gesamtprozeß der Produktion ins Blickfeld rückt, der durch die Vernetzung von DV-Systemen bereichsübergreifend besser zeitlich und sachlich koordiniert werden soll, gewinnt das Management technischer Daten und Informationsflüsse entlang der Wertschöpfungskette an Bedeutung[25]. Die Idee der computerintegrierten Fertigung findet ihren Niederschlag im Schlagwort 'Computer Integrated Manufacturing' bzw. in dessen Abkürzung 'CIM'. Zur näheren Definition des CIM-Begriffs werden im Laufe der Jahre eine kaum noch überschaubare Vielzahl unterschiedlicher Ansätze vorgelegt (vgl. Geitner 1987, S. 3-15; Lechner 1989, S. 16-25). Um angesichts der Begriffsvielfalt mehr Klarheit und Verständnis für die Idee eines integrierten EDV-Einsatzes zu schaffen legt der "Ausschuß für Wirtschaftliche Fertigung e.V." (AWF) 1985 eine Definition vor, die weite Verbreitung fand (vgl. auch Abbildung 4-2). CIM beschreibt demnach den integrierten EDV-Einsatz in allen mit der Produktion zusammenhängenden Betriebsbereichen und umfaßt das informationstechnologische Zusammenwirken zwischen CAD, CAP, CAM, CAQ und PPS (vgl. AWF 1985, S. 10).

CAP
Die EDV-technische Unterstützung der Arbeitsplanung, auch als CAP (Computer Aided Planning) oder CAPP (Computer Aided Process Planning) bezeichnet, stellt das Bindeglied zwischen der Konstruktion einerseits und der Fertigung und Montage andererseits dar. Die Zuordnung des CAP wird dementsprechend in der Literatur nicht einheitlich gehandhabt. So findet sich CAP zusammen mit CAD dem CAE (Computer Aided Engineering) oder auch dem CAM (Computer Aided Manufacturing) zugeordnet, aber ebenso auch als eigenständige Komponente (vgl. Knof 1992, S. 30). Einigkeit besteht allerdings darin, daß unter CAP die rechnergestützte Arbeitplanerstellung und Betriebsmittelauswahl, das Erstellen von Teilefertigungs- und Montageanweisungen sowie die NC-Programmierung verstanden wird.

CAM
Der Begriff CAM (Computer Aided Manufacturing) ist im Zusammenhang mit der NC-Technik entstanden. CAM steht für die EDV-Unterstützung zur technischen Steuerung und Überwachung der Betriebsmittel bei der Herstellung der Objekte im Fertigungsprozeß (vgl. AWF 1985, S. 6). Dies bezieht sich auf die direkte (technische) Steuerung von Arbeitsmaschinen (NC-, CNC-, DNC- und Meßmaschinen), verfahrenstechnischen Anlagen, Handhabungsgeräten sowie automatisierten Transport- und Lagersystemen.

---

[25] Angesichts dieser Grundannahmen wird das CIM-Konzept auch als technikzentrierter Gestaltungsansatz bezeichnet (vgl. z.B. Brödner 1985).

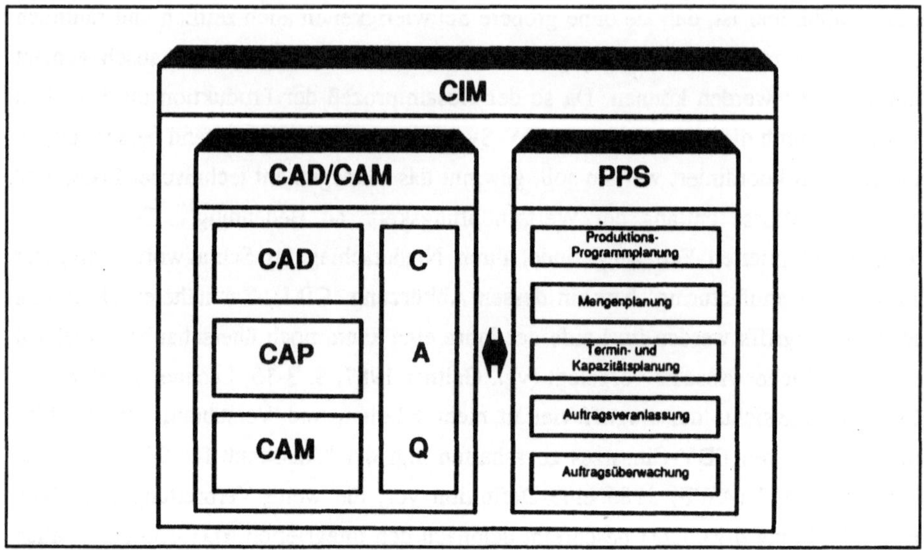

Abb. 4-2: Bestandteile eines CIM-Systems (Quelle: AWF 1985, S. 10)

CAQ
Die EDV-technisch unterstützte Planung und Durchführung der Qualitätssicherung wird als CAQ (Computer Aided Quality Assurance) bezeichnet (vgl. AWF 1985, S. 7). Hierunter fällt einerseits die Erstellung von Prüfplänen, Prüfprogrammen und Kontrollwerten, andererseits die Durchführung von Meß- und Prüfverfahren.

PPS
EDV-Systeme zur organisatorischer Planung, Steuerung und Überwachung der Produktionsabläufe von der Angebotsbearbeitung bis zum Versand unter Mengen-, Termin- und Kapazitätsaspekten werden unter dem Begriff PPS zusammengefaßt (vgl. AWF 1985, S. 8).

Eine an die AWF-Definition anknüpfende Darstellung des CIM-Gedankens ist das Y-Modell von Scheer (vgl. Abbildung 4-3). Diese Darstellung fand weite Verbreitung und zählt heute wohl zu den populärsten. In Form eines Y sind hier die im betrieblichen Leistungserstellungsprozeß zu bewältigenden betriebswirtschaftlichen bzw. administrativen und die technischen Aufgaben eines Industriebetriebs dargestellt. Erstere sind auftragsbezogen und werden durch das Produktionsplanungs- und steuerungssystem (PPS) gekennzeichnet. Letztere sind produktbezogen und werden mit diversen CA-Begriffen umschrieben. Die informationstechnische Verknüpfung der produktionstechnischen Aufgaben wird auch als vertikale Vernetzung, die der betriebswirtschaftlichen Aufgaben auch als horizontale Vernetzung bezeichnet (vgl. Schultz-Wild 1989, S. 75; Brödner 1985, S. 96).

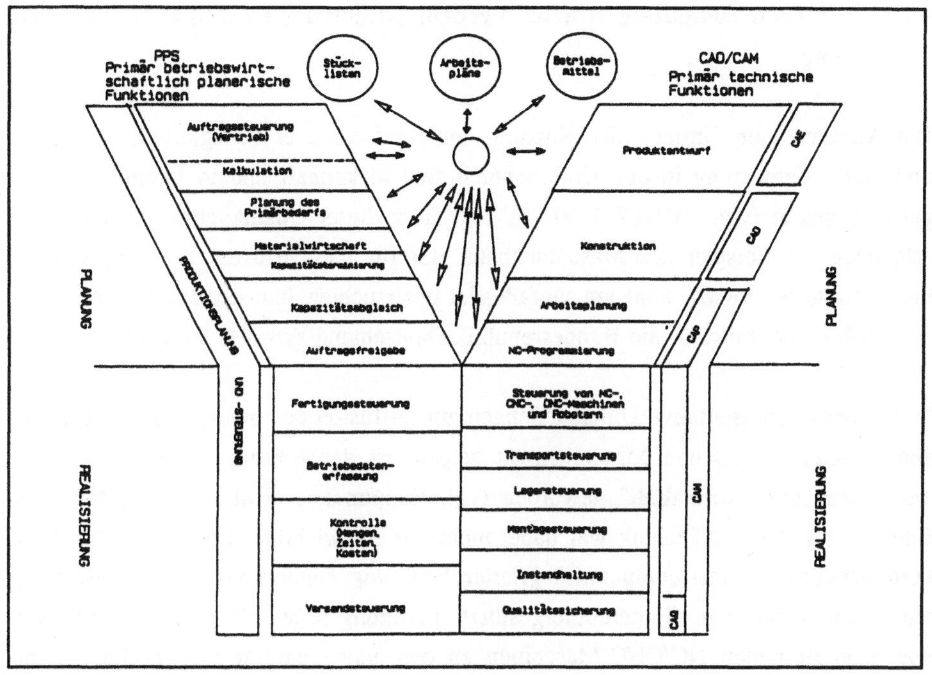

Abb. 4-3: Informationssysteme im Produktionsbereich (Quelle: Scheer 1987a, S. 3)

An den Einsatz und die informationstechnische Vernetzung von CIM-Komponenten wurden von Anfang an vielfältige Erwartungen geknüpft. Vor dem Hintergrund sich wandelnder Marktanforderungen, wie z.B. steigenden Produktvarianten, zunehmenden Qualitätsanforderungen, sinkenden Losgrößen, kürzeren Lieferzeiten oder Produktlebenszyklen sollen computergestützte Fertigungskonzepte die notwendige Umstrukturierung industrieller Fertigungsprozesse besser gewährleisten. Mit der Möglichkeit, die im Unternehmen benötigten Informationen computergestützt zu erzeugen und über interne Bereichsgrenzen hinweg auszutauschen und zu archivieren, wird die Verwirklichung strategischer Ziele angestrebt. Diese lassen sich in Zeit-, Qualitäts-, Flexibilitäts- und Kostenziele unterscheiden (vgl. Wengel 1994, S. 138-153; Cronjäger 1990, S. 135; Schulz/Bölzig 1989b, S. 30-33).

4.1.3 Diffusion computergestützter Fertigungstechnologien und deren Vernetzung

Die Angaben zum Umfang der Nutzung computergestützter Fertigungstechnologien und deren Vernetzung in den Unternehmen sind lückenhaft und in ihrem Aussagegehalt begrenzt (vgl. VDI-TZ 1991, S. 36). Trotz dieser Unzulänglichkeiten soll im folgenden am Beispiel des Maschinenbaus, der für die Diffusion rechnergestützter Fertigungstechnologien wohl am umfaßendst untersuchten Industriebranche, ein Bild der CIM-Verbreitung für die Bundesrepublik Deutschland skizziert werden[26].

Wie neueste repräsentative Untersuchungen zur Diffusion computergestützter Techniken im bundesdeutschen Maschinenbau zeigen, ist der Einsatz computergestützter Techniken zum "Normalfall" geworden (vgl. Hauptmanns et al. 1992, S. 59). Die Entwicklung der NC-Technik war dabei nicht nur ein wichtiger Impuls für das Aufkommen der Idee einer computerintegrierten Fertigung, sondern auch für den Einstieg vieler Unternehmen in die computergestützte Fertigung selbst. So gehören für sieben von zehn Betrieben NC/CNC-Maschinen zu den ersten eingesetzten Techniken im Bereich der Produktion (vgl. SFB-187 1992, S. 5). Der Einführungszeitpunkt ist jedoch stark betriebsgrößenabhängig. Während in den meisten Großbetrieben mit 1.000 und mehr Beschäftigten die Ersteinführung zu Beginn der 70er Jahre stattfand, verschiebt sich die verstärkte Einführung der NC-Technik mit abnehmender Betriebsgröße kontinuierlich auf Mitte der 80er Jahre bei Kleinbetrieben unter 50 Beschäftigten. Die Zahl der Betriebe, die flexible Fertigungstechniken einsetzen, hat sich zwar im Zeitraum von 1986 bis 1991 mehr als verdoppelt, ist allerdings insgesamt gesehen immer noch vergleichsweise gering. Auffallend ist, daß Flexible Fertigungszellen bzw. Flexible Fertigungszentren hauptsächlich in Großunternehmen zum Einsatz kommen. Im Bereich der DNC-Steuerungen ist gegenüber 1986 ein deutliches Wachstum erkennbar. 1991 setzten bereits 19 % der bundesdeutschen Maschinenbaubetriebe DNC-Systeme ein.

In produktionsvor- und nachgelagerten Betriebsbereichen, wie Konstruktion, Arbeitsplanung/NC-Programmierung und Qualitätskontrolle ist eine größerer Dynamik des Technikeinsatzes zu verzeichnen. Hier kommt der Verbreitung von CAD-Systemen eine besondere Bedeutung zu. Gegenüber 1986 hat sich ihr Einsatz verdreifacht und

---

[26] Da Unternehmen des Maschinenbaus eine führende Rolle bei der Nutzung von CIM-Komponenten einnehmen, sei explizit darauf hingewiesen, daß die folgenden Abgaben nicht für das gesamte verarbeitende Gewerbe repräsentativ sind.

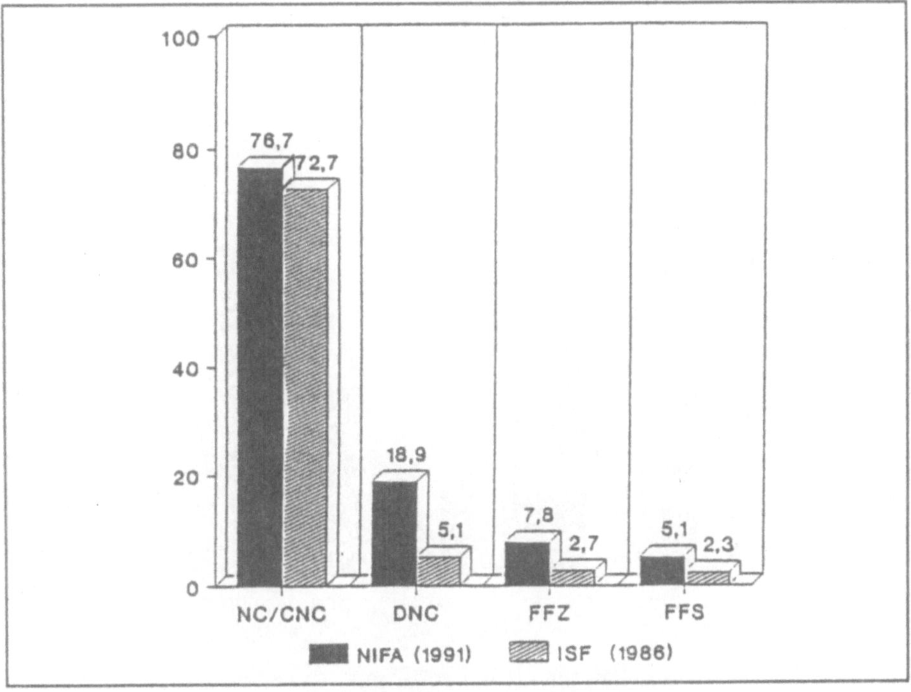

Abb. 4-4:   Diffusion computergestützter Techniken im Produktionsbereich
(Quelle: Schmid et al. 1992, S. 11)

inzwischen einen Nutzungsgrad von nahezu 60 % erreicht. Ebenfalls große Steige-
rungsraten weist der Einsatz von PPS-Systemen auf. Bereits ab einer Betriebsgröße
von mehr als 100 Mitarbeitern setzen über die Hälfte der Maschinenbaubetriebe PPS-
Systeme ein; Großbetriebe mit 1.000 und mehr Beschäftigten sind gar zu über 80 %
PPS-Anwender (vgl. Hauptmanns et al. 1992, S. 63). Systeme zur computergestützten
Arbeitsplanung und NC-Programmierung (CAP) wurden 1991 in einem Drittel der
Maschinenbauunternehmen eingesetzt. Auch hier sind betriebsgrößenbedingte Unter-
schiede erkennbar. Während Kleinbetriebe unter 50 Beschäftigten nur zu 18,5 % CAP-
Systeme nutzten, waren es schon zwei Drittel der Betriebe zwischen 500 und 1.000
Mitarbeitern und gar über 70 % der Unternehmen mit mehr als 1.000 Beschäftigten
(vgl. Hauptmanns et al. 1992, S. 63). Bezüglich der zum Teil geringen Nutzungsquo-
ten einzelner Techniken konnten Lay/Michler (1989) zeigen, daß diese nicht automatisch gleichzusetzen sind mit unausgeschöpften Nutzungspotentialen, da in zahlreichen
Unternehmen die Voraussetzungen für einen sinnvollen Technikeinsatzes nicht gegeben sind.

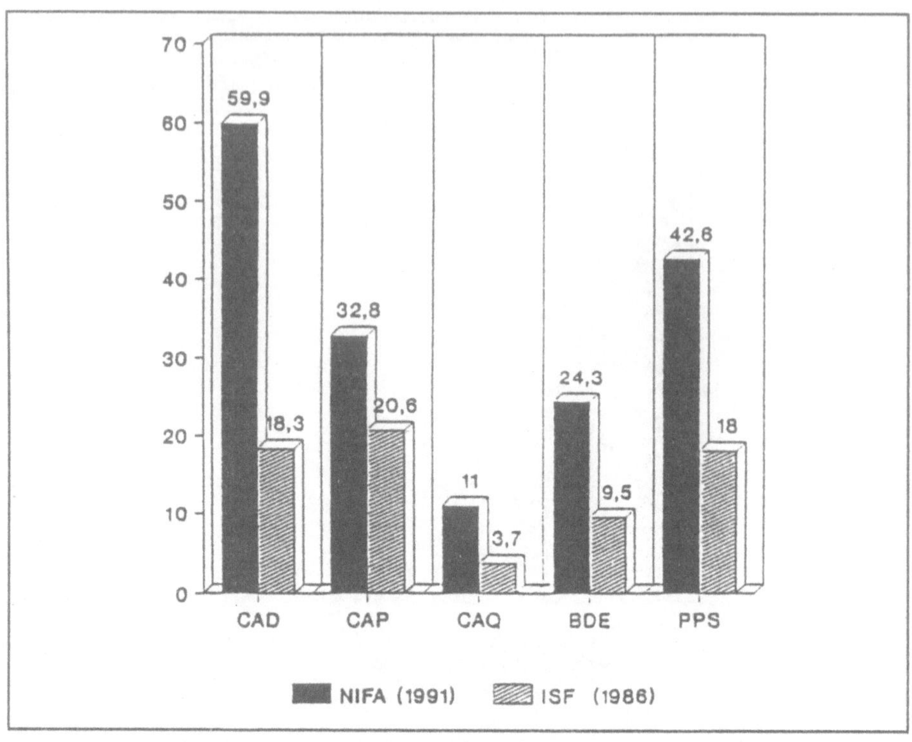

Abb. 4-5:   Diffusion computergestützter Techniken in produktionsnahen Bereichen
(Quelle: Schmid et al. 1992, S. 11)

Mit steigender Zahl installierter CIM-Komponenten ist auch ein Anstieg der Vernet-
zungshäufigkeit zu verzeichnen (vgl. Hauptmanns et al. 1992, S. 66). Wie die Übersicht der Ergebnisse verschiedener Studien zur Verbreitung sogenannter CIM-Integrationslinien im bundesdeutschen Maschinenbau im Zeitraum von 1986 bis 1992 zeigt,
nimmt die Vernetzung von CIM-Komponenten zwar insgesamt zu, von einer Integration zu CIM-Gesamtsystemen kann allerdings noch nicht gesprochen werden (vgl.
Abbildung 4-6). Folgende Schwerpunkte der betrieblichen Integrationsbemühungen
sind dabei derzeit erkennbar:

-       die Verwendung von Daten zur Werkstückgeometrie aus CAD-Systemen für die
Erzeugung von Programmen zur Steuerung von CNC-Maschinen in der Fertigung,

- die Verbindung von CAD- und PPS-Systemen zum Austausch von Stücklisten und Teilestammdaten,

- die Integration von Betriebsdatenerfassung und Produktionsplanung und -steuerung sowie

- die Verbindung von rechnergestützter Arbeitsplanung und Produktionsplanung.

Vernet- zungslinie	ISF-München 1986	IfS-Berlin 1987	FhG-ISI 1988	FhG-ISI 1990	NIFA- Panel 1991	FhG-ISI 1992
CAD/PPS	2	4	5	11	13	28
CAP/CAM	5	6	7	11	16	22
CAM/PPS	4	6	6	14	15	27
CAD/CAQ	1	2	1	2	2	6
CAM/CAQ	0,5	2	2	5	3	9
CAP/PPS	5	15	14	24	15	39
CAD/CAM, CAD/CAP	6	5	12	18	22	32

Abb. 4-6: Stand der Nutzung von CIM-Integrationslinien 1986-1992 in westdeutschen Maschinenbauunternehmen in Prozent (Quelle: Dreher/Lay 1994, S. 46)

Wie Abbildung 4-6 zeigt, zählt die Übernahme von Geometriedaten aus CAD-Systemen zur Erstellung von NC-Programmen (CAD/CAM- bzw. CAD/CAP-Kopplung), wenn auch mit betriebsgrößenspezifischen Unterschieden (vgl. Dreher/Lay 1994, S. 50-51), mit zu den wichtigsten Ansatzpunkten auf dem Weg zur computergestützten Fertigung.

4.2 Vom Konstruktionsergebnis zur Maschinenanweisung - die CAD/NC-Prozeßkette

4.2.1 NC-Programmerstellung als Arbeitsprozeß

Wie die ablauforganisatorische Darstellung der Auftragsabwicklung im Fertigungsbereich eines Industriebetriebs bereits zeigte, setzt sich die mechanische Fertigung aus verschiedenen Arbeitsprozessen zusammen: der Konstrukution, der Zeichnungserstellung, der Arbeitsplanung etc. Sofern zur Fertigung numerisch gesteuerte Werkzeugmaschinen zum Einsatz kommen, besteht einer dieser Arbeitsprozesse darin, auf der Basis von Konstruktionsergebnissen (insb. technischen Zeichnungen) zu Steueranweisungen für NC-Maschinen zu gelangen. Da eine detaillierte Kenntnis der dabei anfallenden Arbeitsschritte sowie deren Anforderungen und Zusammenhänge von entscheidender Bedeutung für das Verständnis und die Beurteilung technisch-organisatorischer Optionen der CAD/NC-Prozeßkette sind, werden die Inhalte dieses Arbeitsprozesses im folgenden ausführlich dargestellt:

Zur Beschreibung der Produktgestalt werden im Zuge der Konstruktion am Zeichenbrett bzw. am CAD-System Werkstückzeichnungen angefertigt. Die Berücksichtigung nationaler und internationaler Zeichnungsnormen gewährleistet dabei eine eindeutige Interpretierbarkeit der Zeichnungen (vgl. Trippner et al. 1991, S. 37). Inhaltlich beziehen sich technische Zeichnungen auf Informationen

- zur Bauteilgeometrie (Makrogestalt),
- zu Maß-, Form- und Lagetoleranzen sowie Angaben zu technologischen Merkmalen wie Material oder Oberflächenbeschaffenheit (Mikrogestalt) sowie
- zur Ablauforganisation (z.B. Zeichnungsnummer, Freigabestatus oder Änderungsangaben).

Die Zeichnungsinhalte, deren Bedeutung in Normen eindeutig festgelegt ist, werden hier in Anlehnung an Trippner et al. (1991, S. 38) als explizite Informationsdarstellungen bezeichnet. Zeichnungsinhalte, die keiner Normung unterliegen oder sich erst im konkreten Fertigungskontext ergeben, wie z.B. die Festlegung bzw. Einschränkung anwendbarer Fertigungsverfahren, Werkzeuge, Bearbeitungsrichtungen oder einzusetzender Spannvorrichtungen und anderes mehr, werden als implizite Informationen bezeichnet. Die Besonderheit der impliziten Informationen besteht darin, daß sie nur mit entsprechender Erfahrung aus der Zeichnung interpretativ zu erschließen sind. Die Unterscheidung zwischen impliziter und expliziter Zeichnungsinformation ist in Abbildung 4-7 anschaulich dargestellt. Dort wird unter anderem explizit auf eine Zentrierbohrung verwiesen. Implizit weist diese Zentrierbohrung auf die bei der Fertigung der Welle zu verwendende Spannvorrichtung hin. Explizit ist der Zeichnung desweiteren eine Oberflächenangabe mit einem bestimmten Rauheitsgrad zu entnehmen aus der sich - entsprechende Erfahrung vorausgesetzt - implizit die Information für das Fertigungsverfahren erschließen läßt. So ist für erfahrene Arbeitskräfte im vorliegenden Beispiel an Hand der Zeichnung erkennbar, daß der geforderte Rauheitsgrad mit dem Fertigungsverfahren Drehen nicht zu erzielen ist und die gekennzeichnete Oberfläche daher nach der Drehbearbeitung noch zu schleifen ist.

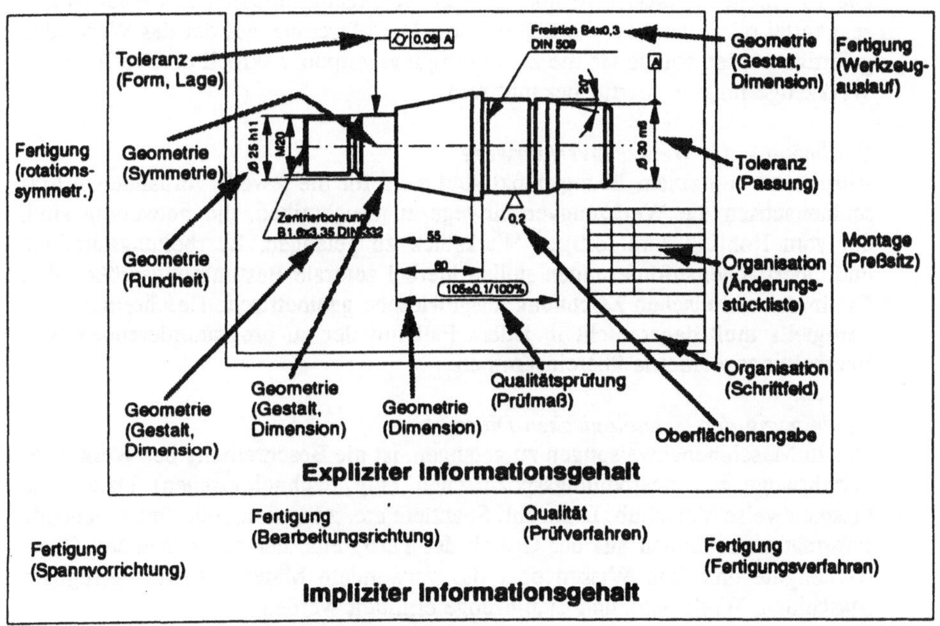

Abb. 4-7: Explizite und implizite Informationen in technischen Zeichnungen (Quelle: Trippner et al. 1991, S. 38)

Wird zur Herstellung eines Werkstücks eine numerisch gesteuerte Maschine eingesetzt, sind hierfür auf der Grundlage der Konstruktionsergebnisse die erforderlichen Steuerinformationen für die NC-Maschine zu erarbeiten. Im Gegensatz zu einem konventionellen Arbeitsplan ist jeder einzelne Arbeitsvorgang, den die Maschine zur Erzeugung des Fertigteils durchzuführen hat, im voraus in Form eines NC-Programms exakt festzulegen. Hierzu sind im einzelnen folgende (Teil-)Aufgaben zu lösen (vgl. Wiendahl 1989, S. 178):

- *Festlegung des Bearbeitungsablaufs*
  Zunächst ist anhand der Interpretation von Roh- und Fertigteilzeichnung die Bearbeitungsstrategie festzulegen. Dies betrifft neben der Reihenfolge der Bearbeitungsverfahren, mit denen ein Werkstück zu bearbeiten ist auch die Reihenfolge der Bearbeitung einzelner Geometrieelemente (z.B. erst Kontur, dann Tasche fräsen und schließlich Gewindelöcher bohren). Darüber hinaus ist hier über die Anzahl notwendiger Aufspannungen des Werkstücks in der Maschine sowie eventuell erforderlichen Spannmittel und Vorrichtungen zu entscheiden.

- *Auswahl der Werkzeuge*
  Die zu jedem Arbeitsschritt notwendigen Werkzeuge müssen aus einer Werkzeugkartei oder -datei ausgewählt werden. Die Maschine, auf der das Werkstück gefertigt werden soll sowie die zum Fertigungszeitpunkt aktuell dort verfügbaren Werkzeuge müssen hierfür bekannt sein.

- *Bestimmung der Werkzeugverfahrwege*
  Ausgehend von einem Bezugspunkt sind dann für die jeweils vorhandenen Maschinenachsen die Werkzeugverfahrwege zu beschreiben, die notwendig sind, um vom Rohling zum fertigen Werkstück zu gelangen. Bearbeitungsstrategie und Oberflächenanforderungen stellen hierbei zentrale Bestimmungsgrößen dar. Die in der technischen Zeichnung ausgewiesene geometrische Beschreibung des Fertigteils muß daher nicht in jedem Fall mit der zu programmierenden NC-Bearbeitungsgeometrie übereinstimmen.

- *Bestimmung der technologischen Daten*
  Um zu Maschinenanweisungen zu gelangen, ist die Beschreibung der Werkzeugverfahrwege mit bearbeitungsspezifischen (sog. technologischen) Daten wie beispielsweise Vorschub, Drehzahl, Spantiefe etc. zu verknüpfen. Entsprechende Informationen können aus der Gestalt des Fertigteils, der zu erzielenden Oberflächengüte und dem Wissen über das verwendete Material sowie verfügbare Maschinen, Werkzeuge und Spannzeuge ermittelt werden.

- *Erstellen eines maschinenlesbaren Programmcodes*
  Die geometrischen und technologischen Daten sind anschließend mit Hilfe eines Postprozessors in einen maschinenlesbaren (steuerungsspezifischen) Programmcode zu übertragen.

- *Programmkontrolle*
  Das NC-Programm muß (insbesondere bei komplexen Werkstücken) vor der erstmaligen Verwendung auf Programmfehler hin kontrolliert werden. Dies erfolgt in der Regel nachdem das NC-Programm in den Arbeitsspeicher der entsprechenden Werkzeugmaschine eingelesen worden ist. Auf diese Weise sollen Programmier- bzw. Schreibfehler bei der Bestimmung der Werkzeugver-

fahrwege entdeckt, die Kollisionen zwischen Werkzeugen und Werkstück bzw. Maschine sowie Qualitätsmängel verhindert werden.

- *Optimierung der technologischen Daten*
  Oftmals ist bereits beim Einfahren des Programms an der Maschine und/oder während der Bearbeitung eines Auftragsloses (z.B. aufgrund von Werkzeugverschleiß, geändertem Material- oder Maschinenverhalten) eine Optimierung der technologischen Daten erforderlich. Entsprechende Informationen sind allerdings nur aus dem aktuellen Fertigungskontext zu gewinnen. Ein lauffähiges NC-Programm liegt somit erst dann vor, wenn das zu bearbeitende Werkstück entsprechend den Anforderungen der Konstruktion erstellt werden kann.

Die zentrale Anforderung bei der NC-Programmerstellung besteht somit darin, die in einer funktionsorientierten Logik von der Konstruktion erstellte Werkstückbeschreibung im Sinne einer bearbeitungsorientierten Beschreibung zu modifizieren. Nur so kann man von Konstruktionsergebnissen zu Maschinenanweisungen gelangen. Dies gilt unabhängig davon, ob die Konstruktionsergebnisse in Form von konventionellen Zeichnungen oder CAD-Dateien vorliegen. Die Modifikationen können sowohl in der

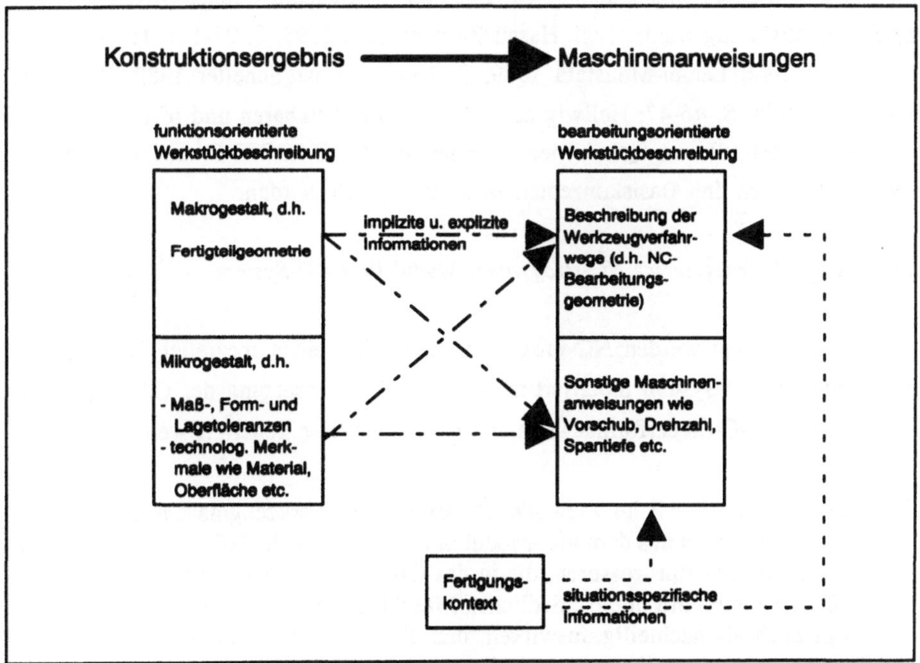

Abb. 4-8:   Transformation der Produktdokumentation in Maschinenanweisungen

Ergänzung fehlender Informationen bestehen (z.B. dann, wenn beim Vorliegen mehrerer Bearbeitungsstufen die Beschreibung von Zwischengeometrien erforderlich ist) als auch in der bearbeitungsorientierten Umsetzung der in der Werkstückbeschreibung enthaltenen Angaben (z.B. bei impliziten oder textlich vorliegenden Werkstückinformationen). Für diesen Modifikations- bzw. Transformationsprozeß ist als Imformationsquelle primär auf die technische Zeichnung mit ihren impliziten und expliziten Informationen sowie den konkreten Fertigungskontext zurückzugreifen (vgl. Abbildung 4-8).

4.2.2 Alternativen der technischen Gestaltung

Die informationstechnische Verknüpfung von computergestützter Konstruktion und NC-Programmierung wird vielfach mit dem Begriff CAD/NC-Integration benannt. Darunter wird im allgemeinen die Kopplung eines maschinellen NC-Programmiersystems mit einem CAD-System verstanden. Unter diesem Oberbegriff haben sich in den letzten Jahren allerdings unterschiedliche technische Varianten herausgebildet (vgl. Abbildung 4-8. Diese finden sich in der Literatur in unterschiedlicher Differenzierung und Systematisierung wieder (vgl. Hassis/Zimmermann 1993, S. 97-101; Hohwieler et al. 1992, S. 582; Lamei-Moustafa 1989, S. 134ff.; Orban/Scheller 1989, S. 10-15; Storr et al. 1988, S. 46-47; Hellwig et al. 1983). Die denkbaren und in der betrieblichen Praxis vorfindbaren technischen Alternativen der CAD/NC-Prozeßkette können grob zu folgenden drei Basiskonzepten zusammengefaßt werden:

Basiskonzept 1: Integriertes NC-Programm-Modul im CAD-System

Bei diesem Konzept werden NC-Programme mit Hilfe eines speziellen NC-Moduls, das in einem CAD-System integriert ist, erzeugt. Die Umsetzung der CAD-Daten in das notwendige NC-Steuerformat kann auf zweierlei Weise generiert werden:

(1)   Maschinenspezifisch im Zielcode der jeweiligen Werkzeugmaschine. Die Umsetzung der Daten aus dem NC-Modul in das erforderliche NC-Steuerungsformat erfolgt durch Postprozessoren, die in das CAD-System integriert sind.
In Unternehmen mit unterschiedlichen Maschinensteuerungen kann es sich allerdings auch als nachteilig auswirken, daß direkt ein maschinenspezifisches NC-Programm erzeugt wird; so muß einerseits zum Zeitpunkt der Programmerstellung die Bearbeitungsmaschinen festgelegt werden. Andererseits sind Anpassungen des CAD/CAM-Systems an weitere CNC-Steuerungen nur mit großem Aufwand realisierbar.

(2)   Maschinenunabhängig in Form eines nach DIN 66215 genormten Zwischenformats (CLDATA). Die maschinenneutralen Teileprogramme werden dann in einem zweiten Schritt mit Hilfe externer Postprozessoren in maschinenspezifische NC-Programme übersetzt.
Auch bei dieser Anordnung ist keine Geometrieschnittstelle erforderlich. Im Unterschied zur ersten Variante können beim Einsatz neuer Maschinensteuerungen weitere Postprozessoren relativ einfach beschafft werden. Ferner kann die Maschinenauswahl zu einem späteren Zeitpunkt erfolgen als bei Generierung eines maschinenspezifischen Formats.

Da auch hier in der Regel CAD-Daten für das NC-Programm ergänzt und modifiziert werden müssen, weist auch dieses Basiskonzept Schnittstellen auf. Im Unterschied zu den sogenannten Schnittstellenlösungen (Basiskonzept 2) erfolgt allerdings keine nach außen sichtbare, sondern eine systeminterne Aufbereitung der CAD-Informationen für die NC-Programmierung. Durch die unmittelbare Weiterverarbeitung der geometrischen Werkstückinformationen existieren hier die Geometriedaten nur einmal im rechnerinternen Modell des CAD-Systems. Eine Übertragung der Daten an weitere Systeme und eine redundante Datenhaltung ist nicht erforderlich. Beide Varianten dieses Basiskonzepts verwenden für die NC-Programmierung einen leistungsfähigen CAD-Rechner. Dies ist nicht nur mit hohen einmaligen Anschaffungskosten verbunden, sondern auch mit höheren Arbeitsplatzkosten für die NC-Programmierung. Als nachteilig kann sich ferner erweisen, daß bei diesem Basiskonzept oft nur auf rudimentäre NC-Funktionalitäten im CAD-System zurückgegriffen werden kann, in der Regel mit einem hohen Aufwand für das Ändern von NC-Programmen auf einem CAD-System zu rechnen ist und die NC-Programmierung hier nur für Werkstücke erfolgen kann, die auf CAD konstruiert wurden.

Basiskonzept 2: Verknüpfung zweier eigenständiger Systeme per Datenschnittstelle

Die Verknüpfung von rechnergestützter Konstruktion und NC-Programmierung kann auch durch eine Datenschnittstelle zwischen CAD- und NC-Programmiersystem erfolgen. Das im CAD-System erstellte Datenmodell des Fertigteils wird unter Zuhilfenahme einer Datenschnittstelle an ein nachfolgendes NC-Programmiersystem übertragen. Das NC-Programm wird hier somit in einem eigenständigen Programmiersystem erstellt, wodurch in der Regel eine gute Technologieunterstützung und vergleichsweise geringe Arbeitsplatzkosten für die NC-Programmierung verbunden sind.

Inhalt und Form der so übertragenen CAD-Informationen können bei diesen sogenannten Schnittstellen-Lösungen allerdings sehr unterschiedlich gestaltet sein. Folgende vier Modelle sind hier zu nennen:

(1)   Übergabe eines Teileprogramms: Aus den CAD-Daten werden Geometriedefinitionen und Konturbeschreibungen in der Syntax des jeweiligen NC-Programmiersystems (z.B. APT, EXAPT) bereitgestellt. Dieses Modell kann bei den NC-Systemen angewendet werden, bei denen ein nachträgliches Ergänzen des Teileprogramms durch Technologie- und Bearbeitungsangaben und Verfahrwege durchführbar ist. Da sich das ausgegebene Datenformat an der NC-Programmiersprache orientiert, wird hierfür auch der Begriff Sprachschnittstelle verwendet. Die Übergabe von Geometriedaten ist aber nur in Systeme möglich, die hinsichtlich der Syntax artverwandt sind. Dies bedeutet, daß auch Änderungen der Syntax der Programmiersprache entsprechende Änderungen im CAD-System erfordern.

(2)   Übergabe von Makronamen mit entsprechenden Parameterwerten: Im Gegensatz zum erstgenannten Modell werden keine einzelnen Konturelemente mehr an das NC-System übergeben, sondern die Geometrie wird mit Hilfe von Makronamen und den entsprechenden Parameterwerten bereitgestellt. Dies setzt allerdings voraus, daß im CAD-System Konstruktionsmakros verwendet werden, die innerhalb des NC-Programmiersystems auf korrespondierende Fertigungsmakros verweisen.

(3)   Übergabe eines genormten Datenformats: Die im CAD-System vorhandene Geometriebeschreibung wird hier in Form eines genormten Datenformats, das vom NC-Programmiersystem gelesen werden kann, zur Verfügung gestellt. Als Standardschnittstellen haben sich insbesondere IGES, SET und VDAFS durchgesetzt. Der Vorteil besteht darin, daß mit einer einzigen Schnittstelle der Datenaustausch zwischen verschiedenen Systemen möglich ist. Positiv ist ferner, daß hier auch bei einer Kopplung das (bewährte) NC-Programmiersystem und seine Anpaßprogramme verwendet werden können, eine geringe Abhängigkeit von einzelnen Systemanbietern besteht und auf eine große Anzahl am Markt verfügbarer Postprozessoren zurückgegriffen werden kann. Allerdings ist eine automatische Übertragung von Werkstückdaten zwischen CAD- und NC-Systemen trotz laufender (internationaler) Standardisierungsbemühungen bislang erst ansatzweise gelöst. Die Ursachen der derzeit erkennbaren Schwierigkeiten bei der Übertragung und Aufbereitung von CAD-Daten sind in erster Linie auf eine fehlende Entstehungshistorie, unterschiedliche Genauigkeiten von CAD- und NC-Technik, Verlust der Funktionalität sowie die unzureichende Ablage von Technologieinformationen im CAD zurückzuführen (vgl. Eversheim et al. 1990, S. 268-270). Technologie- und prozeßbeschreibende Daten müssen daher meist nach wie vor interaktiv bereitgestellt werden.

(4)   Übergabe eines individuellen Datenformats: Statt der Verwendung eines genormten Datenformats kann auch mit Hilfe einer Spezialschnittstelle ein individuelles Datenformat erzeugt und an das NC-Programmiersystem übergeben werden. Diese Schnittstelle kann optimal auf das zu koppelnde NC-Programmiersystem abgestimmt werden, so daß der Informationsgehalt der bereitgestellten Daten

maximal ist. Allerdings können mit einer Spezialschnittstelle lediglich Daten an ein ganz bestimmtes NC-Programmiersystem übergeben werden. Die Entwicklung bzw. Anpassung der Schnittstelle gestaltet sich aufgrund der hohen Individualität zudem sehr zeit- und kostenintensiv.

Neben diesen vier Varianten dieses Basiskonzepts ist es auch denkbar, daß das NC-Programmiersystem unter Umgehung sämtlicher Schnittstellen die Daten direkt aus dem CAD-System auslesen und weiterverarbeiten kann (vgl. Haasis/Zimmermann 1993, S. 101). Dies ist allerdings nur möglich, wenn CAD- und NC-System mit derselben Syntax arbeiten. Die Verwendung einer externen und neutralen Datenbank, die in Form eines Produktdatenmodells sämtliche produktdefinierende Informationen enthält und Daten sowohl vom CAD- als auch vom NC-Programmiersystem eingebracht, eingelesen und verändert werden können, befindet sich derzeit noch im Entwicklungsstadium.

Basiskonzept 3: Keine datentechnische Verknüpfung von CAD- und NC-System

Die am CAD-System in Form eines Datenmodells erstellte Werkstückbeschreibung findet hier keine Verwendung im nachfolgenden NC-Programmiersystem. Die für die NC-Bearbeitung erforderlichen Informationen des Werkstücks werden stattdessen von einem (erfahrenen) Mitarbeiter der Konstruktionszeichnung entnommen, interpretiert und in Form von Steuerbefehlen manuell in das NC-Programmiersystem eingegeben. Auch wenn der Informationsaustausch zwischen rechnergestützter Konstruktion und NC-Programmierung somit nicht auf der Grundlage einer datentechnischen Verknüpfung von CAD- und NC-Programmiersystem basiert, stellt diese Variante dennoch ein technisches Konzept zur Gestaltung der CAD/NC-Prozeßkette dar.

Der Vorteil dieses Basiskonzepts besteht darin, daß hierfür keine zusätzliche hard- und softwaretechnische Ausstattung erforderlich ist und eine Anwendung auch für Werkstücke möglich ist, die nicht auf einem CAD-System konstruiert wurden. Nachteilig kann sich je nach Werkstückkomplexität der mit der manuellen Eingabe der NC-relevanten Geometrie verbundene Zeitaufwand erweisen.

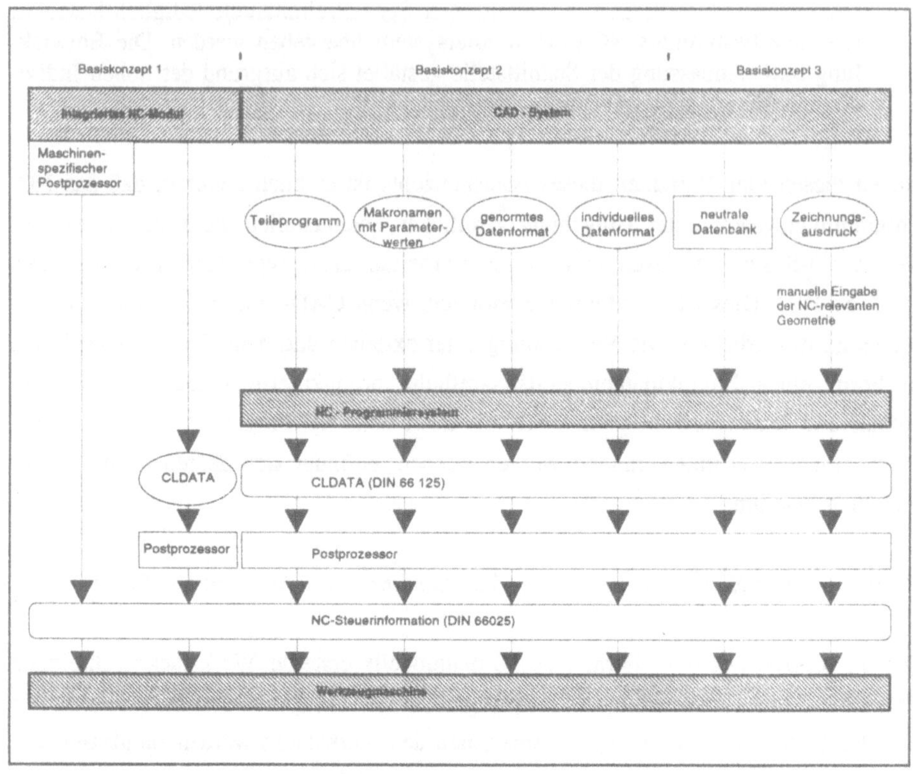

Abb. 4-9: Technische Alternativen der CAD/NC-Integration

Wie die Darstellung der drei Basiskonzepte zeigt, ist jedes Konzept mit Vor- und Nachteilen verbunden. Diese sind allerdings eher allgemeiner Natur, d.h. inwieweit diese im Einzelfall tatsächlich für oder gegen die Verwendung einzelner Basiskonzepte sprechen, ist in hohem Maße von den spezifischen Einsatzbedingungen abhängig. Beispielsweise eignen sich sogenannte integrierte Lösungen (NC-Modul im CAD-System) sehr gut für die Bearbeitung geometrisch komplexer Werkstücke, die freie Formflächenstrukturen enthalten (vgl. Eversheim et al. 1988, S. 35). Für geometrisch einfache und/oder technologisch anspruchsvolle Teile ist der Einsatz von CAM-Modulen dagegen weniger sinnvoll. Einerseits sind die entsprechenden CAD/CAM-Arbeitsplätze zur Programmierung geometrisch einfacher Teile zu teuer, andererseits enthalten sie - verglichen mit den seit Jahren am Markt eingeführten NC-Programmiersystemen - nur in geringem Umfang fertigungstechnologische Funktionen. Ebenso erweist sich die mit der Verwendung von Standardschnittstellen verbundene Notwendigkeit der Datenaufbereitung nicht in jedem Fall als nachteilig. Dies gilt insbesondere bei geometrieintensiven Bearbeitungsverfahren, wie zum Beispiel Brennschneiden, Blechbearbeitung oder Drahterodieren, da diese vergleichsweise keine nennenswerten Ergänzungen von Technologieanweisungen erfordern. Ferner kann die Verwendung einer Spezialschnittstelle bei komplexen Datenbeständen, bei denen der Einsatz einer Standardschnittstelle zu größeren Informationsverlusten führen würde, die Nachteile dieser Lösungsvariante ausgleichen.

4.2.3 Elemente der arbeitsorganisatorischen Gestaltung

Die gebräuchliche Verwendung des Begriffs "CAD/NC-Integration" leistet in der Regel der Betonung technischer Aspekte Vorschub. Daher sei an dieser Stelle ausdrücklich betont: Die Gestaltung der CAD/NC-Prozeßkette ist nicht allein auf die Entscheidung über eines der technischen Basiskonzepte bzw. deren Varianten zu reduzieren. Sie erfordert notwendigerweise auch arbeitsorganisatorische Entscheidungen, da die technischen Konzepte per se noch keine Antwort dazu leisten, wer diese gegebenenfalls in Kooperation mit wem, wo und wie nutzt. Darüber hinaus deutete sich bereits in den vorangegangenen Ausführungen an, daß arbeitsorganisatorische Entscheidungen (insbesondere Arbeitsteilung und Zeitpunkt der Programmerstellung) von entscheidender Bedeutung für den ökonomischen Nutzen von technischen Konzepten sind.

Als Elemente der arbeitsorganisatorischen Gestaltung von rechnergestützter Konstruktion und NC-Programmierung sind in erster Linie zu nennen die Form der Arbeitsteilung, Art und Umfang der Koordination, die Kompetenzverteilung sowie die räumliche Zuordnung von Personen, Teiltätigkeiten und Arbeitsmitteln. Diese vier grundlegenden Elemente der arbeitsorganisatorischen Gestaltung werden im folgenden näher vorgestellt:

(1) Form der Arbeitsteilung: Bei der Erstellung lauffähiger NC-Programme fallen, je nach zugrundeliegendem technischem Basiskonzept unterschiedliche Teiltätigkeiten an. Diese können entweder vollständig von einer Person oder arbeitsteilig von mehreren Personen bearbeitet werden. Sind CAD-System und NC-Programmiersystem technisch nicht miteinander verknüpft, kommen für die (Teil-)Aufgaben der Programmerstellung in erster Linie die betrieblichen Funktionsbereiche Arbeitsvorbereitung bzw. NC-Programmierung und die Fertigung in Frage. Innerhalb dieser Funktionsbereiche können

die Aufgaben darüber hinaus verschiedenen Personengruppen (z.B. Arbeitsplaner/NC-Programmierer, Meister, Vorarbeiter, Maschinenführer) zugeordnet werden.

Die Frage, wer wo programmiert, die in der Gegenüberstellung von AV- und Werkstattprogrammierung in den vergangenen Jahren teilweise zum Glaubenskampf avancierte (vgl. Sorge 1985, S. 122), erhält im Zuge der Möglichkeiten einer datentechnischen Vernetzung bzw. Integration von CAD- und NC-Systemen eine neue Qualität.

Zentrale Teiltätigkeiten Technische Basiskonzepte	Separieren der NC-relevanten Geometrie	Erzeugen bzw. Ergänzen der NC-relevanten Geometrie	Erzeugen bzw. Ergänzen der NC-relevanten Technologie
Basiskonzept 1 Integriertes NC-Modul im CAD-System	Wer: Konstrukteur, NC-Programmierer oder Maschinenführer Wo: Konstruktion, AV oder Fertigung Womit: CAD-System	Wer: Konstrukteur, NC-Programmierer oder Maschinenführer Wo: Konstruktion, AV oder Fertigung Womit: CAD-System	Wer: Konstrukteur, NC-Programmierer oder Maschinenführer Wo: Konstruktion, AV oder Fertigung Womit: CAD-System
Basiskonzept 2 Verknüpfung zweier eigenständiger Systeme per Datenschnittstelle	Wer: Konstrukteur oder NC-Programmierer Wo: Konstruktion oder AV Womit: CAD-System und/oder Kopplungsmodul im NC-System	Wer: NC-Programmierer oder Maschinenführer Wo: AV bzw. Fertigung Womit: NC-System	Wer: NC-Programmierer oder Maschinenführer Wo: AV bzw. Fertigung Womit: NC-System
Basiskonzept 3 Keine datentechnische Verknüpfung CAD- und NC-System	entfällt	Wer: NC-Programmierer oder Maschinenführer Wo: AV bzw. Fertigung Womit: NC-System bzw. Maschinensteuerung	Wer: NC-Programmierer oder Maschinenführer Wo: AV bzw. Fertigung Womit: NC-System bzw. Maschinensteuerung

Abb. 4-10: Ausgewählte Alternativen der räumlichen Zuordnung von Personen, Teiltätigkeiten und Arbeitsmitteln der CAD/NC-Prozeßkette

Die traditionelle Arbeitsteilung zwischen Entwicklung/Konstruktion und Arbeitsvorbereitung bzw. Fertigung kann durch die Möglichkeit der teilweisen oder vollständigen Übernahme von Teilaufgaben der NC-Programmierung am CAD-System aufgelöst werden (vgl. Abbildung 4-10).

Bei der Festlegung der Arbeitsteilung innerhalb der CAD/NC-Prozeßkette sind zwei Aspekte von besonderer Bedeutung: Die Qualifikation der jeweiligen Mitarbeiter und der Aufwand für Koordination und Kontrolle. Zum einen sind die verschiedenen Möglichkeiten der Arbeitsteilung zwischen den Funktionsbereichen CAD-Konstruktion, Arbeitsplanung/NC-Programmierung und CNC-Fertigung mit unterschiedlichen Anforderungen an die Qualifikation der jeweiligen Mitarbeiter (z.B. Kenntnisse des CAD-Systems, Programmierkenntnisse oder fertigungsspezifisches Erfahrungswissen) verbunden. Daher ist sicherzustellen, daß entsprechende Qualifikationen bei den jeweiligen Mitarbeitern vorhanden sind oder systematisch erworben werden. Zum anderen erfordert jede Aufteilung von Aufgaben auf verschiedene Personen koordinierende und gegebenenfalls kontrollierende Maßnahmen. Es ist daher sicherzustellen, daß die hierdurch entstehenden Kosten, den möglichen Produktivitätsgewinn der Arbeitsteilung nicht schmälern.

(2) Art und Umfang der Koordination: Arbeitsteilung erzeugt notwendigerweise Koordinierungsbedarf. Wird also die Aufgabe "Erstellen lauffähiger NC-Programme" auf verschiedene Mitarbeiter verteilt, ergibt sich die Notwendigkeit zur Koordination der einzelnen Tätigkeiten bzw. Arbeitskräfte. Dies erfordert klare und einvernehmliche Regelungen für die Zu- bzw. Zusammenarbeit. Hierbei ist in Anlehnung an Kieser/ Kubicek (1992, S. 95f.) zwischen Vereinbarungen zu unterscheiden, die unterschiedliche Arten von Koordinationsproblemen betreffen, und solchen, die den jeweiligen Koordinationsmechanismus regeln:

- *Vorauskoordination und Feedbackkoordination:* Koordination erfolgt einmal als vorausschauende Abstimmung (Vorauskoordination) und zum anderen als Reaktion auf kurzfristig auftretende Störungen (Feedbackkoordination). In der Vorauskoordination erfahren Organisationsziele eine zunehmende Konkretisierung, bis ausführungsreife, aufeinander abgestimmte Aktivitäten vorliegen. Hierbei wird bereichs- oder personenspezifisch festgelegt, welche Arbeitsergebnisse in welcher Form an die jeweils nächste Stelle weiterzugeben sind. Für die CAD/ NC-Prozeßkette bedeutet dies beispielsweise, daß festzulegen ist, wie CAD-Dateien erstellt werden (z.B. Ablage bestimmter Werkstückinformationen auf bestimmten CAD-Layern), welche Anforderungen hierbei auf eine NC-gerechte Darstellung (z.B. Art der Bemaßung) zu erfüllen sind, wie Rechte und Pflichten bezüglich des CAD-Zeichnungsarchivs geregelt sind oder wie fertigungsinduzierte Konstruktions- bzw. Zeichnungsänderungen behandelt werden.

Unter der Voraussetzung, daß keine unvorhergesehenen Störungen bzw. Planabweichungen auftreten, reicht diese Koordination aus. Da diese aber im betrieblichen Alltag unvermeidlich sind, ist immer ein gewisses Maß an reaktiver, störungsbezogener Koordination zu leisten. Diese kann in der CAD/NC-Prozeßkette beispielsweise dadurch notwendig werden, daß Zeichnungsmaße oder Arbeitsunterlagen (z.B. Spannskizzen, Werkzeuge) fehlen, Fehler in Bauteilkonstruktionen, Zeichnungen oder NC-Programme vorliegen oder Änderungen im NC-Programm anfallen. Für solche Fälle sind generelle Handlungsleitlinien zu vereinbaren, so daß eine effiziente Problemlösung möglich ist.

- *Koordinationsmechanismus:* Neben Regelungen von Koordinationsinhalten ist auch zu klären, wie die Koordination erfolgen soll. Dies gilt insbesondere für kurzfristig auftretende Störungen bzw. Planabweichungen, die eine effiziente Koordination erfordern (Feedbackkoordination). Als Koordinationsmechanismen kommen hier in erster Linie zwei Möglichkeiten in Betracht: Die persönliche Weisung durch den jeweiligen Vorgesetzten (z.B. Konstruktionsleiter, AV-Leiter, Meister) und die Selbstkoordination durch die jeweils betroffenen Personen bzw. Stellen. Während erstere Lösung beim Auftreten von Problemen die strikte Einhaltung eines bestimmten (in der Regel) hierarchischen Dienstweges vorsieht, obliegt im Fall der Selbstkoordination den jeweils betroffenen Stellen die Aufgabe zur Problemlösung.

(3) Kompetenzverteilung: Eng verknüpft mit der Regelung von Arbeitsteilung und Koordination ist die Frage, wie die Entscheidungsbefugnisse zu regeln sind. Für die in der CAD/NC-Prozeßkette zu bewältigenden Aufgaben heißt dies beispielsweise, wer bei fehlerhaften oder suboptimalen NC-Programmen befugt ist, entsprechende Korrekturen durchzuführen bzw. an der Werkzeugmaschine durchgeführte Programmänderungen zu dokumentieren. Die Frage der Kompetenzverteilung stellt sich insbesondere dann, wenn NC-Programme zentral erstellt, aber dezentral (d.h. von Maschinenfacharbeitern) feinoptimiert werden.

(4) Räumliche Zuordnung von Personen, Teiltätigkeiten und Arbeitsmitteln: Ein weiteres organisatorisches Gestaltungselement, das eng verbunden ist mit Fragen von Arbeitsteilung und Koordination, stellt die Regelung der räumlichen Zuordnung von Personen, Teiltätigkeiten und Sachmitteln dar. Da die Entscheidung darüber, wer welche Teilaufgabe übernimmt (Form der Arbeitsteilung) nicht notwendigerweise etwas über den Ort aussagt, an dem diese Arbeiten durchgeführt werden, kann die räumliche Zuordnung von Personen, Teiltätigkeiten und Sachmitteln als eigenständiges Gestaltungselement verstanden werden (vgl. Abbildung 4-10). So muß beispielsweise beim Einsatz eines integrierten Geometrieextraktions-Moduls in einem CAD-System

(Variante von Basiskonzept 2) das Separieren der NC-relevanten Geometrie nicht notwendigerweise einem Konstrukteur bzw. Technischen Zeichner übertragen werden. Es ist ebenso denkbar, daß ein NC-Programmierer am CAD-System diese Tätigkeit durchführt. Das CAD-Terminal kann dabei räumlich sowohl dem Bereich der Konstruktion, der Arbeitsvorbereitung/NC-Programmierung als auch der Fertigung zugeordnet sein. Besondere Bedeutung erlangt dieses Gestaltungselement dadurch, daß die räumliche Nähe bzw. Zusammenlegung verschiedener Aufgabenträger dazu beitragen kann, die bereichsübergreifende Koordination zu vereinfachen oder gar den alltäglich anfallenden Koordinationsbedarf zu reduzieren.

Für die Gestaltung einer effizienten Ablauforganisation der CAD/NC-Prozeßkette sind alle vier Elemente der arbeitsorganisatorischen Gestaltung von Bedeutung. Sie bilden die Grundlage für die Entwicklung arbeitsorganisatorischer Konzepte, wie sie nachfolgend auf der Grundlage vorliegender empirischer Arbeiten dargestellt werden.

4.2.4 Empirische Ergebnisse zur technisch-organisatorischen Gestaltung

Die vorausgehenden Ausführungen zeigten technische und arbeitsorganisatorische Optionen für die Gestaltung der CAD/NC-Prozeßkette auf. In Bezug darauf stellt sich die Frage, wie diese Optionen in der betrieblichen Praxis aufgegriffen werden. Zu ihrer Beantwortung wird im folgenden auf die Ergebnisse der bislang breitesten empirischen Untersuchung betrieblicher Einsatzformen der CAD/NC-Kopplung aus dem Jahre 1986 zurückgegriffen (vgl. Hoß et al. 1991). Dort wurden in 92 Unternehmen unterschiedlicher Branchen 115 Einsatzfälle von CAD/NC-Systemen untersucht. Unternehmen des Maschinenbaus, die auch als Abnehmer numerisch gesteuerter Werkzeugmaschinen die größte Rolle spielen, bildeten dabei die größte Anwendergruppe (ca. 40 % der eingesetzten CAD/NC-Systeme). Auf Unternehmen der Elektrotechnischen Industrie (ca. 14 % der CAD/NC-Systeme) und des Straßenfahrzeugbaus (ca. 12 %) entfielen deutlich geringere Anteile. Zwei Drittel aller erfaßten CAD/NC-Anwender waren Unternehmen mit mehr als 1.000 Beschäftigten. Das restliche Drittel verteilte sich auf die gesamte Breite kleiner und mittelständischer Unternehmen, wobei ein Schwerpunkt in der Größenklasse 100 bis 500 Beschäftigte lag. Die zentralen Ergebnisse von Breitenerhebung und vertieften Einzelfallstudien hinsichtlich der technischen wie arbeitsorganisatorischen Realisierung der CAD/NC-Integration stellen sich wie folgt dar (vgl. Hoß et al. 1991, S. 12-26, S. 33-48; Lay 1988, S. 310-315; Lay et al. 1987, S. 326-330):

(1) Technische Realisierungslösungen: In 55 % aller untersuchten Einsatzfälle wurden die im Konstruktionsprozeß erzeugten NC-relevanten Geoemtriedaten aus dem CAD-System über eine Schnittstelle an ein NC-Programmiersystem übergeben. Dort erfolgte dann die komplette NC-Programmierung bis zum fertigen NC-Steuerprogramm. In etwa 85 % dieser Unternehmen, die vorhandene NC-Programmiersysteme über Schnittstellen mit CAD-Systemen gekoppelt hatten, wurden spezifisch entwickelte Kopplungsbausteine verwendet. Standardisierte Schnittstellen spielten im Erhebungszeitraum (1986) noch kaum eine Rolle. Hinsichtlich der verwendeten Bearbeitungsverfahren bildeten Bohr- und Fräsbearbeitungen bis zu drei Achsen den Einsatzschwerpunkt dieser Realisierungslösung. Die Programmierung von Drehteilprogrammen war in nahezu 50 % der Integrationsfälle, die Programmierung des Drahterodierens in nahezu 40 % der Einsatzfälle Gegenstand der CAD/NC-Kopplung. Programme zum fünfachsigen Fräsen waren in mehr als 30 % der Integration über diese Lösung erstellt worden. Hingegen wurde das Schleifen, Stanzen, Nibbeln, Brennschneiden oder andere Bearbeitungsverfahren in weniger als 20 % der Fälle praktiziert. In 29 % der untersuchten Einsatzfälle wurde die Systemintegration über im CAD-System integrierte NC-Module realisiert. Diese erfolgte dann überdurchschnittlich häufig, wenn es darum ging, Programme für das fünfachsige Fräsen und das Drahterodieren zu erstellen.

Über diese beiden technischen Grundtypen hinaus wurden auch Unternehmen identifiziert, die jeweils sowohl ein NC-Modul im CAD-System als auch eine Schnittstelle zu einem eigenständigen NC-Programmiersystem aufwiesen. In 7 % dieser Einsatzfälle wurden die Werkzeugwege nach dem Separieren der NC-relevanten Geometrie aus dem Gesamtsatz der CAD-Daten im NC-Modul eines CAD-Systems programmiert. Geometrie- und Werkzeugwegdefinition wurden dann über eine Schnittstelle an ein NC-Programmiersystem übergeben, wo die Technologieinformationen hinzugefügt wurden und anschließend durch einen Postprozessorlauf die steuerungsspezifische Anpassung erfolgte. In 6 % dieser "Misch"-Unternehmen erfolgte die NC-Programmierung in vollem Umfang mit Hilfe des im CAD-System integrierten NC-Moduls. Das so erzeugte NC-Programm wurde als Quellprogramm über eine Schnittstelle an ein NC-Programmiersystem übergeben, wo dann der Postprozessorlauf stattfand.

Als wichtige Einflußgrößen auf die technische Ausgestaltung wurden in erster Linie der Zeitpunkt der Installation der Integration, das Bearbeitungsverfahren, die Anzahl vorhandener NC/CNC-Werkzeugmaschinen sowie die Anzahl zu erstellender NC-Programme identifiziert.

(2) Arbeitsorganisatorische Konzepte: Im Hinblick auf das mit der CAD/NC-Kopplung einhergehenden arbeitsorganisatorische Konzept zeigte sich, daß für fast alle Teiltätigkeiten NC-Programmierer aus der Arbeitsvorbereitung eingesetzt wurden (vgl. Abbildung 4-11). Eine Ausnahme bildete lediglich die Teilaufgabe "Separieren der NC-relevanten Geometriedaten aus der CAD-Datenbasis". Diese war in fast der Hälfte aller Fälle einem Konstrukteur zugeordnet. Damit war dieser zumindest insoweit in die NC-Programmierung eingeschaltet, als daß er erkennen mußte, welches die NC-relevanten Teile des von ihm konstruierten Werkstücks sind.

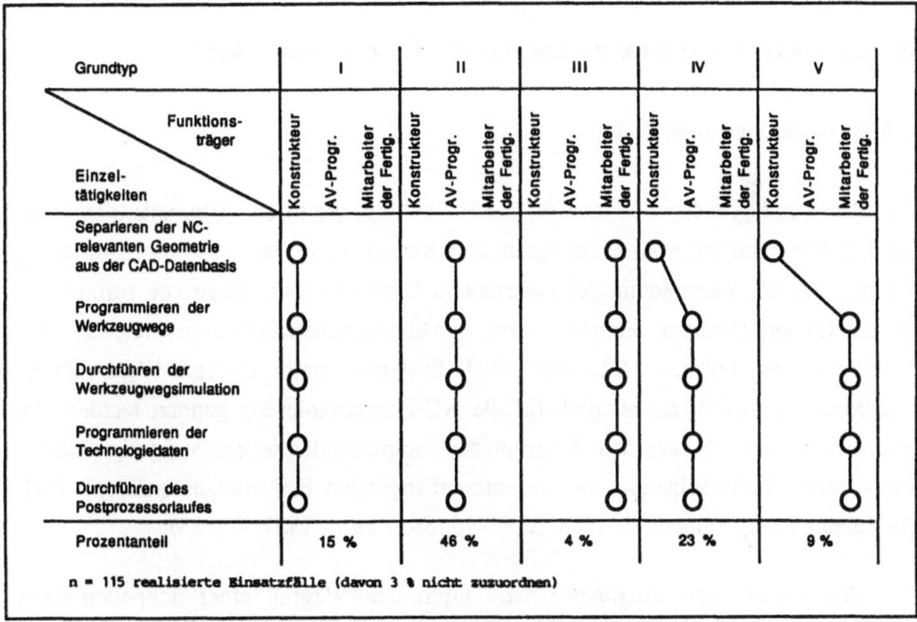

Abb. 4-11: Quantitative Verteilung arbeitsorganisatorischer Grundtypen der CAD/NC-Integration (Quelle: Hoß/Lay/Schneider 1991, S. 25)

Bei der Nutzung dieser arbeitsorganisatorischen Grundtypen zeigten sich allerdings signifikante betriebsgrößenspezifische Unterschiede. Während in mehr als 50 % der Großunternehmen (mit mehr als 1.000 Beschäftigten) die gesamte NC-Programmierung durch das AV-Personal erfolgte, waren in den kleineren Unternehmen verschiedene Formen der Arbeitsorganisation (Grundtypen I, II, IV und V) nahezu gleichgewichtig vertreten. In diesen Unternehmen waren somit teilweise keine speziellen NC-Programmierer in der Arbeitsvorbereitung vorhanden, so daß verstärkt Konstruktions- oder Werkstattpersonal mit der NC-Programmierung an gekoppelten CAD/NC-Systemen betraut waren. Weiterhin wurde untersucht, ob und gegebenenfalls inwieweit bestimmte technische Alternativen mit spezifischen Konzepten der Arbeitsorganisation verbunden sind. Hierbei zeigte sich, daß zwar bestimmte arbeitsorganisatorische Grundtypen bei einzelnen Techniklösungen dominant sind, diese aber durch die technischen Voraussetzungen nicht determiniert sind. So erwies sich die Alternative "Schnittstellenkonzept", bei der ein NC-Programmierer der Arbeitsvorbereitung vollständig für die Erstellung des NC-Programms verantwortlich zeichnete (Arbeitsorganisatorischer Grundtyp II) die bei weitem dominierende Integrationslösung.

4.3 Die CAD/NC-Prozeßkette aus betriebswirtschaftlicher Sicht

4.3.1 Erwartungen und Ziele

Eines der grundlegendsten Motive für die Bedeutung, die in der verarbeitenden Industrie der Verknüpfung von rechnergestützter Konstruktion und NC-Programmierung zukommt, ist die Vermeidung der mehrfachen Erfassung und Pflege von Informationen, die für verschiedene Aufgaben bzw. in verschiedenen Funktionsbereichen Verwendung finden. Die mit Hilfe eines CAD-Systems einmal erzeugte Werkstückbeschreibung soll soweit als möglich für die NC-Programmierung genutzt werden. An dieses Motiv, das sich aus dem Konzept der computerintegrierten Fertigung ableitet, sind in erster Linie folgende, eng zusammenhängenden Erwartungen geknüpft (vgl. Hosenmann 1990; Storr et al. 1988, S. 45-46, Storr et al. 1987, S. 138):

- *Minimierung von Eingabefehlern:* Durch den Wegfall einer doppelten bzw. mehrfachen Eingabe und Pflege von Daten sollen Datenübertragungsfehler reduziert werden.

- *Qualitätssteigerung bei NC-Programmierung und Arbeitsplanung:* Eng verknüpft mit der Verringerung von Eingabefehlern ist die Erwartung einer Qualitätssteigerung bei NC-Programmierung und Arbeitsplanung. Voraussetzung hierfür ist allerdings, daß die ersterfaßten Daten richtig sind und keine technischen Übertragungsfehler auftreten.

- *Beschleunigung der NC-Programmerstellung:* Verbunden mit dem Wegfall einer wiederholten Datenerfassung ist die Erwartung einer schnelleren NC-Programmerstellung und eines schnelleren Informationsflusses zwischen Konstruktion und NC-Programmierbereich.

- *Reduzierung von Auftragsdurchlaufzeiten:* Infolge der schnelleren NC-Programmerstellung wird erwartet, daß Auftragsdurchlaufzeiten reduziert werden können.

- *Kostenreduzierung in der NC-Programmierung:* Der Wegfall der wiederholten Datenerfassung soll infolge der Zeiteinsparungen bei der NC-Programmerstellung zu einer Kostenreduzierung in der NC-Programmierung beitragen.

In der oben genannten Untersuchung von Hoß et al. (1991, S. 32-33) zu Einsatzvarianten der CAD/NC-Integration zeigte sich, daß in mehr als der Hälfte aller befragten Unternehmen dem Ziel "schnellerer Auftragsdurchlauf" eine herausragende Bedeutung beigemessen wurde. In mehr als zwei Fünftel der Fälle wurden mit der CAD/NC-Integration vorrangig die Ziele "bessere Qualität der NC-Programme (weniger Fehler)" und "schnellere Programmerstellung (Bewältigung eines steigenden NC-Programmierbedarfs)" verfolgt. Das Ziel der Kostenreduzierung wurde dagegen nur in einem Drittel der Fälle als primäres Ziel genannt.

4.3.2 Empirische Ergebnisse zur Wirtschaftlichkeit der CAD/NC-Kopplung

Trotz zahlreicher Schwierigkeiten, die bei der Beurteilung bereichsübergreifender Integrationskonzepte auftreten (vgl. Kapitel 3.1.2), war und ist die Analyse wirtschaftlicher Effekte der CAD/NC-Integration immer wieder Gegenstand empirischer Untersuchungen. Neben den beiden, auf breiter empirischer Basis angelegten, wissenschaftlichen Studien von Orban/Scheller (1989) und Hoß et al. (1991) finden sich zahlreiche Anwenderberichte in einschlägigen Fachzeitschriften. Wie die Übersicht zentraler Ergebnisse zur Wirtschaftlichkeit der CAD/NC-Kopplung entsprechender Veröffentlichungen deutlich macht, dominieren eindeutig quantitative gegenüber qualitativen Angaben (vgl. Anhang 1). Unter den quantifizierbaren Wirkungen wird die Reduzierung des Programmieraufwands, mehr oder weniger nach Bearbeitungsverfahren oder Werkstückkomplexität differenziert, an erster Stelle genannt. Daß die Häufigkeit der Nennung dieses Ziels allerdings nicht gleichzusetzen ist mit einem hohen Zielerreichungsgrad lassen die Einschätzungen der 92 Unternehmen erkennen, die von Hoß et al. (1991, S. 49-53) befragt wurden. Hier zeigte sich nämlich, daß von den Zielen "Programmierkosten senken", "Auftragsdurchlauf beschleunigen", "NC-Programmqualität erhöhen" und "Programmerstellungszeit reduzieren" ersteres nur vergleichsweise schlecht realisiert werden konnte.

Wie wichtig die Definition der Systemgrenzen bei der Beurteilung des Kostenvorteils einer CAD/NC-Kopplung ist, wird aus den Wirtschaftlichkeitskennzahlen deutlich, die

Orban/Scheller vorgelegt haben (vgl. Abbildung 4-12). Nach Einschätzung von 21 Unternehmen, die über Erfahrungen mit CAD/NC-Kopplungen verfügten, konnte zwar infolge einer CAD/NC-Kopplung der Zeitaufwand für die NC-Programmierung im Mittel um ca. 29 % reduziert werden. Dieser Zeitvorteil ging allerdings bei einer gemeinsamen Betrachtung von Konstruktion und NC-Programmierung nur mit einer Kostensenkung von ca. 11 % einher. Analog zu den Ergebnissen von Hoß et al. zeigt sich damit auch hier, daß mit Hilfe einer CAD/NC-Kopplung die Programmerstellungskosten nur in geringem Umfang gesenkt werden können.

	Veränderung des Zeitaufwands für die NC-Programmierung	Veränderung der Kosten für die NC-Programmierung	Veränderung der Kosten für die Konstruktion und NC-Programmierung
Arbeitsorganisationstyp			
Typ 1	-25,8 %	-25,6 %	-10,4 %
Typ 2	-25,5 %	-23,6 %	- 9,3 %
Typ 3	-28,5 %	-29,9 %	-12,8 %
Typ 4	-35,1 %	-27,3 %	-12,8 %
Schnittstellenvariante			
Variante 2	-29,7 %	-33,7 %	- 9,7 %
Variante 3	-26,5 %	-14,6 %	- 4,6 %
Variante 5	-31,2 %	-29,4 %	-11,1 %
Variante 6	-26,7 %	-25,1 %	-11,6 %
gesamtes Untersuchungsfeld	-28,8 %	-27,0 %	-10,5 %

Abb. 4-12: Kennzahlen zur Wirtschaftlichkeit der CAD/NC-Kopplung
(Quelle: Orban/Scheller 1989, S. 104)

Betrachtet man die von Orban/Scheller vorgelegten Kennzahlen unter Berücksichtigung der eingesetzten Schnittstellenvarianten, so fällt auf, daß Unternehmen, die die Variante 3 (Übergabe der Daten aus dem CAD-System in Form eines Teileprogramms) einsetzen, hinsichtlich der dadurch verursachten Kosten deutlich schlechter abschneiden. Allerdings weisen die Autoren (Orban/Scheller 1989, S. 106) darauf hin, daß dieses (vergleichsweise schlechte) Ergebnis stark von einem einzigen Betrieb geprägt ist. Da die Abweichungen der Kennzahlen von den Mittelwerten bei den anderen drei aufgenommenen Schnittstellenvarianten gering waren, wurden keine weiteren Aussagen abgeleitet. Zusammenfassend kommen die Autoren zu dem Schluß, daß weder die Form der Arbeitsorganisation noch die Verwendung einer bestimmten Schnittstellenvariante die Mittelwerte der Kennzahlen zur Wirtschaftlichkeit signifikant bestimmten (ebenda). Im Hinblick auf die Interpretation ihrer Ergebnisse weisen die Autoren allerdings selbstkritisch darauf hin, daß die vorgefundenen Formen der CAD/NC-Integration als innerbetriebliche Optima betrachtet wurden (vgl. Orban/Scheller 1989, S. 85, 105 und 106). Eine Überprüfung, ob mit dieser Form das globale Optimum von Arbeitsorganisation bzw. Schnittstellenvariante gefunden oder dadurch nicht vielmehr ein suboptimaler Zustand festgeschrieben wurde, unterblieb. Somit lassen die Ergebnisse dieser Analyse nur eingeschränkte Aussagen zu.

Insgesamt sind zu den Veröffentlichungen empirischer Ergebnisse zur Wirtschaftlichkeit einer CAD/NC-Kopplung folgende Punkte anzumerken: (1) Nicht alle Veröffentlichungen beziehen sich ausschließlich auf die CAD/NC-Integration. In nicht wenigen Fällen werden die Ergebnisse unter dem Begriff CAD/CAM oder CAD/CAP subsumiert, so daß sie über den primären Gestaltungs- und Wirkungsbereich der CAD/NC-Integration zum Teil weit hinausgehen. (2) Die Vorteilhaftigkeit wird zum Teil durch den Vergleich einer kompletten CAD/CAM-Lösung mit einer konventionellen Fertigung begründet. So werden beispielsweise Bearbeitungszeiten zwischen konventionellem Fräsen (incl. Kopierfräsen) mit hochautomatisierten Lösungen verglichen. (3) Die jeweils zugrundeliegende Definition der Systemgrenzen sowie der Programmierkosten wird nur selten explizit dargelegt. (4) Des weiteren zeigt sich, daß manche Autoren auf eine differenzierte Ergebnisdarstellung verzichten. Wesentliche Einflußgrößen auf die ökonomische Bewertung der CAD/NC-Kopplung, wie z.B. Bearbeitungsverfahren, vorhandenes Programmiersystem, angewendete Methoden der Arbeitsvorbereitung (vgl. Walter 1989, S. 38) sind somit nicht ersichtlich. Dadurch ist oftmals nicht nachvollziehbar, für welche betrieblichen Rahmenbedingungen die vorgelegten Ergebnisse Gültigkeit besitzen. (5) Allgemein wird konstatiert, daß das Einsparpotential einer CAD/NC-Kopplung um so größer ist, je höher der Geometrieanteil am Gesamtumfang eines Teileprogramms ist (vgl. z.B. Haasis/Zimmermann 1993, S. 102; Walter 1989, S. 38). Für Fälle, in denen der Technologieanteil überwiegt, wird weniger in der CAD/NC-Kopplung als vielmehr in der Technologiefähigkeit des NC-Programmiersystems der entscheidende Rationalisierungseffekt gesehen (vgl. Franz 1991)[27].

---

[27] Als Bearbeitungsverfahren mit tendenziell hohen Geometrieanteilen gelten weithin das Brennschneiden, Drahterodieren, Drehen, Konturfräsen und Freiformfräsen. Dagegen wird ein relativ kleiner Geometrieanteil beim Bohrteilen oder Bohr-/Frästeilen gesehen, der im wesentlichen aus

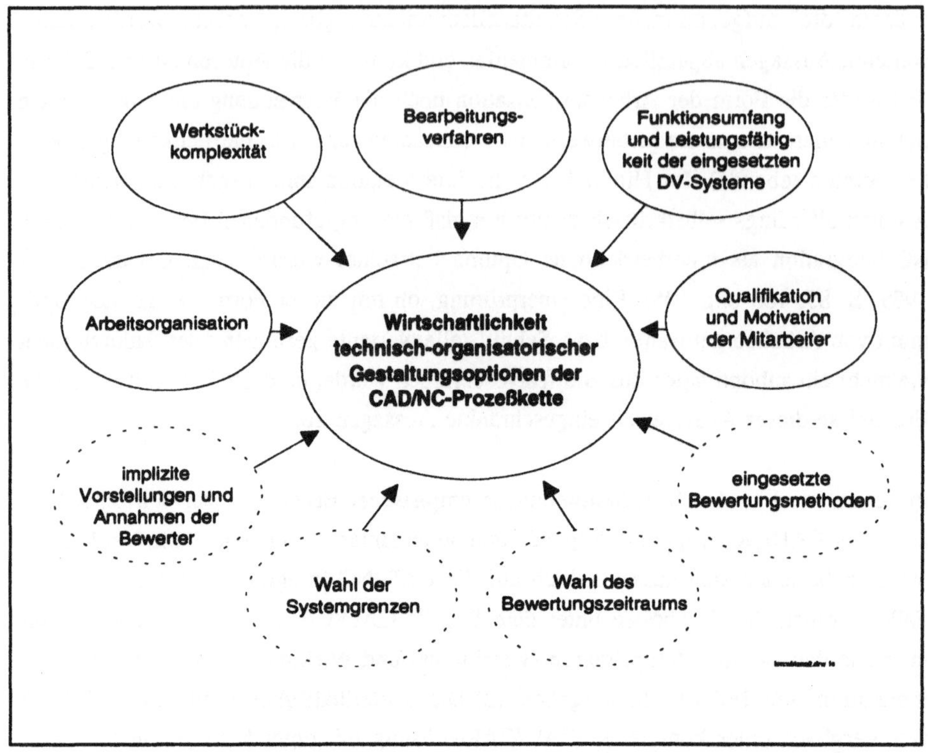

Abb. 4-13: Einflußgrößen auf die ökonomische Bewertung von Gestaltungsoptionen der CAD/NC-Prozeßkette

Faßt man die Ergebnisse der empirischen Arbeiten zur Wirtschaftlichkeit der CAD/ NC-Kopplung mit denen von Kapitel 3 zusammen, so können eine Vielzahl unterschiedlicher Einflußgrößen auf die ökonomische Bewertung technisch-organisatorischer Gestaltungskonzepte der CAD/NC-Prozeßkette identifiziert werden (vgl. Abbildung 4-13). Diese lassen sich grob in zwei Gruppen unterteilen: Zum einen in situative Einflußfaktoren, die sich aus dem jeweiligen Arbeitssystem ergeben. Zum anderen in Einflußfaktoren, die in der Bewertungssituation selbst zum Tragen kommen. Unter die erstgenannte Gruppe fallen z.B. das Bearbeitungsverfahren, die Komplexität der zu bearbeitenden Werkstücke, der Funktionsumfang und die Leistungsfähigkeit der jeweiligen DV-Systeme (insb. CAD-System, NC-Programmiersystem,

---

Mittelpunktskoordinaten, Tiefen, Durchmessern oder Gewindeangaben besteht. Der umfangreiche Technologieanteil besteht dagegen aus einer Vielzahl von Zentriervorgängen, Vor- und Fertigbohrzyklen oder Gewindebohrzyklen (vgl. z.B. Franz 1988, S. 98).

CNC-Steuerung), die Arbeitsorganisation, das Technikkonzept sowie die Qualifikation und Motivation der Mitarbeiter. Zur zweiten Gruppe von Einflußgrößen sind insbesondere die Wahl der Systemgrenze, der zugrundegelegte Bewertungszeitraum, die eingesetzte Bewertungsmethode sowie die Vermutungen über die Wirtschaftlichkeit einzelner Gestaltungsoptionen des bzw. der Bewerter zu zählen. Wie an anderer Stelle gezeigt, ist aufgrund methodischer Probleme wie auch aufgrund vorhandener Bewertungsspielräume eine vollständige, exakte und objektive Beurteilung der Wirtschaftlichkeit von Gestaltungsoptionen nicht möglich. Es erscheint daher zweckmäßig, die Einflußgrößen, die sich aus dem Arbeitssystem selbst ergeben, nicht losgelöst von denen der Bewertungssituation zu thematisieren. Das Ergebnis einer ökonomischen Bewertung von Gestaltungsoptionen der CAD/NC-Prozeßkette kann sinnvoll nicht unabhängig vom Bewertungsprozeß (und dessen zentralen Größen wie Systemgrenzen, Bewertungsmethode etc.) beurteilt werden.

5 Diskursiver Ansatz zur Planung und Bewertung technisch-organisatorischer Alternativen der CAD/NC-Prozeßkette

Wie die Auseinandersetzung um die Gestaltung der CAD/NC-Prozeßkette im vorangegangenen Kapitel zeigt, existieren für diesen betrieblichen Gestaltungsbereich im Prinzip sowohl technische als auch organisatorische Gestaltungsoptionen. Unternehmen, die sich bei der Realisierung einer computergestützten Fertigung mit dem Gedanken der Einführung einer CAD/NC-Kopplung tragen, stehen daher vor der Frage, welches technisch-organisatorische Konzept sich vor dem Hintergrund ihrer jeweiligen Rahmenbedingungen als wirtschaftlich erweist. Die in Kapitel 3 erarbeiteten Ergebnisse lassen erkennen, daß die Beantwortung dieser Frage mit Hilfe ex-ante durchgeführter Wirtschaftlichkeitsanalysen in der betrieblichen Praxis aus verschiedenen Gründen auf Schwierigkeiten stößt. Das Ziel des folgenden Kapitels ist es daher, aufbauend auf den bisher erarbeiteten Ergebnissen, einen eigenen Ansatz zur ökonomischen Bewertung technisch-organisatorischer Gestaltungskonzepte der CAD/NC-Prozeßkette zu entwickeln. Dieser soll - entsprechend der eingangs formulierten Zielsetzung der Arbeit - praktische Problemlösungsbeiträge liefern, die die Wahrscheinlichkeit erhöhen, daß Unternehmen im Rahmen individueller Planungs- und Gestaltungsprozesse zu effizienten Konzepten gelangen. Geleitet von der Grundüberzeugung, daß das dafür notwendige Detailwissen bereits in einer kaum noch überschaubaren Fülle im Grundsatz erarbeitet worden ist, steht nicht die Suche nach einer noch perfekteren Methode im Vordergrund. Stattdessen sollen die in verschiedenen Fachdisziplinen bzw. Forschungsfeldern der Betriebswirtschaftslehre bereits vorhandenen Erkenntnisse zielorientiert zusammengeführt werden. Im Hinblick auf die anwendungsorientierte Zielsetzung dieser Arbeit, kommt dabei Aspekten der praktischen Methodenanwendung sowie der Gestaltung von Planungs- und Bewertungsprozessen eine herausragende Bedeutung zu.

5.1 Bausteine eines diskursiven Planungs- und Bewertungsprozesses

5.1.1 Partizipatives Projektmanagement

Die betriebliche Praxis der Einführung neuer Technologien zeigt, daß vielfach nicht das Ergebnis einer Wirtschaftlichkeitsanalyse, sondern der Verlauf des gesamten Planungs- und Gestaltungsprozesses die Entscheidung für bzw. gegen ein technisch-organisatorisches Konzept entscheidend beeinflußt. Der systematischen Gestaltung derartiger Prozesse sollte daher ausreichend Beachtung geschenkt werden. Vier Aspekte scheinen von besonderer Bedeutung: die formale Einbettung des Planungs- und Bewertungsprozesses in eine Projektorganisation, die Zusammenführung von Fachkompetenz und Entscheidungsverantwortung, die rechtzeitige und qualifizierte Beteiligung betroffener Mitarbeiter bzw. Funktionsbereiche sowie die Vereinbarung projektinterner Regeln.

Zunächst ist sicherzustellen, daß alle Aufgaben, die im Rahmen der Planung und Gestaltung der CAD/NC-Prozeßkette zu bewältigen sind, in einen formalen Rahmen eingebettet werden - die Projektorganisation. Der Projektauftrag ist klar zu formulieren und so schriftlich oder mündlich zu kommunizieren, daß alle Beteiligten das gleiche darunter verstehen. Daneben ist die Bereitstellung der finanziellen, personellen und zeitlichen Ressourcen zu klären. Diese und weitere Regelungen, die nur für die Dauer des Projektes erforderlich sind, machen generell die Projektorganisation aus. Sie bilden eine wichtige Grundlage für die strukturierte und methodische Gestaltung des gesamten Prozesses von Planung, Bewertung und Einführung eines Gestaltungskonzepts der CAD/NC-Prozeßkette[28]. Mit Bezug auf die eingangs dargelegten Gründe für das Beharrungsvermögen von Organisationsstrukturen bei der Einführung neuer Techniken (vgl. Kapitel 2.2.3) sollte bei der Wahl des Projektleiters neben einer entsprechenden Fach-, Methoden- und Sozialkompetenz auch dessen (bzw. deren) Akzeptanz bei den betroffenen Fachbereichen geachtet werden. Ferner sollte die formale Kompetenz des Projektverantwortlichen bzw. Projektteams für den Fall von Interessensunterschieden bezüglich des zu realisierenden Lösungskonzepts eindeutig geregelt sein. Das heißt entweder erhält der Projektleiter die Befugnis bei Meinungsverschiedenheiten zu entscheiden oder es wird von vornherein eine Entscheidungsinstanz auf der nächsthöheren Hierarchieebene für solche Fälle bestimmt.

---

[28] Im Hinblick auf praktische Anregungen und Vorschläge zur erfolgreichen Projektarbeit sei auf die entsprechende Literatur verwiesen (vgl. u.a. Doppler/Lauterburg 1994; VDMA/FKM 1988; Hansel/Lomnitz 1987; Oppermann 1980).

Da die Vorteilhaftigkeit technisch-organisatorischer Gestaltungsalternativen mit keinem Verfahren exakt, umfassend und objektiv "errechnet" werden kann, stellt sich die Suche nach wirtschaftlichen Lösungen nicht als reines Expertenproblem dar. Damit gewinnt die Frage, welcher Personenkreis, in welcher Projektphase, bei welchen Aufgaben in welcher Form in die Projektbearbeitung eingebunden werden soll. In Abhängigkeit davon, wie weitgehend und in welcher Absicht die Einbeziehung von Betroffenen in Entscheidungsprozesse erfolgt, lassen sich verschiedene Partizipationsmuster unterscheiden (vgl. Kirsch et al. 1979, S. 298f.). Für den Fall, daß die Beteiligung der Betroffenen in erster Linie mit dem Ziel erfolgt, vorhandene Wissenspotentiale zu mobilisieren, können verschiedene Intensitäten des Mitarbeitereinflusses unterschieden werden[29]. Einen generell optimalen Partizipationsgrad gibt es nicht, allerdings sprechen folgende Argumente für eine mehr oder weniger direkte partizipative Prozeßgestaltung: Interne und externe Experten für Technik- bzw. Organisationsgestaltung sind bei der Entwicklung geeigneter Sachlösungen de facto in der Regel auf Informationen der Betroffenen angewiesen. Die Einschätzungen bzw. Wirkungsprognosen der Experten können quantitativ wie qualitativ verbessert werden, indem die betroffenen Mitarbeiter die Realisierbarkeit überprüfen und geeignete Durchsetzungsmaßnahmen vorschlagen. Da jedoch in aller Regel organisatorische Veränderungen von den Betroffenen als eine Bedrohung des Status quo empfunden werden, schafft die Einräumung der Möglichkeit, Interessen aktiv wahrnehmen zu können, eine wichtige Voraussetzung für einen weitgehend vollständigen, unverzerrten Informationsaustausch (vgl. Wohlgemuth 1991, S. 65-69; Hansel/Lomnitz 1987, S. 173-192; Kieser 1987, S. 51f.). Ferner ist erfahrungsgemäß davon auszugehen, daß eine rechtzeitige und qualifizierte Beteiligung betroffener Mitarbeiter die Identifikation mit geplanten Veränderungen verbessert und sich positiv auf die Motivation sowie die Qualität der Arbeitsergebnisse auswirkt (vgl. Rosenstiel 1987a, 1987b).

Trotz dieser Vorteile sind der Beteiligung von Betroffenen in der Praxis meist Grenzen gesetzt. Diese ergeben sich zum einen daraus, daß in den Unternehmen für die Durchführung entsprechender Projekte nur in begrenztem Umfang zeitliche, personelle oder finanzielle Ressourcen zur Verfügung stehen. Zum anderen stellt sich oftmals aber auch das Know-how-Defizit der Betroffenen gegenüber den Experten als Restrik-

---

[29] So unterscheiden beispielsweise Vroom/Yetton (1973) fünf Partizipationsgrade, die ein Kontinuum wachsenden Mitarbeitereinflusses bilden. Dieses reicht von der Situation, in der ein Vorgesetzter allein aufgrund seines Informationsstandes Entscheidungen fällt, bis hin zu der, daß die Betroffenen gemeinsam Lösungsalternativen entwickeln und bewerten und der Vorgesetzte bereit ist, die von der Gruppe gefundene Lösung zu akzeptieren und durchzusetzen.

tion für Beteiligung dar (vgl. Kieser 1987, S. 52). Nicht zuletzt sprechen plausible Argumente sowie empirische Ergebnisse dafür, daß Partizipation nicht nur die Gestaltung von Veränderungsprozessen, sondern vielfach auch das Zustandekommen guter Ergebnisse erschwert - diese zumindest nicht nennenswert verbessert (vgl. Rosenstiel 1987b, S. 21; Kirsch et al. 1979, S. 300). Als Fazit dieses Für und Wider bleibt festzuhalten, daß zu Beginn von Planungs- und Gestaltungsprojekten der computergestützten Fertigung im Einzelfall die Frage zu beantworten ist, wer, wann und wie in die Projektbearbeitung eingebunden werden soll. Unabhängig von der Beantwortung dieser Frage ist so zumindest gewährleistet, daß die Beteiligung von Betroffenen systematisch berücksichtigt wird. Soll die Beteiligung von Betroffenen von Wert sein, dann sollte sie sich nicht (im Sinne einer einseitigen Taktik) darauf beschränken, lediglich die Zustimmung der Mitarbeiter zu einer fertig ausgearbeiteten und längst beschlossenen Veränderung zu holen (vgl. u.a. Wohlgemuth 1991, S. 65ff.; Lawrence 1980). Um das Problemlösungspotential zu erhöhen und die Konsensbildung auch bei den Mitarbeitern 'vor Ort' zu fördern, empfiehlt es sich - zumindest bei bestimmten Themen - die Partizipation betrieblicher Funktionsbereiche nicht allein auf eine Einbindung von Vertretern des mittleren Managements zu beschränken, sondern auch Mitarbeiter unterer Hierarchieebenen in das Projekt einzubinden.

Innerhalb des Projektteams sollten Vereinbarungen (Spielregeln) zur Zusammenarbeit sowie der Handhabung von Interessensunterschieden und Konflikten getroffen werden[30]. Von der Akzeptanz und Einhaltung dieser Vereinbarungen hängt die Produktivität des Teams entscheidend ab.

5.1.2 Förderung der Diskursfähigkeit von Beteiligten

Um diskursive Vorhaben im Rahmen betrieblicher Planungs- und Gestaltungsvorhaben praktizieren zu können, müssen die Beteiligten nicht nur zur Mitarbeit motiviert, sondern auch in der Lage sein, strukturell vorhandene Partizipationschancen wahrnehmen zu können. Sie müssen die hierzu erforderliche Partizipationskompetenz haben bzw. erwerben (vgl. Kißler 1980; Friedel-Howe 1985, S. 232). Dementsprechend ist ihre soziale - insbesondere ihre kommunikative - Kompetenz zu stärken. Ohne eine solche Kompetenz können diskursive Vorhaben nicht realisiert werden: Partizipation und Diskurs bleiben dann reine Theorie.

---

[30] Entsprechende Beispiele hierzu finden sich unter anderem bei Hansel/Lomnitz (1987, S. 73-84).

117

Auch wenn weitgehend Einigkeit darin besteht, daß zur Ausübung von Partizipation umfangreiche Lernprozesse notwendig sind, existiert keine einheitliche, allgemein anerkannte Definition dessen, was unter Partizipationskompetenz zu verstehen ist (vgl. Friedel-Howe 1985, S. 232). Nach der Analyse verschiedener Definitionsansätze kommt Pieper (1988, S. 301-302) zu dem Schluß, daß in erster Linie zwei generelle, zu schulende Elemente von Partizipationskompetenz existieren:

- Wissen und Kenntnisse einerseits und
- Verhalten, d.h. soziale Kompetenz andererseits.

Zu den kognitiven Voraussetzungen für Partizipation können das Fachwissen zur Lösung der jeweiligen Aufgabe, das (Allgemein-)Wissen über das Unternehmen und die Zusammenhänge sowie das Wissen über Mitbestimmungsrechte subsumiert werden (vgl. Pieper 1988, S. 303). Im Fall der Planung und Bewertung technisch-organisatorischer Alternativen der computergestützten Fertigung bedeutet dies, daß Fachkenntnisse der Organisationsgestaltung ebenso erforderlich sind wie die der jeweiligen Technik, der unternehmensspezifischen Anforderungen und gegebenenfalls die von Fertigungsverfahren. Darüber hinaus wird die Entwicklung der sozialen Kompetenz als zentrale Zielgröße beim Erwerb von Partizipationskompetenz gehalten, da diese darüber entscheidet, ob ein Individuum dann, wenn Partizipation strukturell möglich ist, diese auch tatsächlich realisieren kann. Friedel-Howe (1985, S. 242) unterscheidet zwischen drei Verhaltenselementen, nämlich:

- Kommunikationsfähigkeit,
- Kooperationsfähigkeit,
- Konfliktfähigkeit.

Da die Teilnehmer nur kommunikativ ihre Argumente und Sichtweisen einbringen können, stellt sich das Sich-Ausdrücken- und Zuhören-Können als wesentliches Element der Partizipationskompetenz dar. Die Entwicklung der Fähigkeit der Beteiligten, in und mit Gruppen erfolgreich interagieren zu können ist insofern wichtig, als Diskurse und Partizipation immer in Gruppen stattfinden. Die Fähigkeit eines Individuums, Konflikte als solche zu erkennen und konstruktiv handhaben zu können ist für partizipative Problemlösungs-, Planungs- und Entscheidungsprozesse von großer Bedeutung, da derartige Prozesse erfahrungsgemäß sehr konfliktträchtig sind (vgl. Kirsch 1979, S. 300; Becker/Langosch 1984, S. 38). Diese drei Fähigkeiten können durch soziales Lernen erworben werden. Die Palette der didaktischen Möglichkeiten ist umfangreich. Zu allen drei Elementen gibt es Methoden, die im Rahmen personeller Ansätze der Organisationsentwicklung Anwendung finden (vgl. u.a. Becker/Langosch 1984, S. 82-98). Als Schulungsmethoden zum Erwerb und zur Steigerung der Kommunikationsfähigkeit bieten sich u.a. Laboratoriumstraining, Transaktions-Analyse oder Rhetorik- bzw. Argumentationsübungen an. Damit Individuen besser in und mit Gruppen interagieren können, bieten sich Schulungsmaßnahmen entweder am Individuum oder an einer konkreten, bereits existierenden Gruppe an, wie z.B. Sensitivitäts-Training, Encounter-Gruppen oder Teamentwicklung. Konfliktfähigkeit kann zum einen theoretisch erlernt werden, etwa durch Plan- und Rollenspiele (vgl. Berkel 1985), zum anderen kann ein konkreter Konfliktfall, der sich im Rahmen eines OE-Prozesses ergibt oder sichtbar wird.

5.1.3 Einbindung externer Experten

Ist bei den vorgesehenen Mitgliedern der Projektgruppe die Sach-und Methodenkompetenz zur Lösung der anfallenden Aufgaben nicht hinreichend vorhanden, kann die Einbindung eines externen CAD/CAM-Beraters in einzelnen Projektphasen erforderlich bzw. sinnvoll sein[31]. Da CAD/CAM-Berater in der Regel über einschlägiges Fachwissen und einen bewährten Erfahrungsschatz verfügen, kann Know-how, das im Unternehmen selbst nicht vorhanden ist, schnell und effizient in die Projektarbeit einfließen. Im Hinblick auf die hier zugrundegelegte Gestaltungsphilosophie empfiehlt sich bei der Auswahl der Berater darauf zu achten, daß diese neben einer Technik- auch über eine fundierte Organisationskompentenz verfügen (vgl. Reimann 1991).

Erfahrungsgemäß ist jedoch, insbesondere bei bereichsübergreifende Projekten, meist nicht nur um die Lösung von Sachproblemen gefordert, sondern auch die von Kommunikationsschwierigkeiten sowie Beziehungsproblemen einzelner Teammitglieder bzw. einzelner Fachbereiche untereinander. Die technisch-organisatorische Gestaltung bereichsübergreifender Prozeßketten in der computergestützten Fertigung stellt darüber hinaus oftmals bestehende Strukturen, Zuständigkeiten, Qualifikationen, soziale Beziehungen und Erfahrungen in Frage. Sie berührt damit die bestehenden innerbetrieblichen Macht- und Handlungskonstellationen und weckt Ängste und Unsicherheit bei einzelnen Mitarbeitern, Arbeitsgruppen oder Abteilungen. Insbesondere bei konflikt-

---

[31]   Zum Beratungsangebot ganzheitlicher CAD/CAM-Einführung in mittelständischen Unternehmen vgl. Bech et al. (1991, S. 36 ff.).

trächtigen Arbeitsschritten (z.B. Zielformulierung, Alternativenbewertung) kann sich daher die Einbindung eines externen Experten (Organisations- bzw. OE-Beraters), als äußerst zweckmäßig erweisen. Im Unterschied zum Fachberater besteht seine Aufgabe nicht primär in der Lösung von Fachproblemen selbst, sondern in der angemessenen Begleitung und Forcierung des Problemlösungsprozesses. Durch die professionelle Moderation von Projektsitzungen und eine Akzeptanz bei allen Beteiligten kann ein konstruktiver Umgang mit anfallenden Verständigungsschwierigkeiten und Konflikten ermöglicht werden.

Idealerweise arbeiten CAD/CAM-und OE-Berater bei der Durchführung bzw. Begleitung von Planungs- und Bewertungsprozessen der CAD/NC-Prozeßkette eng zusammen. Für die Auswahl und den effizienten Einbindung externer Berater in betriebliche Projektvorhaben sei auf die üblichen Grundsätze des Beratereinsatzes verwiesen (vgl. u.a. Shapiro 1994; AWV 1990).

5.1.4 Generelle Leitlinien für Planung und Bewertung

Ein weiteres Charakteristikum des diskursiven Ansatzes sind vier zentrale Leitlinien, die bei der Planung und Bewertung technisch-organisatorischer Konzepte der computergestützten Fertigung eine hilfreiche Orientierung bieten können. Im einzelnen sind dies:

Integrierte Betrachtung von Mensch, Technik und Organisation: Die mit dem Konzept der computergestützten Fertigung gemeinhin verbundenen Nutzenpotentiale basieren nicht allein auf dem Einsatz neuer Fertigungstechniken und deren Vernetzung. Sie sind vielmehr das Ergebnis eines abgestimmten Zusammenwirkens verschiedener Faktoren: Von Technik, Aufbau- und Ablauforganisation sowie von Qualifikation und Motivation der Arbeitskräfte. Insbesondere organisatorische und personale Faktoren sind bei der Nutzung neuer gegenüber konventioneller Fertigungstechniken von entscheidender Bedeutung. Denn, inwieweit das, was aufgrund technischer Leistungspotentiale prinzipiell möglich ist, im konkreten Fall auch ausgeschöpft werden kann, ist in hohem Maße von der Form der Techniknutzung (d.h. der Arbeitsorganisation) sowie dem Verhalten der jeweiligen Mitarbeiter abhängig. Aus diesem Grund sollten bei der Planung und Bewertung computergestützter Fertigungskonzepte zugleich verschiedene 'Stellhebel' der Effektivitäts- und Effizienzsteigerung im Blick behalten werden. Eine ökonomische Bewertung von Maßnahmen zur effizienten Arbeitsteilung/Koordination von rechnergestützter Konstruktion und rechnergestützter Fertigung kann sich daher konsequenterweise nicht nur auf die Betrachtung technisch bedingter Kosten- und/oder Nutzeneffekte beschränken. Als Bewertungsobjekt sind vielmehr sogenannte ganzheitliche Gestaltungskonzepte, die die Faktoren Mensch, Technik und Organisation konzeptionell zusammenführen, zugrundezulegen.

Orientierung am Arbeitsprozeß: Bei der Entwicklung ganzheitlicher Gestaltungskonzepte sollte eine prozeßorientierte Betrachtungsweise gegenüber einer funktionsorientierten bevorzugt werden. Dies ist eine logische Konsequenz des Integrationsgedankens. Eine optimale Koordination arbeitsteilig zu bewältigender Aufgaben sowie ein dies unterstützender durchgängiger Informationsfluß sind nur möglich, wenn sich die Gestaltung von Organisation und Technik am Arbeitsprozeß orientiert. Im vorliegenden Beispiel der Gestaltung der CAD/NC-Prozeßkette bedeutet dies, daß nicht einzelne Teilaufgaben bzw. Betriebsbereiche isoliert zu betrachten sind, sondern der gesamte Arbeitsprozeß bzw. Informationsfluß, der notwendig ist, um von Konstruktionsergebnissen zu Maschinenanweisungen zu gelangen. Hierzu ist eine Optimierung der - die einzelnen Personen bzw. Funktionsbereiche übergreifenden - Koordination der zu bewältigenden Teilaufgaben gefordert. Daß die prozeßorientierte einer funktionsbezogenen Betrachtungsweise auch bei der ökonomischen Bewertung der CAD/NC-Prozeßkette zweckmäßig ist, bestätigen die Ergebnisse der oben genannten Wirtschaftlichkeitsanalyse von Orban/Scheller (1989, S. 104). Hier zeigt sich nämlich, daß die Kostenvorteile einer CAD/NC-Kopplung bei einer gemeinsamen Betrachtung von Konstruktion und NC-Programmierung weitaus geringer sind als bei einer isolierten Wirkungsanalyse der NC-Programmierung (vgl. Abbildung 4-12). Sowohl die Frage nach der Gestaltung als auch der ökonomischen Bewertung einzelner Gestaltungslösungen sollte folglich immer auch auf der Basis einer prozeßorientierten Betrachtung beantwortet werden.

Situationsspezifische Betrachtung: Wie an anderer Stelle bereits ausführlich dargestellt, weist bei einer vergleichenden Betrachtung jedes technische als auch arbeitsorganisatorische Grobkonzept der CAD/NC-Prozeßkette spezifische Vor- und Nachteile auf (vgl. Kapitel 4.2). Keines der Konzepte kann unabhängig von den betrieblichen Einsatzbedingungen pauschal als wirtschaftlich oder unwirtschaftlich bezeichnet werden. Daher ist im Einzelfall zu prüfen, inwieweit die jeweiligen Gestaltungsoptionen vor dem Hintergrund betriebsspezifischer Rahmenbedingungen (z.B. vorhandene DV-Infrastruktur, Mitarbeiterqualifikation, Werkstückspektrum, Bearbeitungsverfahren) überhaupt realistische Handlungsalternativen darstellen. In einem weiteren Schritt ist zu prüfen, inwieweit die im Prinzip denkbaren (realistischen) Gestaltungsoptionen vor dem Hintergrund betrieblicher Gegebenheiten sowie vorhandener Anforderungen (z.B. spezifische Engpaßfaktoren, strategischer Ziele) als wirtschaftlich erweisen könnten. Die Ergebnisse empirischer Arbeiten zur Wirtschaftlichkeit der CAD/NC-Kopplung (vgl. Kapitel 4.3.2), unterschiedlicher Programmierkonzepte (vgl. z.B. Ammon/Raether 1989; Lay et al. 1983) wie auch zum wirtschaftlichen Einsatz von CNC-Maschinen (vgl. Witte 1981) zeigen, daß den Situationsfaktoren 'Bearbeitungsverfahren' und 'Werkstückkomplexität' eine herausragende Bedeutung zukommt. Vor diesem Hintergrund empfiehlt sich zur situationsspezifischen Betrachtung der CAD/NC-Prozeßkette eine verfahrens- und werkstückbezogene Differenzierung.

Wirtschaftlichkeitsanalyse und Entscheidungsfindung: Mit Bezug auf die vorangegangenen Ausführungen zu den Methoden der Wirtschaftlichkeitsrechnung sowie deren Stellenwert in betrieblichen Entscheidungsprozessen (vgl. Kapitel 3.2 und 3.3) ist nochmals in Erinnerung zu rufen: Es existiert kein Verfahren mit dessen Hilfe die ökonomischen Wirkungen bereichsübergreifender technisch-organisatorischer Maßnahmen exakt, umfassend und objektiv bewertet werden könnten. Ferner ist davon auszugehen, daß den Ergebnissen von Wirtschaftlichkeitsrechnungen für die eigentliche Entscheidung in der Regel bei weitem nicht die Bedeutung zukommt, die man gemeinhin erwarten würde. Damit kann und soll aber keineswegs den Wirtschaftlichkeitsrechnungen jegliche Bedeutung bei der Planung computergestützter Fertigungskonzepte abgesprochen werden. Im Gegenteil: Eine differenzierte Wirtschaftlichkeitsbetrachtung scheint dringend geboten, denn es wäre geradezu blauäugig, sich von allgemeinen Nutzenpotentialen einer bestimmten Fertigungstechnik oder eines Organisationskonzepts blenden zu lassen, ohne die möglichen Kosten bzw. Nutzen für einen konkreten Anwendungsfall abzuschätzen. Allerdings sollten aus den oben genannten Erkenntnissen praktische Konsequenzen für die Anwendung von Wirtschaftlichkeitsrechnungen in Planungs- und Gestaltungsprozessen gezogen werden. Wichtig erscheinen in diesem Zusammenhang folgende Punkte: (1) Wirtschaftlichkeitsanalysen sind als Element eines systematischen Planungsprozesses zu betrachten. Da einerseits wichtige Vorentscheidungen über die Realisierung von Gestaltungskonzepten in vorangehenden Phasen fallen und andererseits ein relativer Wirtschaftlichkeitsvergleich nur möglich ist, wenn auch ernstzunehmende Gestaltungsalternativen vorliegen, sollte dem Stellenwert anderer Arbeitsschritte gleichermaßen Rechnung getragen werden. (2) Eine Annäherung an objektive Bewertungen kann eher erreicht werden, wenn die Entwicklung und Bewertung alternativer Grobkonzepte auf mehrere Personen übertragen wird. Entscheidend dabei ist allerdings, daß die Bewerter nicht alle die gleiche Interessengruppe bzw. denselben Funktionsbereich vertreten. Sonst besteht die Gefahr, die Subjektivität einseitig zu erhöhen. Liegen innerhalb des Projektteams die Einschätzungen über die Kosten bzw. Nutzen eines bestimmten Grobkonzepts weit auseinander, so sollten die jeweiligen Gründe, die zu anderslautenden Ansichten geführt haben, eingehend diskutiert werden. (3) Bei der Auswahl der Rechenverfahren sollte nicht nur auf die Hervorbringung möglichst umfassender und exakter Ergebnisse geachtet werden, ohne der dazu erforderlichen bzw. im Unternehmen vorhandenen Datenqualität ausreichend Rechnung zu tragen. Sowohl die Auswahl der Verfahren als auch die Interpretation der damit erzielten Ergebnisse kann sinnvollerweise nicht losgelöst von der zugrundeliegenden Datenqualität erfolgen. Im Hinblick auf eine breite Akzeptanz der Ergebnisse sollte das eingesetzte Verfahren nicht nur einzelnen Experten, sondern allen Mitgliedern des Projektteams verständlich und plausibel sein. (4) Da technisch-organisatorische Grobkonzepte in der Regel von Entscheidern verabschiedet werden bzw. Mitarbeiter betreffen, die am Entscheidungsprozeß nicht mitgewirkt haben, sollte die Transparenz der Bewertung auch über das Projektteam hinaus oberstes Gebot sein. Insgesamt ist festzuhalten, daß die Anwendung von Verfahren zur Wirtschaftlichkeitsrechnung in betrieblichen Planungs- und Gestaltungsprozessen, so begrenzt die mathematische Exaktheit der Ergebnisse auch ist, wertvolle Beiträge leisten kann zur Reduzierung von Unsicherheit, zur Konsensbildung und zur Selbstverpflichtung der Beteiligten.

5.2 Praktische Gestaltung des Planungs- und Bewertungsprozesses

Für die in einem Projekt zur technisch-organisatorischen Gestaltung der computergestützten Fertigung zu lösenden Aufgaben hat sich in der Literatur eine gewisse Systematik herausgebildet (vgl. Laux/Liermann 1987, S. 39f.; Elias et al. 1985, S. 139ff.; Kirsch et al. 1979, S. 36ff.). So werden in der Regel folgende Aufgaben unterschieden:

- Problemformulierung (Ermittlung von Ist- und Sollzustand),
- Zieldefinition,
- Suche nach möglichen Handlungsalternativen,
- Prognose der Ergebnisse der (erwogenen) Handlungsalternativen,
- Auswahl und Realisierung einer Handlungsalternative,
- Ergebniskontrolle anhand von Sollvorstellungen.

Diese Unterteilung des Planungs- und Gestaltungsprozesses in einzelne Phasen orientiert sich an einem idealtypischen Ablauf rationaler Entscheidungsprozesse. Da diese in der Praxis jedoch eher die Ausnahme bilden und entsprechende Prozesse stattdessen durch einen ständigen Wechsel zwischen den einzelnen Phasen charakterisiert sind, sollte das Phasenschema lediglich als generelle Tendenz der Reihenfolge interpretiert werden. Dies gilt es zu berücksichtigen, wenn im folgenden verschiedene Phasen des Planungsprozesses vorgestellt werden.

5.2.1 Analyse der Ist-Situation

Die Gestaltung der CAD/NC-Prozeßkette kann nicht unter Vernachlässigung betrieblicher Gegebenheiten gleichsam "auf der grünen Wiese" erfolgen. Im Entscheidungsprozeß ist daher zunächst eine Vielzahl von, den Status quo kennzeichnenden, Anforderungen und Gegebenheiten zu analysieren und bei der Gestaltung zu berücksichtigen, da diese den jeweiligen Handlungsrahmen mehr oder weniger abstecken. Neben aktuellen sollten hier auch kurz- und mittelfristig absehbare Veränderungen des Ist-Zustands wie der Anforderungen Rechnung getragen werden. Für die Analyse der Ist-Situation zur Gestaltung der CAD/NC-Prozeßkette bietet sich folgende Unterscheidung an:

(1) Analyse personeller, struktureller und technischer Gegebenheiten
- Technische Infrastruktur: Welches CAD- und NC-Programmiersystem wird eingesetzt? Wieviel CAD- und Programmierarbeitsplätze sind jeweils vorhanden? Welche NC-Prozessoren, Schnittstellen und Maschinensteuerungen werden verwendet? etc.
- Stand der Techniknutzung: Wie gestaltet sich der CAD-Zeichnungsbestand insgesamt bzw. differenziert nach einzelnen Bearbeitungsverfahren? Wie werden die CAD-Zeichnungen erstellt (Bemaßung, Verwendung von CAD-Layern bei der Werkstückbeschreibung etc.)? Welche Entwicklung des CAD-Zeichnungsbestands ist kurz- bzw. mittelfristig geplant? Wieviel "aktive" maschinenspezifische und maschinenneutrale NC-Programme existieren insgesamt bzw. differenziert nach Bearbeitungsverfahren? Wie erfolgt die NC-Programmarchivierung? etc.
- Ablauforganisation: Wie sieht die vorhandene Arbeits- und Kompentenzteilung innerhalb der Prozeßkette aus? Wer macht was, wo, mit welchen technischen Hilfsmitteln? Wo treten Defizite auf? etc.

- Personal: Über welche fachliche Qualifikation verfügen die Mitarbeiter innerhalb der Prozeßkette? Fühlen sich einzelne Mitarbeiter über- oder unterfordert? Wie steht es um die Zufriedenheit der Mitarbeiter etc.?

(2) *Analyse der Anforderungen aus Bearbeitungsverfahren und Werkstückspektrum*
Welche Bedeutung kommt einzelnen Bearbeitungsverfahren im Unternehmen zu? Welche Komplexitätstypen sind innerhalb der einzelnen Bearbeitungsverfahren für die dort zu bearbeitenden Werkstücke erkennbar? Wie verteilen sich Neu-, Änderungs- und Wiederholteile im vorhandenen Werkstückspektrum pro Jahr? Wie hoch ist die durchschnittliche Losgröße pro Auftrag etc.?

Da **nicht** davon auszugehen ist, daß personelle, strukturelle und technische Gegebenheiten sowie die Anforderungen aus Bearbeitungsverfahren und Werkstückspektrum innerhalb eines Unternehmens in allen Betriebsbereichen (wie Musterbau, Werkzeugbau, Fertigung etc.) identisch sind, ist bei der Erfassung des Ist-Zustands gegebenenfalls eine bereichsspezifische Differenzierung erforderlich. Als effiziente Form der Datenerhebung bietet sich eine schriftliche Befragung der einzelnen Funktionsbereiche über die jeweiligen Projektmitglieder an.

5.2.2 Formulierung von Gestaltungszielen

Effektives Handeln setzt voraus, daß eindeutige Ziele gegeben sind, die als Richtschnur für Entscheidungen dienen können. Innerhalb von Arbeitsgruppen haben Ziele damit quasi auch eine Verständigungsfunktion. Sie vermitteln den einzelnen Mitgliedern ein Bild darüber, welche Aktivitäten mit welcher Priorität verfolgt werden sollen. Aufgrund der zentralen Bedeutung von Zielen, sind zu Projektbeginn innerhalb des Projektteams zunächst Vorstellungen darüber zu entwickeln, welche Ziele, in welchem Ausmaß, in welchem Zeitraum und mit welcher Präferenzordnung mit der technisch-organisatorischen Gestaltung der CAD/NC-Prozeßkette verfolgt werden sollen. Eine wichtige Orientierung bieten dabei die vom Unternehmen verfolgten strategischen Ziele. Soweit vorhanden, ist daher bei der projektinternen Zieldefinition auf strategische Planungsunterlagen bzw. auf CIM-Rahmenkonzepte zurückzugreifen. Da sich strategische Unternehmensziele meist nicht auf quantifizierbare Größen reduzieren lassen, ist davon auszugehen, daß auch Gestaltungsziele für die CAD/NC-Prozeßkette nicht auf quantitative Kriterien, wie z.B. Zeit- oder Kostenreduzierungen, beschränkt bleiben können. Schwer quantifizierbare Kriterien wie Qualität, Flexibilität oder Mitarbeitermotivation sollten ebenso berücksichtigt werden. Zur Unterstützung der Zielfindung können Methoden wie beispielsweise die stufenweise Punktvergabe oder die Präferenzmatrix eingesetzt werden (vgl. Schmidt 1991, S. 245-246).

Aufgrund vorliegender Erfahrungen zum Verlauf betrieblicher Entscheidungsprozesse (vgl. z.B. Hamel 1988) ist allerdings davon auszugehen, daß die Ziele in dieser Phase des Entscheidungsprozesses weder entgültig noch vollständig formuliert werden (können). Sie werden vielmehr erst im Verlauf des Entscheidungsprozesses eine nähere Konkretisierung sowie Änderungen in Inhalt und Gewichtung erfahren. Ferner ist zu berücksichtigen, daß die Zielformulierung nicht unabhängig vom Entscheidungsprozeß erfolgt, sondern die Informationen über mögliche Gestaltungsalternativen die weitere Zielkonkretisierung beeinflussen. Diese Erkenntnisse sprechen erstens dafür, daß auch in nachfolgenden Projektphasen eine Konkretisierung und gegebenenfalls auch Änderung der Ziele möglich sein sollte. Um der Gefahr vorzubeugen, daß einmal gemeinsam vereinbarte Ziele im Laufe eines Projektes immer wieder zur Disposition stehen oder möglicherweise gar interessenorientiert im Hinblick auf eine favorisierte Lösung nachträglich geändert werden, sollte dies allerdings nur auf der Basis zuvor vereinbarter Regeln erfolgen. Zweitens weisen die genannten Erfahrungen auf die Bedeutung einer gezielten Suche nach Informationen über innovative Organisationskonzepte hin. Unterbleibt diese, ist die Wahrscheinlichkeit hoch, daß eine nähere Konkretisierung oder Änderung der Ziele im Laufe des Entscheidungsprozesses sich an vorhandenen bzw. bekannten Lösungen orientiert und damit einem Strukturkonservatismus (mehr oder weniger bewußt) Vorschub leistet.

In Bezug auf die Phase der Zielformulierung darf der Hinweis nicht fehlen, daß hierbei durchaus unterschiedliche oder gar widersprüchliche Sichtweisen, Problemwahrnehmungen oder Zielvorstellungen zwischen den Projektmitgliedern bzw. betroffenen Fachbereichen zutagetreten können. Konflikte sind daher in manchen Fällen sicherlich unvermeidlich. Da unüberwindbar scheinende Meinungsverschiedenheiten, die in dieser Phase "unter den Teppich gekehrt" werden und ungelöst bleiben, mit hoher Wahrscheinlichkeit langwierige Auseinandersetzungen oder Widerstand gegen bestimmte Entscheidungen zur Folge haben, bedürfen Konflikte bereits hier einer Lösung. Angesichts der Tatsache, daß die Effizienz einer Gestaltungslösung von der Akzeptanz und dem Mitmachen aller betroffenen Bereiche bzw. Mitarbeiter abhängig ist, sollte dabei ein von allen getragener Konsens angestrebt werden. Techniken der Gesprächsführung und Konfliktlösung kommt hier eine große Bedeutung zu (vgl. z.B. Hansel/Lomnitz 1987, S. 93-172; Gordon 1986).

5.2.3 Entwicklung alternativer Grobkonzepte

In dieser Phase liegt der kreative Teil des Planungs- und Gestaltungsprozesses. Da es grundsätzlich nicht nur eine einzige Möglichkeit gibt, eine gegebene Gestaltungsaufgabe zu lösen, sind mögliche Handlungsalternativen zu finden bzw. zu entwickeln.

Bevor allerdings nach einer Lösung für die technisch-organisatorische Gestaltung der CAD/NC-Prozeßkette gesucht wird, sollte zunächst (zumindest grob) geprüft werden, ob und gegebenenfalls inwieweit der Informationsverarbeitungsbedarf innerhalb der Prozeßkette verringert werden kann. Hier ist in erster Linie die Reduzierung der Werkstückvarianten sowie der Teile- und Baugruppenkomplexität angesprochen. Auf diese Weise soll das Aufkommen der zu erstellenden CAD-Zeichnungen, Arbeitspläne oder NC-Programme soweit als möglich verringert werden. Erst im Anschluß daran ist der Frage nachzugehen, wie das dann noch verbleibende Arbeitsaufkommen innerhalb der Prozeßkette mit Hilfe technischer und organisatorischer Maßnahmen effizient verarbeitet werden kann. Auf diese Weise wird nicht nur der effizienten Gestaltung der Prozeßkette, sondern auch der Effektivität der Maßnahmen Beachtung geschenkt.

Für das weitere Vorgehen gilt es an dieser Stelle nochmals in Erinnerung zu rufen: Die Forderung nach der Entwicklung alternativer Grobkonzepte entstammt im Grunde dem Leitbild der Entscheidungsrationalität. Mit Blick auf die praktische Anwendung des Ansatzes erscheint es jedoch sinnvoll, die in diesem Leitbild erhobene Forderung nach dem "Ausloten" des gesamten Lösungsraumes angesichts der meist begrenzten finanziellen und zeitlichen Ressourcen betrieblicher Projektvorhaben sowie der begrenzten kognitiven Verarbeitungskapazität zu reduzieren. Wie bereits in den Kapiteln 2.2.2 und 3.3 gezeigt, wäre alles andere nicht nur unrealistisch, sondern auch unökonomisch[32]. Um einerseits in der Praxis die Akzeptanz für ein "Denken in technisch-organisatorischen Alternativen" zu erhöhen und andererseits die Entscheidungskomplexität handhabbar zu gestalten sowie die Suchkosten niedrig zu halten, sollten nicht mehr als zwei bis drei alternative Grobkonzepte entwickelt werden[33]. Um der Ge-

---

[32] Ähnlich argumentieren auch Laux/Liermann (1987, S. 60). Sie sehen in der Vernachlässigung bekannter oder im Verzicht auf die Suche weiterer Handlungsalternativen eine Grundform der Komplexitätsreduktion in betrieblichen Entscheidungen zur Organisationsgestaltung.

[33] Es empfiehlt sich, soweit dies nicht aus guten Gründen von vornherein ausgeschlossen werden kann, hierbei immer auch die sogenannte "Null-Option", d.h. das vorhandene Grobkonzept, als eine Gestaltungsoption zu betrachten. Die mit dem Ist-Konzept verbundenen Kosten und erziel-

fahr vorzubeugen, über längere Zeiträume unreflektiert an vorhandenen Organisationskonzepten festzuhalten oder diese gar 1:1 in DV-Konzepten abzubilden, sollte darauf
allerdings nicht verzichtet werden.

Da die gebräuchliche Verwendung des Begriffs "CAD/NC-Integration" der Betonung
technischer Aspekte Vorschub leistet, ist an dieser Stelle nochmals ausdrücklich hervorzuheben: Die Gestaltung der CAD/NC-Prozeßkette ist nicht auf technische Fragen,
oder gar die Geometriedatenübergabe, zu reduzieren. Die erfolgreiche Bewältigung
dieser Gestaltungsaufgabe erfordert unter anderem auch die Entwicklung einer adä-
quaten arbeitsorganisatorischen Lösung. Hierfür stehen verschiedene Gestaltungsele-
mente zur Verfügung, die aufgrund ihrer vielfältigen Kombinationsmöglichkeiten mit
den technischen Gestaltungsoptionen die Entwicklung alternativer Grobkonzepte für
diese Prozeßkette erlauben (vgl. Kapitel 4.2.2 und 4.2.3). Die explizite Suche nach
einer geeigneten organisatorischen Lösung soll innerhalb des Projektteams zum einen
für die Bedeutung organisatorischer Fragen sensibilisieren und bewußt machen, daß
Entscheidungen über die technische Ausgestaltung der CAD/NC-Prozeßkette nicht im
"organisationsfreien Raum" erfolgen. Zum anderen soll auf diese Weise die Gefahr
reduziert werden, daß innerhalb des Projektteams intuitiv eine bestimmte organisatorische Lösung favorisiert wird, die jedoch hinsichtlich der Zielsetzung oder der Nutzenpotentiale der eingesetzten Technik suboptimal ist[34].

Zum "Ausloten" des jeweiligen Gestaltungsspielraums empfiehlt sich in Anlehnung an
Mumford/Weir (1979) das Prinzip "Teilprobleme isolieren - Alternativen für Teilprobleme entwickeln - Teillösungen kombinieren". Dies bedeutet, daß zunächst isoliert
alternative Grobkonzepte für die technische Gestaltung und Alternativen für die arbeitsorganisatorische Gestaltung zu entwickeln sind. Hierfür bieten sich zwei unterschiedliche Vorgehensweisen an:

(1)   Die Analyse der prinzipiellen Handlungsmöglichkeiten: Hier wird primär nach
       technischen bzw. organisatorischen Lösungen gesucht, die sich unter den gege-

---

baren Wirkungen bilden eine notwendige Bezugsgröße zum Vergleich mit den Kosten-Nutzen-
Relationen alternativer Gestaltungskonzepte.

[34]   Sofern es in dieser Projektphase nicht gelingt, im Projektteam auch organisatorische Fragen
anzusprechen, dann sollte doch zumindest Einigkeit darüber erzielt werden, innerhalb eines
bestimmten Zeitraums beispielsweise im Rahmen einer Projektfortschrittskontrolle den Bedarf an
organisatorischen Veränderungen gemeinsam zu ermitteln (vgl. Bolay/Sülzer 1992, S. 17).
Gegenüber einer vorausschauenden Organisationsgestaltung mag diese reaktive Form der Organisationsanpassung die zweitbeste Lösung sein. Sie ist aber immer noch besser als völlige Passi-
vität im organisatorischen Bereich.

benen Rahmenbedingungen prinzipiell als praktikabel erweisen könnten.

(2)   Die Analyse der Handlungsrestriktionen: Im Vordergrund steht hier die Suche
      nach Argumenten, die die technische und organisatorische Gestaltung der CAD/
      NC-Prozeßkette in irgendeiner Weise einschränken. Wenn auf diese Weise von
      vorneherein die kritischen Restriktionen offengelegt werden, kann der Entschei-
      dungsprozeß vereinfacht und beschleunigt werden, da frühzeitig erkannt wird, ob
      denkbare Alternativen überhaupt zulässig sind (vgl. Laux/Liermann 1987, S. 40).

Unabhängig davon, mit welcher dieser beiden Heuristiken die jeweiligen Teillösungen
entwickelt werden, sind diese anschließend zu Gesamtlösungen zu integrieren.

Generell ist bei der Lösungssuche darauf zu achten, daß sich die Projektmitglieder an
bestimmte Regeln halten, wie sie aus der Anwendung von Kreativitätstechniken her
bekannt sind (vgl. z.B. Schmidt 1991, S. 232f.). So sollte beispielsweise unter allen
Umständen darauf geachtet werden, daß bei der Sammlung möglicher Lösungen zunächst jede Wertung und Kritik unterbleibt, daß Quantität vor Qualität geht. Ein (externer) Moderator kann für die Einhaltung der Regeln, die Aktivierung aller Mitglieder
und die Visualisierung der Ideen sehr hilfreich sein.

5.2.4 Bewertung der Grobkonzepte

Um entscheiden zu können, welches der entwickelten Grobkonzepte am besten geeignet ist, die zu Projektbeginn formulierten Gestaltungsziele zu erfüllen, müssen die
jeweils in Frage kommenden Gestaltungsoptionen einer Bewertung unterzogen werden.
Da technisch-organisatorische Konzepte nur in den seltensten Fällen einer ausschließlich quantitativen Bewertung zugänglich sind, sollten für eine möglichst umfassende
Bewertung auch qualitative Kritierien herangezogen werden. Dabei ist generell zu beachten, daß die Grobkonzepte lediglich Lösungsskizzen darstellen, über die im eigenen
Unternehmen bzw. Betriebsbereich meist noch keine Erfahrungen vorliegen. Aus diesem Grund kann die Bewertung - unabhängig von den eingesetzten Bewertungsmethoden - allenfalls auf Wahrscheinlichkeitsurteilen bzw. subjektiven Schätzungen beruhen.
Diese können zwar durch empirische Daten von vergleichbaren Problemlösungen in
anderen Unternehmen bzw. Betriebsbereichen verbessert werden, die Subjektivität und
die Ungewißheit der Bewertung bleibt dadurch jedoch erhalten.

(1) *Analyse quantitativer Wirkungen:* Vielfach werden die praktischen Schwierigkeiten der Beurteilung von Investitionen in computergestützte Fertigungskonzepte weniger in den vorhandenen Rechenverfahren selbst als vielmehr in der Beschaffung und Aufbereitung der erforderlichen Informationen gesehen (vgl. Horváth 1988, S. 9; Dosch 1987, S. 21). Dies ist auf die bereits eingehend dargestellten Besonderheiten von CIM-Investitionen zurückzuführen (vgl. Kapitel 3.1.2). Gefordert sind daher praktikable Methoden der Datenerhebung, um in der Planungsphase von Integrationskonzepten der computergestützten Fertigung zu qualitativ verwertbaren Daten zu kommen. Nur so können die ökonomischen Effekte alternativer Grobkonzepte zumindest annähernd gut abgeschätzt werden. Eine Möglichkeit hierzu bieten sogenannte quasi-experimentelle Werkstückdurchläufe durch die CAD/NC-Prozeßkette und die darauf aufbauende Berechnung werkstückbezogener Prozeßkosten. Zur ausführlichen Darstellung dieser Methoden sei auf die Kapitel 5.2.5.1 und 5.2.5.2 verwiesen. Um nicht Gefahr zu laufen, die Bewertung der Grobkonzepte ausschließlich auf der Basis von werkstückbezogenen Ergebnissen vorzunehmen, sind die so erarbeiteten quantitativen Ergebnisse im Hinblick auf das im Unternehmen jeweils vorhandene Werkstückspektrum einzuordnen, d.h. es gilt einzuschätzen für welchen Anteil der insgesamt zu bearbeitenden Werkstücke die vorliegenden Ergebnisse übertragbar sind.

(2) *Analyse qualitativer Wirkungen:*Eine umfassende Bewertung technisch-organisatorischer Konzepte ist im allgemeinen nicht allein auf der Basis quantitativer Wirkungsanalysen möglich uns sinnvoll. Daher sind die vorliegenden Grobkonzepte auch bezüglich ihrer schwer quantifizierbaren Wirkungen zu analysieren und zu bewerten. Neben den Wirkungen auf strategische Zielgrößen, wie z.B. Qualität oder Flexibilität, sollte hierbei auch personalen Wirkungen ausreichend Rechnung getragen werden. Exemplarisch sei die Veränderung von Tätigkeitsinhalten oder veränderte Qualifikationsanforderungen an einzelne Mitarbeiter bzw. Mitarbeitergruppen genannt. Zur Bewertung schwer quantifizierbarer Wirkungen stehen Methoden wie z.B. die Nutzwertanalyse, die Kosten-Nutzen-Analyse, die verbale oder visuelle Bewertung zur Verfügung (vgl. Schmidt 1991, S. 248-262). Insbesondere bei Anwendung nutzwertanalytischer Verfahren ist darauf zu achten, daß die Prämissen, die an diese Bewertungsmethode geknüpft sind, z.B. Nutzenunabhängigkeit der einzelnen Kriterien, Kardinalität der verwendeten Bewertungsskalen, Konsistenz der Gewichte und Addierbarkeit der Teilnutzen (vgl. Bechmann 1978, S. 39f.) zumindest weitgehend erfüllt sind. Da kaum anzunehmen ist, daß die entsprechenden Prämissen in der Praxis vollstän-

dig gegeben sind (vgl. Elias et al. 1985, S. 153ff.), sollten die mit nutzwertanalytischen Verfahren erzielten Ergebnisse nicht überbewertet werden. Sie sollten insbesondere nicht über die Subjektivität und Ungewißheit hinwegtäuschen, die im Bewertungsprozeß wiederholt eingeflossen sind. Wenn diese Einschränkungen bewußt sind, können diese Verfahren zweifellos wertvolle Instrumente sein, um innerhalb der Projektgruppe Ziele auszutauschen und ein gemeinsames Zielverständnis zu entwickeln.

Zur Erhöhung der Qualität der gesamten Wirkungsanalyse empfiehlt sich des weiteren im Gespräch mit den Mitarbeitern "vor Ort" Faktoren zu identifizieren, die eine erfolgreiche Implementierung der jeweiligen Grobkonzepte fördern bzw. hemmen könnten. Auf diese Weise können nicht nur die mit der Realisierung eines Konzepts gegebenenfalls verbundenen Zusatzkosten frühzeitig identifiziert und berücksichtigt werden. Die ermittelten bzw. prognostizierten Wirkungen können so auch in zeitlicher Hinsicht realistischer eingeschätzt werden. Indem bereits in der Planungsphase technische oder personelle Schwierigkeiten weitmöglichst erkannt werden, die der Ausschöpfung prognostizierter Nutzenpotentiale entgegenstehen, kann nicht zuletzt das Risiko für Fehlinvestitionen reduziert werden.

5.2.4.1 Quasi-experimenteller Werkstückdurchlauf

Eine praktikable Methoden der Datenerhebung, um in der Planungsphase von Integrationskonzepten der computergestützten Fertigung zu qualitativ verwertbaren Daten zu kommen, sind sogenannte quasi-experimentelle Werkstückdurchläufe. Diese Form der Datenerhebung wird als quasi-experimentell bezeichnet, weil die jeweiligen Werkstücke dabei nicht tatsächlich physisch bearbeitet werden. Vielmehr dienen konkrete Werkstücke eines Unternehmens dazu, um innerhalb der Prozeßkette mit verschiedenen Mitarbeitern Gespräche über Auswirkungen von bereits realisierten bzw. zu realisierenden Integrationskonzepten zu führen (vgl. auch Abbildung 5-1). Notwendige Voraussetzung hierfür ist, daß im Unternehmen zumindest grobe Vorstellungen über prinzipiell denkbare Integrationskonzepte vorliegen und daß diese jedem Gesprächspartner verständlich sind. Da insbesondere letzteres für die Qualität der Ergebnisse von entscheidender Bedeutung ist, sind jedem Gesprächspartner zunächst die alternativen Grobkonzepte und deren Unterschiede zum vorhandenen Gestaltungskonzept - gegebenenfalls unterstützt durch grafische Ablaufschemata - zu erklären. Ferner empfiehlt sich angesichts des allgemeinen Abstraktionsgrades von Soll-Konzepten zu Beginn der

Einzelgespräche eine Ermutigung der Gesprächspartner, sich auf dieses 'Gedanken-spiel' einzulassen.

Für die Durchführung quasi-experimenteller Werkstückdurchläufe sind zunächst aus dem jeweiligen Werkstückspektrum eines Unternehmens bzw. Betriebsbereichs einige repräsentative Werkstücke auszuwählen[35]. Im Unterschied zu sogenannten Funktions-tests geht es hierbei nicht darum, am Beispiel der ausgewählten Werkstücke den Leistungsumfang eines Programmiersystems oder einer Datenschnittstelle zu testen, sondern die möglichen Auswirkungen von technisch-organisatorischen Gestaltungs-konzepten abzuschätzen. Dies geschieht im Rahmen von Einzel- bzw. Gruppengesprä-chen mit Mitarbeitern, die innerhalb der CAD/NC-Prozeßkette über einen längeren Zeitraum mit Teilaufgaben der Programmerstellung betraut sind. In Frage kommen somit je nachdem, welches arbeitsorganisatorische Konzept im Unternehmen bzw. Unternehmensbereich vorliegt, CAD-Konstrukteure, Technische Zeichner, Arbeitsvor-bereiter/NC-Programmierer, Meister/Vorarbeiter und Maschinenführer. Eine wichtige Basis für diese Gespräche sind die entsprechenden Arbeitsunterlagen dieser Werk-stücke, d.h. die technische Zeichnung, der Arbeitsplan sowie das NC-Programm. Auf dieser Grundlage sind dann Gespräche mit dem genannten Personenkreis mit dem Ziel zu führen, am Beispiel der ausgewählten Werkstücke die Auswirkungen technisch-organisatorischer Gestaltungskonzepte der CAD/NC-Prozeßkette abzuschätzen. Hierbei sind insbesondere die Auswirkungen auf

- Bearbeitungs-, Liege-, Such- oder Wegezeiten,
- Programmfehler bzw. Fehlerquellen sowie
- die Werkstückqualität

zu ermitteln bzw. zu prognostizieren. Selbstverständlich können sich die Einschätzun-gen der einzelnen Mitarbeiter dabei nur auf die Teiltätigkeiten beziehen, mit deren Bearbeitung sie bislang schon betraut sind bzw. potentiell betraut sein werden. Soweit vorhanden, ist hierbei auf im Unternehmen vorhandene Erfahrungswerte zurückzugrei-fen. Für den Fall, daß innerhalb eines Unternehmens unterschiedliche Gestaltungs-lösungen für die CAD/NC-Prozeßkette Anwendung finden, können gegebenenfalls die

---

[35] Der Begriff der Repräsentativität wird hier nicht im statistischen Sinne verwendet. Er dient vielmehr zur Kennzeichnung von Werkstücken, die nach Einschätzung betrieblicher Experten für den ausgewählten Bereich typische Anforderungen (zumindest weitgehend) widerspiegeln.

Voraussetzungen: · Vorliegen technisch-organisatorischer Gestaltungsalternativen
· Kenntnis und Verständnis der vorhandenen Gestaltungsalternativen bei allen Gesprächspartnern

Vorgehensweise: · Auswahl repräsentativer Werkstücke durch betriebliche
Experten
· Einzelgespräche mit Mitarbeitern, die von den jeweiligen
Gestaltungskonzepten betroffen wären. Diese geben für die
ausgewählten Werkstücke begründete Einschätzungen ab,
welcher Zeitaufwand an ihrem Arbeitsplatz in den jeweiligen
Grobkonzepten für die Bearbeitung der einzelnen Werkstücke
anfallen dürfte.
· Zusammenfassung der arbeitsplatzbezogenen Ergebnisse
· Präsentation und Diskussion der Gesamtergebnisse im Pro-
jektteam

Ergebnisse: · Begründete Schätzungen zum Zeitaufwand des Durchlaufs
der einzelnen Werkstücke durch die alternativen Gestaltungskonzepte der CAD/NC-Prozeßkette

Abb. 5-1: Übersicht zur Methode des quasi-experimentellen Werkstückdurchlaufs

vorliegenden Erfahrungen anderer Betriebsbereiche hier von Nutzen sein[36]. Kann auf
solche Informationen nicht zurückgegriffen werden, sind die Wirkungen von Soll-Konzepten auf der Basis von Plausibilitätsannahmen der jeweiligen Experten abzuschätzen.
Bei der Analyse des Ist-Konzepts ist davon auszugehen, daß es sich bei den ermittelten Zeitangaben um vergleichsweise gute Schätzwerte handelt. Dagegen kann die
Wirkungsanalyse für Soll-Konzepte allenfalls auf Wahrscheinlichkeitsurteilen bzw.
subjektiven Schätzungen beruhen. Diese können zwar durch die Hinzuziehung von
Vergleichswerten aus anderen Betriebsbereichen oder aus Publikationen einschlägiger

---

[36] Wie Ergebnisse von Hoß/Lay/Schneider (1991, S. 10) gezeigt haben, sind teilweise innerhalb
eines Unternehmens verschiedene technisch-organisatorische Konzepte der CAD/NC-Kopplung
anzutreffen.

Fachzeitschriften verbessert werden, die Subjektivität und die Ungewißheit der Zeitangaben bleibt jedoch auch dadurch erhalten. Es kann daher nicht mit Gewißheit ausgeschlossen werden, daß die Schätzungen aufgrund mangelnder Erfahrung zu optimistisch bzw. zu pessimistisch ausfallen. Nichtsdestotrotz kann diese Form der Datenerhebung gegenüber einer pauschalen Abschätzung von Nutzenpotentialen mit hoher Wahrscheinlichkeit zu qualitativ besseren Ergebnissen kommen. Dies ist damit zu begründen, daß der quasi-experimentelle Werkstückdurchlauf am Beispiel konkreter Werkstücke eine Einschätzung von Vor- und Nachteilen einzelner Grobkonzepte ermöglicht. Dies erlaubt (zumindest ansatzweise) eine sehr situationsspezifische Einschätzung darüber, inwieweit pauschale Nutzenpotentiale, die mit bestimmten Integrationskonzepten im allgemeinen verbunden werden, sich auch im eigenen Unternehmen bzw. Betriebsbereich realisieren lassen. Ein weiterer Vorteil besteht darin, daß die Erwartungen verschiedener Personen und Fachbereiche explizit artikuliert, begründet und diskutiert werden. Geht man davon aus, daß dabei nicht nur unterschiedliche Interessen und Sichtweisen, sondern auch unterschiedliche fachliche Erfahrungshorizonte einfließen, ist dieser Diskussionsprozeß ein effizienter Weg, um die Qualität der Schätzungen zu verbessern. Darüber hinaus bietet diese Form der Datenerhebung auch die Möglichkeit die Mitarbeiter 'vor Ort' an der Beurteilung von Grobkonzepten zu beteiligen und deren Anregungen aufzunehmen.

5.2.4.2 Werkstückbezogener Prozeßkostenvergleich

Die mit Hilfe quasi-experimenteller Werkstückdurchläufe erhobenen Daten bilden in der Regel allein noch keine ausreichende Grundlage für die ökonomische Bewertung von Gestaltungslösungen der CAD/NC-Prozeßkette. Zum einen können unterschiedliche Integrationskonzepte, auch wenn sie bezüglich der zeitlichen Effekte durchaus zu vergleichbaren Ergebnissen kommen, mit unterschiedlichen Kosten verbunden sein. Zum anderen deutet sich als Ergebnis der Untersuchungen von Orban/Scheller (1989, S. 104) an, daß sich relative Zeitvorteile nicht notwendigerweise in entsprechenden Kostenvorteilen widerspiegeln müssen. Für eine ökonomische Bewertung von Gestaltungsalternativen ist daher eine Betrachtung der Kosten(seite) unverzichtbar. Hierfür bietet sich in konsequenter Weiterführung des bereits für die Gestaltung der Zusammenarbeit von rechnergestützter Konstruktion und Fertigung genannten Prozeßgedankens eine kostenstellenübergreifende Bewertung der Integrationskonzepte an. Dies bedeutet, daß die Integrationskonzepte nach den Kosten bewertet werden, die beim Werkstückdurchlauf über alle beanspruchten Arbeitsplätze bzw. Kostenstellen hinweg vom Konstruktionsergebnis bis zum lauffähigen NC-Programme anfallen. Hierzu sind zunächst für die jeweiligen Integrationskonzepte alle Tätigkeiten zu erfassen, die (kostenstellenübergreifend) bis zum Vorliegen eines "lauffähigen" NC-Programms notwendig sind. Daraufhin sind für die jeweiligen Kostenplätze bzw. -stellen individuelle Kostensätze zu ermitteln, mit denen die einzelnen Programmieraufträge in Abhängigkeit ihrer zeitlichen Inanspruchnahme der einzelnen Kostenplätze belastet werden. Die werkstückbezogenen Prozeßkosten ergeben sich aus der Summe aller in Anspruch genommenen Kostenstellen[37]. Abbildung 5-2 verdeutlicht dies am Beispiel eines zentralen Organisationskonzepts der NC-Programmierung, wie es in vielen Unternehmen Anwendung findet.

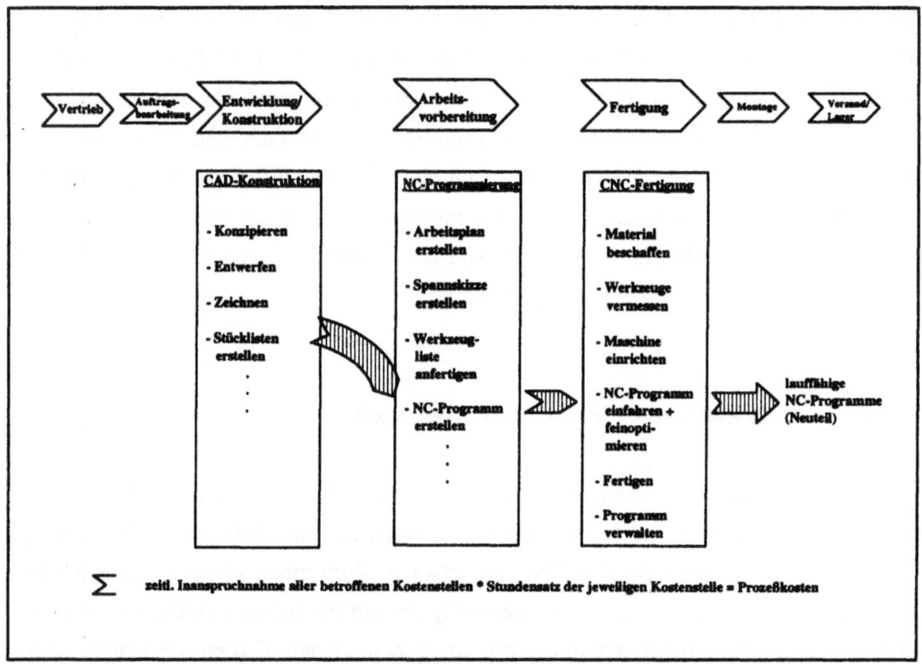

Abb. 5-2: Vom Konstruktionsergebnis zur Maschinenanweisung

Vergleichbare Überlegungen finden sich im Grundkonzept der Prozeßkostenrechnung, das zu den in jüngster Zeit am intensivsten diskutierten betriebswirtschaftlichen Themen gezählt wird (vgl. Fröhling 1992, S. 724). In einer funktionsübergreifenden,

---

[37]   Zur ausführlichen Darstellung des Berechnungsschemas siehe Anhang 2.

flußorientierten Betrachtungsweise wird dort ein wichtiger Beitrag zur angemesseneren Verrechnung von Gemeinkosten gesehen, die verbunden mit dem Einsatz moderner Fertigungs- und Informationstechnologien vielfach überproportional zu den Gesamt-kosten in vielen Unternehmen gestiegen sind. Durch eine Verteilung der in sogenann-ten indirekten Leistungsbereichen anfallenden Gemeinkosten entsprechend der Inan-spruchnahme betrieblicher Ressourcen auf die einzelnen Produkte bzw. Aufträge sollen schwerpunktmäßig drei Ziele erreicht werden: Eine verursachungsgerechtere Kalkula-tion, eine effiziente Planung und Kontrolle der Gemeinkosten sowie eine erhöhte Kostentransparenz in den indirekten Bereichen (vgl. Pfohl/Stölzle 1991, S. 1286-1288)[38].

Für die hier vorliegende Aufgabenstellung - die kostenmäßige Bewertung technisch-organisatorischer Gestaltungslösungen - erscheinen allerdings problemspezifische Modifikationen der in der Literatur diskutierten Vorgehensweise zur Ermittlung von Prozeßkosten zweckmäßig. Neben inhaltlichen sprechen hierfür auch verfahrensökono-mische Gründe. Einerseits erscheint der Aufwand für Datenerhebung und Bewertung für den hier geforderten Zweck relativ groß. Da es in der vorliegenden Arbeit zudem primär um die Einschätzung der relativen Vorteilhaftigkeit von Integrationskonzepten geht, kommt andererseits einer kostenrechnerischen Genauigkeit der Ergebnisse nicht die Bedeutung zu wie bei der Produkt- bzw. Auftragskalkulation. Aus diesen Gründen empfehlen sich folgende Modifikationen des Konzepts der Prozeßkostenrechnung:

(1) Problemspezifische Auswahl der zu betrachtenden Kostenarten: Zur Bewertung der relativen Vorteilhaftigkeit von Gestaltungsalternativen genügt es, sich primär auf diejenigen Kostenarten eines Fertigungs- bzw. Arbeitssystems zu konzentrieren, die gegenüber anderen Kostenarten dominieren und sich darüber hinaus durch eine unter-schiedliche technische und/oder organisatorische Gestaltungslösungen in nennenswer-tem Umfang ändern. Bei der Bewertung technisch-organisatorischer Lösungen der CAD/NC-Prozeßkette kommt hier insbesondere den anlagenwertabhängigen Kosten-arten, wie z.B. Abschreibungen, kalkulatorische Zinsen oder Wartungs- und Instand-haltungskosten eine herausragende Bedeutung zu. Entscheidend ist, daß hier auch die Aufwendungen, die sich aufgrund der stellenübergreifenden Nutzung nicht allein

---

[38]   Zur ausführlichen Darstellung des Konzepts der Prozeßkostenrechnung siehe u.a. Coenenberg/ Fischer (1991); Pfohl/Stölzle (1991) und Horváth/Mayer (1989). Die an der Prozeßkostenrech-nung geübte Kritik (vgl. u.a. Glaser 1992; Seicht 1992), die sich primär auf deren Zielsetzung einer verbesserten Produktkalkulation bezieht, verliert angesichts des hier vorliegenden Anwen-dungszwecks an Bedeutung.

einem Kostenplatz bzw. einer Kostenstelle zurechnen lassen (wie z.B. DNC-Rechner) soweit möglich anteilig auf die jeweiligen Kostenstellen aufzuteilen. Eine Berücksichtigung von Kosten, die von allen Gestaltungslösungen (zumindest weitgehend) unberührt bleiben (wie z.B. Kosten für Abteilungsleitung, Raumkosten, Energie- oder Büromaterialkosten) ist daher nicht erforderlich. Im Unterschied zum Prozeßkostenrechnung, wie sie derzeit in der Literatur vertreten wird, erfolgt hier somit keine umfassende Verrechnung aller in einer Kostenstelle anfallenden Kosten.

(2) Auswahl lediglich eines (Teil-)Prozesses je Kostenstelle: Da in der vorliegenden Arbeit primär der Arbeitsprozeß "Erstellen lauffähiger NC-Programme" zu gestalten und zu bewerten ist, kann auf die geforderte Tätigkeitsanalyse einzelner Kostenstellen und die kostenstellenübergreifende Identifizierung von Hauptprozessen verzichtet werden. Stattdessen genügt es, sich auf die in der jeweiligen Kostenstelle zu erfüllenden Teilaufgaben dieses Arbeitsprozesses zu beschränken. Hierbei ist allerdings insbesondere bei der Wirkungsanalyse von Soll-Konzepten zu beachten, daß das Anfallen von Arbeitsaufgaben von der zur technischen Unterstützung des Arbeitsprozesses jeweils eingesetzten System abhängig ist (vgl. auch Abbildung 4-10).

(3) Kostenplatz- zugunsten einer Kostenstellenbetrachtung: Für die kostenmäßige Beurteilung alternativer Gestaltungslösungen der CAD/NC-Prozeßkette kann es je nach Zuschnitt und Umfang der Kostenstellen zweckmäßig sein, anstatt Kostenstellen lediglich einzelne, mit dem entsprechenden Arbeitsprozeß beauftragte Arbeits- bzw. Kostenplätze zu betrachten. Dies dürfte beispielsweise in solchen Unternehmen sinnvoll sein, in denen konventionelle und rechnergestützte Konstruktion oder Fertigungssteuerung und Arbeitsplanung/NC-Programmierung in einer Kostenstelle zusammengefaßt sind.

Der Vorteil eines solchen werkstückbezogenen Prozeßkostenvergleichs gegenüber statischen bzw. dynamischen Verfahren der Investitionsrechnung oder auch sogenannten erweiterten Verfahren besteht darin, daß sich sowohl die technische wie auch arbeitsorganisatorische Ausgestaltung der CAD/NC-Prozeßkette auf das Rechenergebnis, d.h. die Höhe der Prozeßkosten, auswirken. Einerseits hat die Entscheidung über die technische Unterstützung des Arbeitsprozesses (d.h. der Umfang der eingesetzten Systeme wie auch deren Leistungsfähigkeit) Auswirkungen auf die Höhe der in den einzelnen Kostenstellen und damit auch über alle Kostenstellen hinweg anfallenden Kosten. Mit steigender Kapitalintensität der Technikunterstützung erhöhen sich die anlagenwertabhängigen Kostenarten, wie z.B. Abschreibungen, kalkulatorische Zinsen, die Kosten für immaterielle Vorlaufleistungen im Rahmen der Anlagenplanung oder Instandhaltungskosten. Andererseits wirkt sich die arbeitsorganisatorische Entscheidung, wer wo welche Tätigkeiten bei der Erstellung eines NC-Programms übernimmt, auf Art und Anzahl der in Anspruch genommenen Kostenplätze aus. Neben unterschiedlichen Kostensätzen, die mit der Inanspruchnahme einzelner Kostenstellen verbunden sind, ist erfahrungsgemäß damit zu rechnen, daß mit der Entscheidung über die Arbeitsteilung sich auch Auswirkungen auf die zeitliche Inanspruchnahme der jeweiligen Kostenstellen (d.h. Bearbeitungszeit) sowie die Liege- und Wartezeiten ergeben. Ferner erlaubt dieser Ansatz mit einem vergleichsweise geringen Aufwand eine direkte und qualifizierte Beteiligung der betroffenen Bereiche, da deren subjektive Wirkungsprognosen in die Bewertung einfließen bzw. die eigentliche Bewertung darstellen.

Auf die generelle Bedeutung der Prozeßkosten im Kontext von Investitionsentscheidungen in CIM weisen Horváth/Mayer (1988, S. 49) hin. Sie begründen diese damit, daß durch entsprechende Investitionen ein Großteil der späteren Prozeßkosten festgelegt wird und damit eine Einflußnahme auf die Produktionskosten während der Systemnutzungsdauer nur noch zu einem geringen Teil möglich ist. Sie sprechen sich daher aus kostenrechnerischer Sicht für eine Berücksichtigung von Prozeßkosten bei der Systemplanung von CIM aus.

5.2.4.3 Einordnung der werkstückbezogenen Ergebnisse

Die Durchführung von quasi-experimentellen Werkstückdurchläufen und die Berechnung von werkstückbezogenen Prozeßkosten liefern werkstückspezifische Ergebnisse. Diese können zwar wichtige Informationen zur Bewertung alternativer Grobkonzepte beitragen, sie reichen jedoch für eine fundierte Bewertung allein nicht aus. Um zu qualitativ guten Prognosen über den Umfang zu kommen, in dem die ermittelten Nutzenpotentiale angesichts des gesamten Werkstückspektrums auch ausgeschöpft werden können, sind die so erarbeiteten Ergebnissen im Hinblick auf das im Unternehmen vorhandene Werkstückspektrum einzuordnen, d.h. es gilt einzuschätzen für welchen Anteil der insgesamt zu bearbeitenden Werkstücke die vorliegenden Ergebnisse übertragbar sind. Dies kann wiederum nur mit Hilfe von betrieblichen Experten erfolgen.

Gegebenenfalls sind hierfür weiterere Differenzierungen des im Unternehmen zu bearbeitenden Werkstückspektrums erforderlich. So ist beispielsweise zu prüfen, in welchem Umfang sich eine bestimmte Komplexitätskategorie von Werkstücken aus Neu-, Wiederhol- oder Variantenteilen zusammensetzt. Diese Information ist von entscheidender Bedeutung, da sie näheren Aufschluß über das konkret vorliegende wirtschaftliche Anwendungspotential eines Grobkonzepts gibt. Des weiteren ist zu prüfen, ob die Voraussetzungen, die an die so ermittelten Nutzenpotentiale eines Grobkonzepts geknüpft sind, im Unternehmen bereits gegeben sind bzw. bis wann diese gegeben sein werden.

Insgesamt ist damit der Schritt getan, von quantifizierbaren Nutzenpotentialen, die mit einer Gestaltungsoption verbunden sind, zu einer Einschätzung von Anwendungs- bzw. Nutzungspotentialen zu kommen. Auf diese Weise kann der Gefahr vorgebeugt werden, daß einzelne Gestaltungslösungen aufgrund hoher Nutzenpotentiale favorisiert werden, obgleich die für ihre Realisierung erforderlichen Voraussetzungen im Unternehmen nicht bzw. noch nicht gegeben sind.

5.2.5 Entscheidung und Detaillierung eines Grobkonzeptes

Wird ein Projektteam zur Gestaltung der CAD/NC-Prozeßkette gebildet, so beschränkt sich dessen Aufgabe in der Regel auf die Vorbereitung einer entsprechenden Entscheidung. Die Entscheidung selbst wird dagegen auf der nächsthöheren Hierarchiestufe von Organisationsmitgliedern getroffen, die am Planungs- und Bewertungsprozeß nicht mitgewirkt haben. Um dem bzw. den Entscheidungsträgern dieser Managementebene dennoch eine größtmögliche Transparenz über die zustandegekommenen Grobkonzepte und deren Bewertung zu gewährleisten, sollte nicht nur die vom Projektteam favorisierte Lösung im Sinne einer Ja/Nein-Alternative präsentiert werden. Vielmehr sollte das Entscheidungsgremium die Gelegenheit erhalten, in groben Zügen die Gründe für das Aufgreifen bzw. Verwerfen einzelner Lösungen kennenzulernen. Auf diese Weise kann insbesondere das mittlere Management dem (vielfach erhobenen) Vorwurf vorbeugen, bei der Umsetzung organisatorischer Veränderungen als "Bremsklotz" zu fungieren, indem es bevorzugt eine konservative Lösung, als die einzig in Frage kommende, präsentiert. Daß sich ein solches Verhalten wiederholt als eine Ursache für das Beharrungsvermögen von Organisationsstrukturen erwies, konnte an anderer Stelle gezeigt werden (vgl. Kapitel 2.4.3). Dies setzt allerdings voraus, daß einerseits die Entscheidungsträger höherer Hierachieebenen Bereitschaft zeigen, sich mit dem Zustandekommen der Ergebnisse auch auseinanderzusetzen und andererseits die Projektmitglieder nicht primär darauf bedacht sind, die Entscheidung zu manipulieren.

Für die eigentliche Entscheidungsfindung sind die in den vorangegangenen Projektphasen erarbeiteten Ergebnisse, d.h. die Einschätzungen zur Effektivität von Gestaltungsmaßnahmen in der CAD/NC-Prozeßkette, die quantifizierten und qualitativ erhobenen Kosten und Nutzen einzelner Grobkonzepte sowie die ermittelten wirtschaftlichen Einsatzbedingungen der einzelnen Grobkonzepte, von den Entscheidungsträgern individuell zu gewichten. Aufbauend darauf sind dann die einzelnen Gestaltungsalternativen zu bewerten und eine Auswahlentscheidung zu treffen. Da diese in der Regel komplex und mit Unsicherheiten behaftet ist, empfiehlt es sich, bereits in Verbindung mit dem Beschluß einen Zeitraum für die Überprüfung der Zielerreichung zu vereinbaren. Im Rahmen eines Soll-Ist-Vergleichs soll dort geprüft werden, inwieweit die im Planungsprozeß prognostizierten Wirkungen des präferierten Grobkonzepts im betrieblichen Alltag auch tatsächlich realisiert werden können. Dies trägt nicht nur dem Controllingaspekt Rechnung, sondern ist auch ein wichtiger Beitrag zum organisatorischen Lernen. Aus der Überprüfung der Zielerreichung können wertvolle Informationen zur Verbesserung der Qualität künftiger Planungsprozesse gewonnen werden[39].

Ist die Entscheidung über die Realisierung eines der von der Projektgruppe vorgelegten Grobkonzepte gefallen, stellt sich die Aufgabe, dieses sowohl von technischer wie auch von arbeitsorganisatorischer Seite her näher zu detaillieren. Hiermit sollte die vorhandene Projektgruppe beauftragt werden, die zur Bewältigung dieser Aufgabe gegebenenfalls durch die Einbeziehung verschiedener Fachbereiche bzw. -experten unterstützt werden kann.

5.3 Diskursiver Ansatz zwischen OE und Wirtschaftlichkeitsrechnung

Ausgehend von der Überzeugung, daß das notwendige Detailwissen zur effizienten Gestaltung betrieblicher Planungs- und Bewertungsprozesse der computergestützten Fertigung im Grundsatz bereits vorliegt, sollte der hier zu entwickelnde Ansatz das in verschiedenen Fachdisziplinen und Forschungsfeldern der Betriebswirtschaftslehre

---

[39] Offene und damit brauchbare Informationen sind realistischerweise jedoch nur in einem solchen Betriebsklima zu erwarten, das kommunikationsfreudig ist und in dem bei Soll-Ist-Abweichungen nicht die gegenseitige Schuldzuweisung dominiert, so daß niemand darauf bedacht sein muß, Daten zu schönen bzw. Informationen zurückzuhalten, um sich und anderen keine Unannehmlichkeiten zu bereiten.

vorhandene Wissen zielorientiert zusammenführen. Dabei wurde insbesondere auf Erkenntnisse aus dem Bereich der Organisationsentwicklung wie auch dem der Investitions- und Wirtschaftlichkeitsrechnung zurückgegriffen. Naheliegenderweise ist daher der vorgelegte Planungs- und Bewertungsansatz weder als reiner OE-Ansatz noch als eine weitere Variante der erweiterten oder gar klassischen Wirtschaftlichkeitsrechnung zu charakterisieren. Um Gemeinsamkeiten und Unterschiede von OE, Wirtschaftlichkeitsrechnung und diskursivem Planungs- und Bewertungsansatz herauszuarbeiten und so eine grobe Einordnung der vorgelegten Arbeit zu ermöglichen, werden im folgenden die jeweiligen Ziele, Grundannahmen und Arbeitsschwerpunkte gegenübergestellt (vgl. Abbildung 5-3).

Ziel des diskursiven Ansatzes ist es, Unternehmen bei der Planung einer computergestützten Fertigung so zu unterstützen, daß diese auf effiziente Weise zu wirtschaftlichen Gestaltungskonzepten gelangen. Wissend um die Neigung vieler Unternehmen zu einem organisatorischen Konservatismus und den damit oftmals verbundenen (Opportunitäts-)Kosten soll dabei eine Sensibilisierung der Unternehmen für organisatorische Gestaltungsoptionen erfolgen. Die Wahrnehmung von Spielräumen bei der Gestaltung einer computergestützten Fertigung ist zwar allein noch keine Garantie für die Überwindung eines organisatorischen Konservatismus, es ist jedoch davon auszugehen, daß sie die Wahrscheinlichkeit dafür erhöht. Im Unterschied zum Ansatz der Investitionsrechnung erfolgt damit einerseits eine Spezifizierung des Bewertungsobjekts auf technisch-organisatorische Gestaltungsoptionen der computergestützten Fertigung. Andererseits geht der diskursive Ansatz über die reine Bewertung von Entscheidungsalternativen hinaus, indem explizit auch die Entwicklung situativ geeigneter Gestaltungsoptionen thematisiert wird. Ähnliches gilt gegenüber den erweiterten Wirtschaftlichkeitsrechnungen, die sich auf eine differenzierte und erweiterte Bewertung innovativer Organisationskonzepte konzentrieren, ohne anderen Aspekten von Planungsprozessen in ausreichendem Maße Rechnung zu tragen. Gegenüber den Zielen der OE verfolgt der hier vorgelegte Ansatz die Verbesserung der Arbeits- und Entfaltungsmöglichkeiten der in einem Unternehmen tätigen Mitarbeiter nicht als eigenständiges Ziel. Ein weiterer Unterschied besteht im Konkretisierungsgrad des Gegenstandsbereichs. Während die OE primär bestrebt ist, soziale Prozesse des geplanten organisatorischen Wandels im allgemeinen zu begleiten, möchte der diskursive Ansatz neben einer begrenzten Unterstützung sozialer Prozesse gezielt auch eine inhaltliche Unterstützung von Planungs- und Bewertungsprozessen leisten.

Die unterschiedlichen Ziele der hier betrachteten Ansätze basieren nicht nur auf unterschiedlichen Normen, sondern zum Teil auch auf unterschiedlichen Prämissen. So geht etwa der diskursive Ansatz davon aus, daß eine exakte, objektive und umfassende Bewertung von Kosten und Nutzen technisch-organisatorischer Gestaltungsoptionen mit keiner noch so differenzierten Methode möglich ist. Es ist jedoch anzunehmen, daß eine Beteiligung betroffener Mitarbeiter an derartigen Planungs- und Bewertungsprozessen zwar nicht alle Unsicherheiten restlos ausräumen, jedoch zu einer quantitativen und qualitativen Verbesserung der Ergebnisse beitragen kann. Allerdings ist trotz einer Beteiligung von Betroffenen nicht davon auszugehen, daß die Planungs- und Bewertungsergebnisse frei sind von subjektiven Wahrnehmungen, Einschätzungen und Vermutungen. Im Gegenteil: Es ist zu erwarten, daß die Beteiligung auf der Basis individueller impliziter Hypothesen der einzelnen Teilnehmer erfolgt und diese nicht notwendigerweise identisch sind. Unterschiedliche Wahrnehmungen und Vermutungen über Ursachen-Wirkungs-Zusammenhänge können in einem Gestaltungsprojekt zu Zielkonflikten, Meinungsverschiedenheiten über die im Einzelfall überhaupt in Frage kommenden Gestaltungsoptionen und nicht zuletzt zu unterschiedlichen Einschätzungen über die Wirtschaftlichkeit von Gestaltungsalternativen führen. Entgegen der Prämisse der OE ist also nicht davon auszugehen, daß eine gleichzeitige Verbesserung von Humanisierung und Produktivität immer möglich ist. Im Unterschied zur (impliziten) Annahme erweiterter Wirtschaftlichkeitsrechnungen ist nicht davon auszugehen, daß sich Unternehmen vollkommen zweckrational verhalten und in ihren Entscheidungen weder ausschließlich noch primär von den Ergebnissen ökonomischer Bewertungsverfahren leiten lassen. Ein weiterer Unterschied zur Investitions- und erweiteren Wirtschaftlichkeitsrechnung besteht in der Bedeutung, die der Entwicklung von Gestaltungsoptionen beigemessen wird. Während die reinen Bewertungsverfahren implizit davon ausgehen, daß situativ geeignete Gestaltungsoptionen in anderen Projektphasen (zweckrational) erarbeitet werden und daher quasi vorhanden sind, geht der diskursive Ansatz davon aus, daß Alternativengenerierung und -bewertung eng miteinander verknüpft sind und Gestaltungsoptionen im Planungs- und Bewertungsprozeß unternehmens- bzw. bereichsspezifisch erarbeitet werden müssen.

Gemeinsamkeiten und Unterschiede zwischen den drei Ansätzen sind auch bezüglich der jeweiligen Arbeitsschwerpunkte auszumachen. So liegt der Schwerpunkt des diskursiven Ansatzes in einer systematischen Unterstützung des gesamten Planungs- und Bewertungsprozesses. Da davon auszugehen ist, daß in der Regel wichtige Vorentscheidungen über die Realisierung technisch-organisatorischer Gestaltungslösungen außerhalb der Bewertungsphase fallen, wird auf eine alleinige Unterstützung der öko-

	Organisations- entwicklung (OE)	Diskursiver Ansatz	Investitionsrechnung/ erweiterte Wirtschaft- lichkeitsrechnung
Ziele	- Verbesserung der Produktivität - Verbesserung der erlebten Arbeitssituation der beteiligten Menschen (Humanität)	- Unterstützung von Planungs- und Bewertungsprozessen in der computergestützten Fertigung - Sensibilisierung für organisatorische Gestaltungsspielräume bei der Nutzung Neuer Technologien	- Unterstützung einer rationen Entscheidungsfindung - Verbreitung innovativer Organisationslösungen
Grundan- *nahmen*	- Mitarbeiter besitzen mehr Problemlösungspotential als vielfach genutzt wird - Mitarbeiter sind bereit sich für Unternehmensziele einzusetzen, wenn sie verantwortlich mitwirken können und individuellen Nutzen haben - Persönliche Entfaltung der Mitarbeiter und Steigerung der Produktivität ist gleichzeitig möglich	- Verlauf von Planungs- und Bewertungsprozessen beeinflußt deren Ergebnis - Ökonomische Bewertung technisch-organisatorischer Gestaltungsoptionen ist nur begrenzt möglich - Beteiligung Betroffener kann Ergebnis von Planung und Bewertung quantitativ und qualitativ verbessern	- Individuen und Unternehmen streben nach Nutzenmaximierung und verhalten sich dabei zweckrational - Entscheidungen (insb. zwischen Alternativen) werden auf der Basis von Wirtschaftlichkeitsanalysen getroffen - Entscheidungsalternativen sind gegeben
Schwer- *punkte*	- Beteiligung von Betroffenen - Begleitung sozialer Prozesse in Organisationen - Verhaltensänderung von In- dividuen bzw. Gruppen	- Beteiligung von Betroffenen - Inhaltliche Unterstützung von Planungs- und Bewertungsprozeß - Systematische Entwicklung und Bewertung ganzheitlicher Lösungen	- Ökonomische Bewertung von Handlungsoptionen (ggfs. erweiterte Bewertung der Wirtschaftlichkeit innovativer Organisationskonzepte)

Abb. 5-3: Einordnung des diskursiven Ansatzes zur Planung und Bewertung bereichs-
übergeifender Prozeßketten

nomischen Bewertung von Gestaltungsoptionen, wie dies die erweiterte Wirtschaftlichkeitsrechnung tut, bewußt verzichtet. Eine intensive Beteiligung betroffener Funktionsbereiche und Mitarbeiter ist dabei ein zentrales Merkmal des diskursiven Ansatzes. Dies soll nicht nur zu einer Verbesserung der Datenqualität und damit der Entscheidung führen, sondern über den Austausch und die Begründung subjektiver Problemwahrnehmungen und Nutzeneinschätzungen einzelner Gestaltungslösungen auch die Entwicklung eines gemeinsamen, bereichsübergreifenden Projektverständnisses fördern. Da ferner zu erwarten ist, daß nur Mitarbeiter, die verantwortlich mitplanen und entscheiden können, engagiert hinter entsprechenden Gestaltungsvorhaben stehen, stellt das Projektteam ein zentrales Element des diskursiven Ansatzes dar. Dieses kann nicht durch einen einzelnen Experten ersetzt werden, der etwa Daten bei verschiedenen Mitarbeitern sammelt und diese ohne Rückkopplung mit einem bereichsübergreifenden Projektteam auswertet. Im Unterschied zur OE beschränkt sich der diskursive Ansatz nicht auf die Begleitung sozialer Prozesse, sondern versucht ganz bewußt Unternehmen auch bei der Entwicklung inhaltlicher Problemlösungsbeiträge zu unterstützen.

Abschließend ist festzuhalten, daß der hier vorgestellte Ansatz keine Patentlösung für die Überwindung des organisatorischen Beharrens von Unternehmen darstellt. Durch die Beteiligung betroffener Mitarbeiter, die systematische Alternativengenerierung und Informationsgewinnung, den Austausch subjektiver Wahrnehmungen und Vermutungen sowie die Unterscheidung von Nutzen- und Nutzungspotentialen innovativer Gestaltungskonzepte kann jedoch die Wahrscheinlichkeit für das Hervorbringen wirtschaftlicher Konzepte der computergestützten Fertigung erhöht werden. Mit entsprechenden Modifikationen kann der am Beispiel der CAD/NC-Prozeßkette vorgestellte Ansatz auch bei Planungs- und Bewertungsvorhaben der technisch-organisatorischen Gestaltung außerhalb des Fertigungsbereichs zur Anwendung kommen.

6 Empirische Fallstudien zur betriebswirtschaftlichen Bewertung alternativer Grobkonzepte der CAD/NC-Prozeßkette

Ausgehend von der Fragestellung, wie betriebliche Planungs- und Bewertungsprozesse zur Realisierung computergestützter Fertigungskonzepte unterstützt werden können, sind in den vorangegangenen Kapiteln theoretische und empirische Grundlagen erarbeitet worden. Die Ergebnisse bildeten die Basis für die Entwicklung eines eigenen Ansatzes zur betriebswirtschaftlichen Bewertung technisch-organisatorischer Grobkonzepte der CAD/NC-Prozeßkette. Um erste Aufschlüsse darüber zu erhalten, inwieweit dieser Ansatz für die betriebliche Praxis eine konkrete Hilfestellung in Planungs- und Bewertungsprozessen sein kann, wurden Fallstudien in drei mittelständischen Maschinenbauunternehmen durchgeführt. In diesen fanden die im vorangegangenen konzeptionellen Ausführungen eine erste praktische Anwendung[40]. Die dabei gewonnen unternehmensbezogenen und fallübergreifenden Ergebnisse sind Gegenstand des folgenden Kapitels.

---

[40] Ein herzliches Dankeschön gilt den Gesprächspartnern in den drei Unternehmen für ihre Aufgeschlossenheit und engagierte Unterstützung bei der Durchführung der Fallstudien. Dies gilt auch für die Mitglieder des Arbeitskreises CAD/CAM des VDMA, Frankfurt/Main, die das Vorhaben engagiert begleitet haben. Für die finanzielle Unterstützung der Fallstudien im Rahmen des eingangs genannten Forschungsvorhabens gebührt der Stiftung Industrieforschung besonderer Dank.

6.1 Zielsetzung und Anlage der Untersuchung

6.1.1 Zielsetzung

Die Durchführung der einzelbetrieblichen Fallstudien verfolgte primär drei Ziele. Erstens sollte auf diese Weise ein erster Praxistest des entwickelten Bewertungsansatzes erfolgen. Dies erschien angesichts der an Verfahren der erweiterten Wirtschaftlichkeitsrechnung vielfach geäußerten Kritik mangelnder Praktikabilität von großer Bedeutung. Zweitens sollten in den Fallstudien unternehmensspezifische Ergebnisse erarbeitet werden, die für Entscheidungen künftiger Gestaltungsvorhaben zur Realisierung einer computergestützen Fertigung Verwendung finden können. Dies war eine wichtige Voraussetzung für die Bereitschaft der Unternehmen zur intensiven Kooperation bei der Durchführung der Fallstudien. Drittens sollten die in den Fallstudien gewonnenen Erkenntnisse möglichst für eine Vielzahl mittelständischer Unternehmen der Maschinenbaubranche von praktischem Nutzen sein. Die Verfolgung dieses Ziels war eine notwendige Voraussetzung für die Bewilligung und finanzielle Förderung des Forschungsvorhabens, in dessen Rahmen die Fallstudien durchgeführt wurden.

6.1.2 Untersuchungsfeld

Die Unterstützung von Planung und Bewertung technisch-organisatorischer Grobkonzepte der computergestützten Fertigung mit Hilfe des im vorangegangenen dargestellten Ansatzes konzentrierte sich in den Fallstudien auf die Prozeßkette "CAD-Konstruktion - NC-Programmierung - CNC-Fertigung". Für diese Prozeßkette spricht ihre herausragende Bedeutung in betrieblichen Integrationsvorhaben zur computergestützten Fertigung. Unter dem Schlagwort 'CAD/NC-Kopplung' ist sie Gegenstand zahlreicher Integrationsbemühungen (vgl. Kap. 4.1.3).

Um eine größtmögliche Vergleichbarkeit der Fallstudienergebnisse zu gewährleisten, konzentriert sich die Auswahl der Unternehmen auf die Maschinenbaubranche, als einer Branche mit hohen Nutzungspotentialen von C-Technologien und deren Vernetzung, sowie eine mittelständische Betriebsgröße. Keines der drei ausgewählten Unternehmen hatte im Erhebungszeitraum (Dezember 1991 bis August 1992) eine DV-gestützte Integration der CAD/NC-Prozeßkette realisiert. Eine Vernetzung von CAD-System und NC-Programmiersystem sollte aber in diesen Unternehmen mittelfristig ins Auge gefaßt werden. Die Frage, ob und gegebenenfalls in welcher Form

sich die Übernahme von CAD-Daten ins NC-Programmiersystem angesichts betriebsspezifischer Gegebenheiten dann als wirtschaftlich erweisen könnte, war daher in allen
drei Unternehmen eine zentrale Frage.

Fallunter-nehmen	Branche	Produkt	Beschäftigte	Umsatz 1990	Gestaltungs-bereich
A	Maschinenbau	Gießereianlagen	510	100 Mio.	Fertigung
B	Maschinenbau	Drahtverarbei-tung	980	140 Mio.	Fertigung
C	Maschinenbau	Umformtechnik	380	45 Mio.	Fertigung

Abb. 6-1: Unternehmen der einzelbetrieblichen Fallstudien

Da sich aus dem Bearbeitungsverfahren wichtige Anforderungen für die technisch-
organisatorische Gestaltung der CAD/NC-Prozeßkette ableiten, war eine intensive
Auseinandersetzung mit einem Bearbeitungsverfahren zweckmäßig bzw. erforderlich.
Im Rahmen der vorliegenden Arbeit erfolgte daher eine Konzentration auf das 2½D-
Fräsen, d.h. die Bearbeitung prismatischer Frästeile. Hierfür sprachen hauptsächlich
drei Gründe: (1) Die große Bedeutung dieses Bearbeitungsverfahrens unter den spa-
nenden Verfahren, insbesondere für kleine und mittelständische Maschinenbauunternehmen. (2) Die bislang fehlenden empirischen Ergebnisse zum wirtschaftlichen Nutzen einer CAD/NC-Kopplung für dieses Bearbeitungsverfahren[41]. (3) Die Schwierigkeiten einer Beurteilung des wirtschaftlichen Nutzens einer Datenübergabe vom CAD-
ins NC-Programmiersystem bei diesem Bearbeitungsverfahren gegenüber den offen-
sichtlicheren Vorteilen einer CAD/NC-Kopplung bei trennenden Bearbeitungsverfahren
oder der Fräsbearbeitung von Freiformflächen[42].

---

[41] Vgl. hierzu den Überblick über empirische Ergebnisse zur Wirtschaftlichkeit einer CAD/NC-
Kopplung in Anhang 1.

[42] Die Schwierigkeiten sind insbesondere darauf zurückzuführen, daß bei prismatischen Frästeilen
der Umfang von Geometrie- und Technologieanteil pauschal nicht so eindeutig bestimmt werden
kann wie bei anderen Bearbeitungsverfahren (vgl. Kapitel 4.3.2). Darüber hinaus erweist sich
beim derzeitigen Stand der Technik die CAD/CAM-Datendurchgängigkeit im Bereich der 2½D-
Bearbeitungen als Engpaß (vgl. Gehrke/Wüpper 1993, S. 42).

6.1.3 Konzeptioneller Rahmen und Durchführung

Als konzeptioneller Rahmen der Fallstudien diente ein erster Entwurf des im vorangegangenen Kapitel dargestellten Ansatzes zur betriebswirtschaftlichen Bewertung von
Gestaltungsalternativen der CAD/NC-Prozeßkette. Dieser wurde im Projektverlauf auf
der Grundlage erster Erfahrungen in den Fallunternehmen bzw. der Gespräche im
projektbegleitenden Arbeitskreis des VDMA ergänzt und modifiziert.

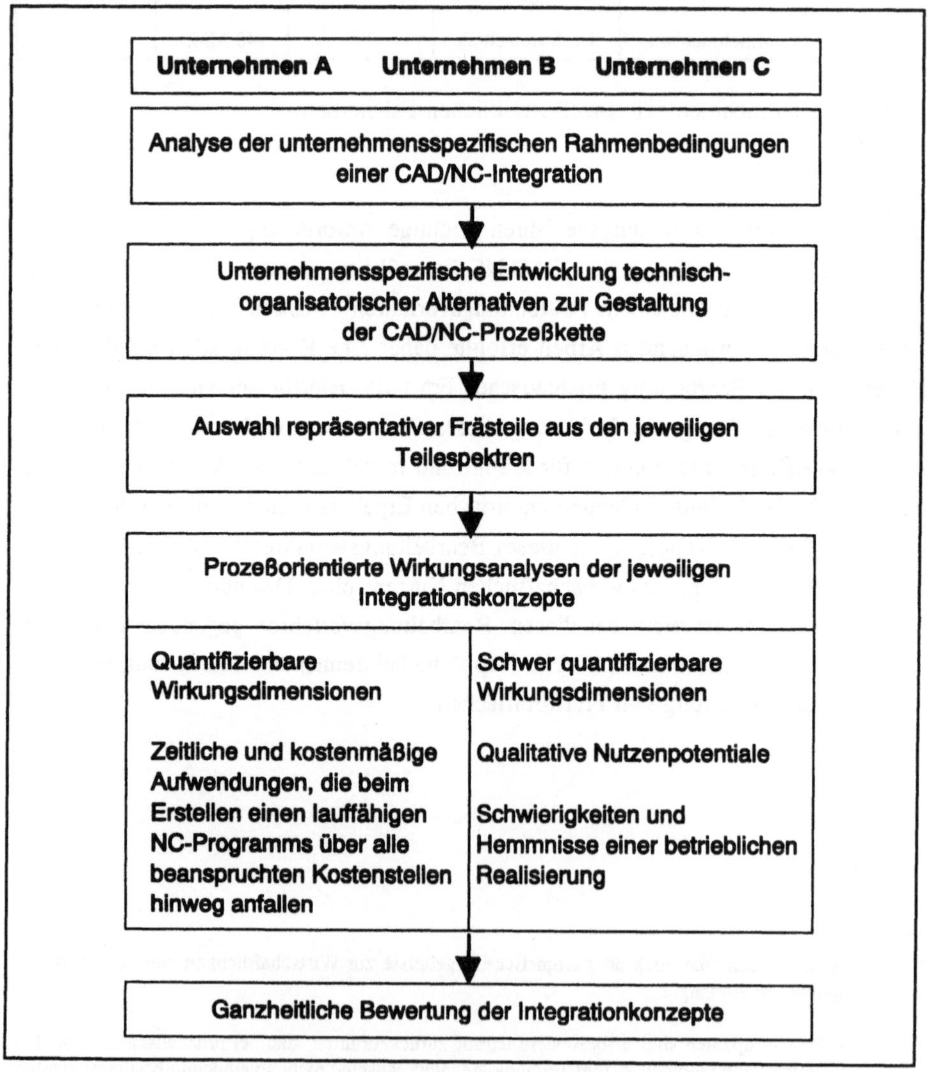

Abb. 6-2: Vorgehensweise zur Durchführung der Fallstudien

Um sowohl einen hohen Anwendungsbezug des Bewertungsansatzes als auch eine breite Übertragbarkeit der damit in den Fallstudien erarbeiteten Ergebnisse zu gewährleisten, wurde im März 1992 ein ganztätiger Workshop mit ca. 40 Experten aus Industrie und Forschung durchgeführt. Im Mittelpunkt dieser Fachdiskussion stand der Bewertungsansatz sowie erste empirische Zwischenergebnisse aus einer der drei Fallstudien. Der Zeitpunkt des Workshops war hinsichtlich der Projektlaufzeit so gewählt, daß die Ergebnisse dieser Diskussion im weiteren Projektverlauf noch in zwei Fallstudien berücksichtigt werden konnten.

Zu Beginn der betrieblichen Projektphase wurde von den Projektpartnern in den Unternehmen festgelegt, für welchen Unternehmens- bzw. Fertigungsbereich die Integration der Prozeßkette "CAD-Konstruktion - NC-Programmierung - NC-Fertigung" betrachtet werden sollte. Die Beschreibung des betreffenden Unternehmensbereiches und dessen Anforderungen im Hinblick auf die Gestaltung einer CAD/NC-Integration erfolgte anhand eines dafür entwickelten Fragebogens. Dieser wurde im Rahmen der betrieblichen Projektphase weiter ergänzt und vertieft (vgl. Anhang 3). Zudem wurden in dieser ersten Projektphase in den Unternehmen Projektteams gebildet. Diese setzten sich aus Vertretern der Betriebsbereiche zusammen, die innerhalb der CAD/NC-Prozeßkette mit Teilaufgaben der Erstellung lauffähiger NC-Programme betraut sind. In erster Linie waren dies Vertreter der Betriebs- bzw. Fertigungsleitung, der Konstruktion und Arbeitsvorbereitung (gegebenenfalls EDV/Organisation) sowie der NC-Fertigung. Mit Ausnahme des genannten Fragebogens erfolgte die Datenerhebung in halbstandardisierten Einzel- und/oder Gruppeninterviews mit Mitgliedern der Projektteams.

Ausgehend von den zum Erhebungszeitpunkt realisierten Gestaltungslösungen der Prozeßkette "CAD-Konstruktion - NC-Programmierung - CNC-Fertigung" wurden in enger Zusammenarbeit mit den Projektteams alternative Grobkonzepte entwickelt, die sich für die Bearbeitung von Frästeilen in den jeweiligen Unternehmen als praktikabel erweisen könnten. Diese wurden anschließend im Rahmen bereichsübergreifender Wirkungsanalysen auf ihre Vorteilhaftigkeit hin betrachtet. Angesichts des Planungscharakters der Grobkonzepte konnten in den Unternehmen naturgemäß noch keine praktischen Erfahrungswerte zu den entwickelten Soll-Konzepten vorliegen. Bei den ermittelten quantitativen Angaben (Zeiten, Kosten) kann es sich demgemäß nur um Plangrößen handeln, die nach dem damaligen Stand des Wissens als plausibel erschienen. Bei der Prognose der werkstückbezogenen Zeitaufwände für die Soll-Konzepte mußte daher von bestimmten Annahmen über die CAD-Anwendung und die Schnittstelle ausgegangen werden. Diese bezogen sich auf folgende Aspekte:

(1) Annahmen über die CAD-Anwendung: Maßstäblichkeit der Zeichnung, Geschlossenheit der Konturzüge, Verwendung der Layer-Technik, Koordinatenbemaßung der Zeichnungen. (2) Annahmen über die Schnittstelle: Übertragbarkeit aller Hilfslinien und Bearbeitungszeichen, einfache Manipulierbarkeit der übernommenen CAD-Daten am NC-System (z.B. Nullpunktverschiebung, Verschieben von Start- bzw. Endpunkten, Legen von Aufmaßen), separate Abrufbarkeit einzelner CAD-Layer. Aufbauend auf die Zeitanalyse wurde für die jeweiligen Grobkonzepte eine werkstückbezogene Kostenanalyse durchgeführt. Zeit- und Prozeßkostenanalysen wurden ergänzt durch eine Analyse nicht bzw. schwer quantifizierbarer Wirkungen, die nach Einschätzung der betrieblichen Experten von Relevanz sind bzw. sein könnten.

Nach Abschluß der Fallstudien wurden die zentralen Ergebnisse zusammenfassend nochmals mit dem Arbeitskreis CAD/CAM des VDMA diskutiert. Durch die kontinuierlich projektbegleitend geführten Gespräche mit dem Arbeitskreis CAD/CAM und anderen betrieblichen Experten im Rahmen des Workshops konnten so auf der Basis von vertieften einzelbetrieblichen Fallstudien Ergebnisse erarbeitet werden, die über die drei Fallstudien hinaus für eine Vielzahl mittelständischer Unternehmen Relevanz besitzen.

6.2 Darstellung der einzelfallbezogenen Ergebnisse

6.2.1 Unternehmen A: Ein Hersteller von Gießereianlagen

Das Unternehmen fertigt als Tochergesellschaft eines internationalen Konzerns Maschinen und Einrichtungen für die Gießereiindustrie. Als Anbieter kundenspezifischer Problemlösungen ist das Unternehmen durch eine Einzel- und Kleinserienfertigung gekennzeichnet. Im Jahr 1990 konnte mit 510 Mitarbeitern ein Umsatz von ca. 100 Mio. DM erwirtschaftet werden.

6.2.1.1 Betriebliche Rahmenbedingungen

(a) Einsatz von CAD in der mechanischen Konstruktion: Der Einstieg in die CAD-Technologie erfolgte Ende der achtziger Jahre mit der Software Cadam (IBM), mit der die Zeichnungen in Form von 2D-Linienmodellen erstellt werden. Seit dieser Zeit stehen in der mechanischen Konstruktion zehn CAD-Arbeitsplätze zur rechnergestütz-

ten Konstruktion zur Verfügung. Acht dieser Arbeitsplätze sind fest einzelnen Mitarbeitern (Technischen Zeichnerinnen und Zeichnern) zugeordnet. Diese nutzen für die Zeichnungserstellung ausschließlich das CAD-System. Die beiden restlichen Arbeitsplätze stehen einer kleinen Gruppe von Konstrukteuren zur Verfügung. Der Bestand sogenannter aktiver Konstruktionszeichnungen mit Fräsbearbeitung umfaßte im November 1991 insgesamt etwa 10.000 Zeichnungen. Davon waren ungefähr 200 Zeichnungen mit Hilfe des CAD-Systems erstellt. Es wird davon ausgegangen, daß sich der Bestand an CAD-Zeichnungen jährlich in einer Größenordnung von etwa 100 Zeichnungen erhöht.

(b) Einsatz der CNC-Technologie: Die CNC-Technologie kommt innerhalb der mechanischen Fertigung bei den Bearbeitungsverfahren Drehen, Bohren/Fräsen sowie Brennscheiden zur Anwendung. Zur CNC-Fräsbearbeitung stehen zwei Werkzeugmaschinen (Heckler & Koch; Klopp) mit unterschiedlichen Steuerungen (Heckler & Koch; Haidenhain) zur Verfügung. Diese werden von Facharbeitern bedient.

Das Erstellen der NC-Programme erfolgt sowohl in technischer als auch in arbeitsorganisatorischer Hinsicht nicht für alle Bearbeitungsverfahren einheitlich. Während die Programmierung von Bohrteilen überwiegend in der Fertigung durch die Facharbeiter direkt an den Bohrwerken erfolgt, werden die NC-Programme für Drehteile weitgehend in der vom Fertigungsbereich räumlich getrennt liegenden Arbeitsvorbereitung erstellt. Die Programme für die beiden CNC-Fräsmaschinen werden sowohl durch NC-Programmierer in der Arbeitsvorbereitung als auch durch Maschinenführer direkt an den Maschinen erstellt. In der Arbeitsvorbereitung sind drei Programmierer mit der zentralen Programmerstellung betraut. Sie teilen sich im Wechsel einen rechnergestützten Programmierplatz. Die Programmierung erfolgt in einer maschinennahen Programmiersprache. Die so erstellten NC-Programme werden in Form von Lochstreifen ausgestanzt und zusammen mit dem Fertigungsauftrag an die Fertigung weitergegeben. Zum Erhebungszeitpunkt existierten 1.345 aktive NC-Programme für das Bearbeitungsverfahren Fräsen mit einem durchschnittlichen Umfang von ca. 60 DIN-Sätzen. Dieser Programmbestand erhöht sich im Durchschnitt um ca. 30 neue NC-Programme pro Monat. Die Erstellung von maschinenneutralen Quellprogrammen erfolgt bislang nicht.

(c) Spektrum der zu bearbeitenden Frästeile: Bei der Fertigung des vorhandenen Produkt- bzw. Werkstückspektrums nimmt der Einsatz der Bohr-/Fräsbearbeitung mit einem Anteil von 40 % eine dominante Stellung im Unternehmen ein. Der Anteil zu

bearbeitender Drehteile beträgt 35 %, der von Brennteilen 25 % am gesamten Werkstückspektrum. Im Durchschnitt ist pro Monat mit etwa 120 neuen Fertigungsaufträgen im Bereich Bohren/Fräsen zu rechnen. Ungefähr zwei Drittel dieser Aufträge werden mit Hilfe konventioneller Maschinen bearbeitet. Das restliche Drittel verteilt sich auf die beiden CNC-Fräsmaschinen. Nahezu 70 % der Frästeile sind kleine, 20 % mittelgroße und 10 % große Teile. Die Spannbreite der Losgröße pro Fertigungsauftrag reicht dabei von einem bis 300 Stück. Die durchschnittliche Losgröße beträgt drei Stück. Die Hälfte aller zu bearbeitenden Frästeile kann in einer einzigen Aufspannung gefertigt werden. In 35 % der Fälle sind zwei und in ungefähr 15 % aller Frästeile sind drei und mehr Aufspannungen erforderlich.

6.2.1.2 Ziele und Erwartungen

Die Erhebung der Ziele und Erwartungen einer CAD/NC-Kopplung erfolgte zunächst mit den einzelnen Mitgliedern des Projektteams im Rahmen einstündiger halbstandardisierter Einzelinterviews. Die Ergebnisse dieser Gespräche bildeten die Grundlage für eine anschließende Gruppensitzung des Projektteams. Dort wurden die verschiedenen Ziele diskutiert und im Hinblick auf ihre Zielbeziehungen analysiert. Die Analyse der Zielbeziehungen mündete in die Zusammenfassung ähnlicher Zielinhalte zu sogenannten Zielclustern. Die Bedeutung einzelner Ziele wurden anschließend mit Hilfe der Paarvergleichsmethode gewichtet. Das Ergebnis läßt sich wie folgt zusammenfassen:

- *Erhöhung der Werkstückqualität:* Diesem Aspekt wurde mit Abstand die größte Bedeutung beigemessen. Eine Verbesserung der Werkstückqualität wurde allerdings nicht allein von der Realisierung einer CAD/NC-Kopplung erwartet, sondern vielmehr im Zusammenhang mit einer stärkeren Verlagerung von Programmiertätigkeiten aus der Fertigung in vorgelagerte Bereiche.

- *Reduzierung der Fertigungskosten um 30 %:* Dieses Ziel wurde als gleichrangig mit der Reduzierung der Gesamtdurchlaufzeit eines Auftrags genannt. Es bestand allerdings Übereinstimmung, daß es sich bei diesem Ziel eher um einen Oberbegriff für die Summe aller Wirkungen handelt.

- *Reduzierung der Gesamt-Durchlaufzeit eines Auftrags:* Mit der Realisierung einer CAD/NC-Kopplung ist die Erwartung einer Reduzierung der Auftragsdurchlaufzeiten verbunden. Diese Erwartung basiert auf den Einspareffekten bei den Programmerstellung, den Fehlzeiten in der NC-Programmierung sowie den geringeren Übertragungs- und Programmierfehlern.

- *Erhöhung der Rentabilität des Einsatzes von C-Technologien:* Die CAD/NC-Kopplung soll desweiteren zur Erhöhung der Rentabilität bereits in dieser Kette eingesetzter C-Technologien (CAD-Systeme, NC-Programmiersysteme, CNC-Maschinen) beitragen.

- *Erhöhung der Flexibilität:* Durch eine CAD/NC-Kopplung soll die Verwendbarkeit einmal erstellter NC-Programme für verschiedene Maschinen gesichert und damit die Flexibilität bei der Planung des Maschineneinsatzes erhöht werden.

- *Gewährleistung eines optimalen Werkzeugeinsatzes:* Es wird erwartet, daß eine CAD/NC-Kopplung die optimale Nutzung vorhandener Werkzeuge in der Werkstatt fördert.

- *Vermeidung von Mehrfacheingaben gleicher Daten:* Im Zuge einer DV-gestützten CAD/NC-Integration soll die wiederholte Eingabe gleicher Daten vermieden werden.

6.2.1.3 Unternehmensspezifische Integrationskonzepte

Wie in der Darstellung der betrieblichen Rahmenbedingungen bereits ausgeführt, ist die Ist-Situation durch ein Nebeneinander zweier technisch-organisatorischer Konzepte der NC-Programmerstellung gekennzeichnet. Innerhalb des Projektes beschränkte sich der Alternativenvergleich auf die Auseinandersetzung mit der zentralen Lösung der Programmerstellung in der Arbeitsvorbereitung. Hierfür sprachen mehrere Gründe: Zum einen wurde in der Arbeitsvorbereitung während der Projektlaufzeit ein neues Programmiersystem implementiert, so daß sich ein Vorher-Nachher-Vergleich anbot. Zum anderen existieren im Unternehmen derzeit Überlegungen, die zentrale Lösung gegenüber der dezentralen weiter auszubauen. Es lag daher nahe, die Frage nach der Vorteilhaftigkeit der zentralen Lösung im Rahmen der Fallstudie zu thematisieren. Ferner erschien die dem zentralen Konzept zugrundeliegende technische Lösung (d.h. Programmiersystem) für einen Vergleich mit einer CAD/NC-Kopplung geeigneter als das der Maschinenprogrammierung den Bohrwerken.

Die technisch-organisatorischen Grobkonzepte, die zur Gestaltung der CAD/NC-Prozeßkette im Unternehmen als relevant erachtet wurden, gestalten sich wie folgt (vgl. Abbildung 6-3):

154

		A 1	A 2	A 3	A 4
WER programmiert	AV-Programmierer	X	X	X	
	Maschinenführer				X
WO	Arbeitsvorbereitung	X	X	X	X
	Maschinennah				(X)
	Werkzeugmaschine				
mit welchen Hilfsmitteln	Maschinell mit Zeichnung		X		X
	Manuell	X			
	Maschinell mit CAD-Daten			X	
WEM obliegt die Entscheidungskompetenz zur Dokumentation feinoptimierter Programme	AV-Programmierer	X	X	X	
	Maschinenführer				X

Abb. 6-3: Gestaltungsalternativen der Prozeßkette "CAD-Konstruktion - NC-Programmierung - NC-Fertigung" für die Frästeilbearbeitung im Unternehmen A

(1) Gestaltungsalternative A1 (Ist-Konzept): In den Bereichen Konstruktion, Arbeitsvorbereitung und Fertigung kommen rechnergestützte Arbeitsmittel zum Einsatz. Eine DV-gestützte Vernetzung von CAD-System, NC-Programmiersystem und CNC-Maschine existiert nicht. Die Übermittlung der relevanten Werkstückinformationen erfolgt in Form von CAD-Zeichnungsausdrucken und Stücklisten. Diese gelangen zusammen mit dem jeweiligen Fertigungsauftrag in die Arbeitsvorbereitung und dienen dort als Arbeitsgrundlage für die NC-Programmierung. Die NC-Programme werden mit Hilfe einer maschinennahen Programmiersprache erstellt. Die Teilaufgaben 'Erzeugen von Rohteil- und Werkstückgeometrie' entfallen, da die Werkzeugwege (incl. fertigungstechnologischer Daten) direkt programmiert werden. Ein Programmtest der erstellten NC-Programme in der Art eines simulierten Programmablaufs findet nicht statt. Die Ausgabe und Dokumentation der NC-Programme erfolgt in Form von Lochstreifen und Programmausdrucken. Das Erstellen der Einrichteblätter obliegt, ebenso wie die Programmerstellung, der Arbeitsvorbereitung und erfolgt dort manuell.

Lochstreifen und Programmausdruck gelangen mit dem entsprechenden Fertigungsauftrag von der Arbeitsvorbereitung in die Fertigung. Dort werden die NC-Programme durch Maschinenführer an den Werkzeugmaschinen eingefahren und gegebenenfalls (fein-)optimiert. Programmodifikationen dieser Art werden in zweifacher Weise dokumentiert: zum einen durch handschriftliche Anmerkungen auf dem Originalprogrammausdruck, zum anderen durch das Stanzen neuer Lochstreifen an der Maschine. Der Originalprogrammausdruck und der neue Lochstreifen gehen nach Bearbeitung des Fertigungsauftrags wieder zurück in die Arbeitsvorbereitung. Dort entscheidet der jeweilige NC-Programmierer, ob bzw. inwieweit die in der Fertigung durchgeführten Programmänderungen dokumentiert werden. Da die physische Ablage der Lochstreifen sowohl direkt an den jeweiligen Werkzeugmaschinen wie auch in der Arbeitsvorbereitung erfolgt, sind bei der Übernahme fertigungsinduzierter Programmänderungen in das Programmarchiv Rücksprachen zwischen beiden Bereichen erforderlich. Dadurch kann die Dokumentation einer einheitlichen Programmversion gewährleistet werden.

(2) Gestaltungsalternative A2 (Soll-Konzept): Eine DV-gestützte Vernetzung der Bereiche Konstruktion und Arbeitsvorbereitung findet nicht statt. Im Unterschied zum realisierten Konzept (A1) erfolgt hier die Programmerstellung mit Hilfe eines leistungsfähigen NC-Programmiersystems. Für die Übertragung der in der Arbeitsvorbereitung erstellten Programme zu den Werkzeugmaschinen ist zudem der Einsatz eines DNC-Rechner vorgesehen. In der mechanischen Konstruktion werden die mit Hilfe des CAD-Systems erstellten Werkstückgeometrien wie bisher in Form von Zeichnungen ausgegeben. Diese dienen als Arbeitsgrundlage für die in der Arbeitsvorbereitung stattfindende NC-Programmierung. Als Programmiersystem wird ein mehrplatzfähiges System mit drei Arbeitsplätzen eingesetzt. Entgegen der bisherigen Vorgehensweise werden dabei die Werkstück- und Rohteilgeometrien grafisch-interaktiv erzeugt und die Werkzeugverfahrwege zusammen mit den fertigungstechnologischen Daten programmiert. Der Ablauf der erstellten NC-Programme wird am Bildschirm des Programmiersystems simuliert, wobei die Werkzeuge symbolisiert angezeigt werden. Vor der Datenübertragung in die Fertigung sind die Quellprogramme mit Hilfe eines sogenannten JOKERs in maschinenspezifische NC-Programme zu übersetzen[43]. Die Erstellung der Einrichteblätter erfolgt wie bisher in der Arbeitsvorbereitung, allerdings mit Unterstützung des NC-Programmiersystems. Die Programme werden von der Arbeitsvorbereitung per DNC-Rechner zu den Werkzeugmaschinen übertragen. Die entsprechenden NC-Programme werden dazu zunächst aus dem NC-Programmspeicher geladen und dann in die entsprechende Steuerung dupliziert. Programmtest und -optimierung erfolgen unverändert durch die Maschinenführer an der Werkzeugmaschine. Gegebenenfalls werden diese durch NC-Programmierer unterstützt. Die Rückübertragung der abgefahrenen und eventuell (fein-)optimierten NC-

---

[43] Der sogenannte JOKER ist als ein verbesserter Postprozessor anzusehen, der in der Lage ist, die in der CNC-Steuerung installierten Programmakros zu nutzen.

Programme von der Maschinensteuerung in den zentralen NC-Programmspeicher übernimmt ebenfalls der DNC-Rechner. Der Arbeitsvorbereitung kommt die Aufgabe zu, mit Hilfe softwaretechnischer Instrumente das ursprünglich bereitgestellte mit dem zurückübertragenen NC-Programm zu vergleichen. Im Fall einer fertigungsinduzierten Programmänderung entscheidet die Arbeitsvorbereitung, inwieweit diese im zentralen NC-Archiv dokumentiert wird. Grundsätzlich ist sicherzustellen, daß Quellprogramm und maschinenspezifisches Programm identisch sind.

(3) Gestaltungsalternative A3 (Soll-Konzept): Im Unterschied zu den beiden bereits genannten Alternativen ist hier eine DV-gestützte Vernetzung von Konstruktion, Arbeitsvorbereitung und Fertigung vorgesehen. Diese erfolgt zum einen durch eine Übertragung der Daten aus dem CAD- in das NC-Programmiersystem per Datenschnittstelle. Zum anderen durch den Austausch der NC-Programme zwischen Arbeitsvorbereitung (NC-Programmierung) und Fertigung per DNC-Rechner. Zur Übernahme der CAD-Dateien greifen die NC-Programmierer mit Hilfe einer speziellen Schnittstelle auf das gemeinsame Zeichnungs- bzw. Datenarchiv zu. Die bei diesem Integrationskonzept anfallenden Teiltätigkeiten "Selektieren und Aufbereiten der NC-relevanten Geometrie" sind den NC-Programmierern zugeordnet. Aufgrund des erforderlichen Fachwissens können diese Tätigkeiten nicht ohne weiteres von Technischen Zeichnern bzw. Konstrukteuren durchgeführt werden. Die NC-Programme werden, wie bereits in Alternative 2 dargestellt, per DNC-Rechner zwischen arbeitsvorbereitendem und fertigendem Bereich übertragen. Programmtest und -optimierung wie auch Programmverwaltung erfolgen analog zum Ablauf des Grobkonzepts A2.

(4) Gestaltungsalternative A4 (Soll-Konzept): Eine CAD/NC-Kopplung wie im vorangegangenen beschrieben, ist hier nicht vorgesehen. Im Unterschied zum Grobkonzept A2 obliegt hier allerdings die Programmierung der CNC-Fräsmaschinen den Mitarbeitern der Fertigung (Maschinenführer). Dieses Integrationskonzept basiert auf folgenden Annahmen: Auslastung der zentralen AV-Programmierung, Bereitschaft und Qualifikation der Maschinenführer zur Übernahme von Programmieraufgaben, Möglichkeit zum bearbeitungsparallelen Programmieren, so daß keine programmierbedingten Maschinenstillstandszeiten entstehen. Technisch erfolgt die Programmierung an einem zusätzlichen Programmierplatz, der entweder in der Arbeitsvorbereitung oder maschinennah, z.B. im Meisterbüro, eingerichtet ist. Gegenüber einer direkten Programmierung an der Werkzeugmaschine können so maschinenunabhängige Programme erstellt werden. Die Durchführung der gesamten Teilaufgaben der Programmerstellung liegt bei diesem Grobkonzept für ein bestimmtes Werkstückspektrum vollständig im Fertigungsbereich, wenngleich diese möglicherweise räumlich in der Arbeitsvorbereitung durchgeführt

werden. Lediglich das Erstellen der Einrichteblätter bleibt auch in diesen Fällen Aufgabe der Arbeitsvorbereitung. Die Zuordnung von Aufgaben der Programmerstellung an Mitarbeiter der Fertigung ist in Form eines Mischarbeitsplatzes vorgesehen. Maschinenführer, die sich für die NC-Programmierung interessieren, sollen die Möglichkeit erhalten, in noch zu definierenden Zeitintervallen (z.B. wöchentlich, monatlich) zwischen Maschinenbedienung und Programmerstellung zu wechseln.

6.2.1.4 Bereichsübergreifende Wirkungsanalyse

Für die Durchführung des quasi-experimentellen Werkstückdurchlaufs wurden von den Mitgliedern des Projektteams aus dem vorhandenen Frästeilspektrum drei repräsentative Frästeile verschiedener Komplexität ausgewählt. Diese lassen sich im einzelnen wie folgt charakterisieren:

	Teil 1	Teil 2	Teil 3
Benennung	Motorplatte	Anschweißplatte	Zentrierleiste
Anzahl Aufspannungen	2	1	4
Anzahl eingesetzter Werkzeuge	5	4	8
Anzahl Bearbeitungsflächen	2	1	9
Maße (mm)	25 x 210 x 525	25 x 180 x 220	45 x 63 x 583
Anteil vergleichbarer Werkstücke am gesamten Frästeilspektrum	25 %	25 %	40 %
Anteil beanspruchter Programmierkapazität am gesamten Programmaufkommen	10 %	4 %	25 %

Abb. 6-4: Beschreibung der ausgewählten Frästeile in Unternehmen A

(1) Analyse der quantifizierbaren Wirkungen

(a) Werkstückbezogener Zeitvergleich
Um die Nachvollziehbarkeit der Ergebnisse zu erleichtern, sind zwei Anmerkungen der Ergebnisdarstellung voranzustellen: Zum einen erfolgte die Beurteilung der Grobkonzepte A2, A3 und A4 ohne Berücksichtigung der Zeitanteile zur Definition des

Rohteils. Hierzu waren zum Zeitpunkt der Erhebung leider keine Einschätzungen möglich, da der Leistungsumfang des damals in der Installation begriffenen Programmiersystems den Befragten noch nicht ausreichend bekannt war. Zum anderen führten unternehmensinterne Erfahrungen dazu, daß bei der Wirkungsprognose des Grobkonzepts A4 davon ausgegangen wurde, daß Mitarbeiter der Fertigung (nach angemessener Einarbeitungszeit) in der Lage sind, ein Programm in der gleichen Zeit zu erstellen wie entsprechende Mitarbeiter der Arbeitsvorbereitung. Darüber hinaus wurde angenommen, daß sich bei einer Einheit von Programmerstellern und -nutzern beim Einfahren und Optimieren der Programme durchschnittlich eine Zeitersparnis in Höhe von 20 % ergibt.

Wie der Übersicht der werkstückbezogenen Zeitvergleiche (vgl. Abbildung 6-5) zu entnehmen ist, sind der Zeitaufwand, der für den Durchlauf der ausgewählten Frästeile zu erwarten ist, abhängig vom zugrundegelegten Grobkonzept. Ferner fällt auf, daß das Grobkonzept A3, das für die Bearbeitung der Motorplatte den geringsten Zeitaufwand erwarten ließ, bei der Bearbeitung von Anschweißplatte bzw. Zentrierleiste einen vergleichsweise hohen Zeitaufwand innerhalb der Prozeßkette erfordert. Die Darstellung der einzelnen Ergebnisse wird dies im folgenden verdeutlichen.

Bei Teil 1 (Motorplatte) handelt es sich aus Sicht der Konstruktion, der Arbeitsvorbereitung und Fertigung um ein vergleichsweise einfaches Werkstück. Die Bearbeitung erfordert zwei Aufspannungen, für die jeweils ein NC-Programm zu erstellen ist. Für den Fall, daß das Rohteil bereits die Endmaße aufweist, bedarf das Werkstück keiner nennenswerten Fräsbearbeitung, da dann lediglich vier Kanten zu fräsen und acht Durchgangslöcher zu bohren sind. Aufgrund der Experteneinschätzungen ist für eine CAD/NC-Kopplung (Grobkonzept A3) ein relativer Zeitvorteil gegenüber den drei anderen Alternativen in einer Größenordnung von etwa 25 % bis 30 % zu rechnen. Dieser Zeitvorteil ergibt sich im wesentlichen dadurch, daß bei einer CAD/NC-Kopplung die Eingabe der Werkstückgeometrie bzw. der Bohrkoordinaten ins NC-Programmiersystem entfallen würde. Da für die einzige zur Bearbeitung notwendige Aufspannung alle erforderlichen Ansichten aus der Konstruktionszeichnung bzw. der CAD-Datei ersichtlich sind, entfällt bei diesem Werkstück das Zeichnen zusätzlicher Ansichten. Darüber hinaus sind auch sonst keine nennenswerten Aufwände für das NC-gerechte Erstellen der CAD-Datei zu erwarten. Unabhängig von den verschiedenen Integrationskonzepten zeigt sich, daß der Aufwand für Programmtest und -optimierung wie auch für die Programmverwaltung aufgrund der geringen fertigungstechnischen Werkstückkomplexität gering ist.

Werkstück	Teiltätigkeiten	A 1	A 2	A 3	A 4
Teil 1 **Motorplatte**	- NC-gerechtes Erstellen der CAD-Datei	--	--	3 min.	--
	- Separieren und Aufbereiten	--	--	15 min.	--
	- Erzeugen der Werkstück-geometrie	--	30 min.	--	30 min.
	- Programmieren der Werk-zeugverfahrwege und der Fertigungstechnologie	60 min.	20 min.	20 min.	20 min.
	- Simulation	--	5 min.	5 min.	5 min.
	- Programmtest und -opti-mierung	5 min.	5 min.	5 min.	4 min.
	- Programmverwaltung	--	--	--	--
	SUMME	65 min.	60 min.	48 min.	59 min.
Teil 2 u. 3 **Anschweiß-** **platte, Zen-** **trierleiste**	- NC-gerechtes Erstellen der CAD-Datei	--	--	10 min.	--
	- Separieren und Aufbereiten	--	--	15 min.	--
	- Erzeugen der Werkstück-geometrie	--	30 min.	45 min.	30 min.
	- Programmieren der Werk-zeugverfahrwege und der Fertigungstechnologie	120 min.	60 min.	60 min.	60 min.
	- Simulation	--	30 min.	30 min.	30 min.
	- Programmtest u. -optimie-rung	35 min.	35 min.	35 min.	28 min.
	- Programmverwaltung	15 min.	10 min.	10 min.	10 min.
	SUMME	170 min.	165 min.	205 min.	158 min.

Abb. 6-5: Werkstückbezogener Zeitvergleich der Grobkonzepte in Unternehmen A

Die Werkstücke 2 und 3 (Anschweißplatte und Zentrierleiste) wurden im Rahmen des quasi-experimentellen Teiledurchlaufs zusammen betrachtet, da sie von der Konstruktion, der Arbeitsvorbereitung und der Fertigung als vergleichbar komplex eingeschätzt wurden. Die Werkstücke stellen im Hinblick auf die Fräsbearbeitung folgende Anforderungen: Die Bearbeitung der Werkstücke erfolgt auf mehreren Werkstückebenen bzw. -flächen. Darüber hinaus sind für die Zentrierleiste mehrere Aufspannungen erforderlich, d.h. bei ihrer Fertigung sind neun Bearbeitungsflächen in vier Aufspannungen zu berücksichtigen. Im Unterschied zu Teil 1 sind diese beiden Werkstücke teilweise eng toleriert. Die Zentrierleiste weist darüber hinaus Form-Lage-Toleranzen auf. Im Zuge der Fräsbearbeitung sind zahlreiche Bohrungen durchzuführen.

Im Unterschied zu Teil 1 sind von einer CAD/NC-Kopplung (Grobkonzept A3) für die

Bearbeitung dieser beiden Werkstücke keine Zeiteinsparungen gegenüber dem vorhandenen Konzept (A1) zu erwarten, im Gegenteil. Die befragten betrieblichen Experten rechnen vielmehr mit einer Erhöhung des insgesamt in der Prozeßkette erforderlichen Zeitaufwands. Hierfür sind folgende Gründe zu nennen: (1) Die zu übernehmende Werkstückkontur ist vergleichsweise einfach. Sie setzt sich lediglich aus Geraden zusammen. Der zeitliche Aufwand für eine manuelle Eingabe dieser Werkstückkontur am Programmiersystem ist deshalb relativ gering. Der Einspareffekt einer Geometriedatenübergabe wäre angesichts dieses geringen Aufwands entsprechend niedrig. (2) Die Geometriedaten der CAD-Zeichnung könnten nur bedingt zur Programmierung verwendet werden, da die zu programmierenden Werkzeugverfahrwege nur zu einem geringen Teil mit der Fertigteilkontur identisch sind. (3) Für die verschiedenen Aufspannungen der Werkstücke sind jeweils separate NC-Programme zu erstellen. Diese können aber nur bedingt aus der CAD-Datenbasis abgeleitet werden, da in der Konstruktion derzeit nicht alle hierfür erforderlichen Ansichten erstellt werden. Trotz Geometriedatenübergabe wären somit die aus NC-Gesichtspunkten fehlenden Ansichten (nach wie vor) am Programmiersystem zu erzeugen. (4) Aufgrund der fertigungstechnologischen Anforderungen (Oberflächengüten, Form-Lage-Toleranzen) sind entsprechende Aufwände für das Selektieren und Aufbereiten der übernehmbaren CAD-Geometrien zu berücksichtigen.

Es steht zu vermuten, daß die Vorteile einer CAD-Geometriedatenübernahme, die sich bei diesen Werkstücken insbesondere durch die Übernahme der Koordinaten für die vorhandenen Bohrbilder ergeben könnten, durch die genannten Zusatzaufwände überkompensiert werden. Läßt man, der besseren Vergleichbarkeit wegen, die Teiltätigkeit 'Simulation der Programmabläufe' unberücksichtigt, so sind für die Bearbeitung dieser Werkstücke innerhalb der Grobkonzepte A2 und A4 geringere Zeitaufwände zu erwarten als innerhalb des zum Erhebungszeitpunkt realisierten Ist-Konzepts (A1). Die zeitlichen Einsparpotentiale sind zum Teil auf die höhere Leistungsfähigkeit des Programmiersystems zurückzuführen, das diesen Konzepten zugrundegelegt wurde. Zum Teil kommen hier auch die positiven Effekte des DNC-Rechners zum Tragen. Die zeitlichen Vorteile dürften sich bei diesen vergleichsweise komplexeren und umfangreicheren Programmen insbesondere bei der Ein- und Ausgabe der Programme (im Programmiersystem und an der Werkzeugmaschine) wie auch durch den geringeren Koordinationsaufwand beim Vorliegen unterschiedlicher Programmversionen ergeben.

(b) Werkstückbezogener Prozeßkostenvergleich
Wie die Übersicht des Kostenvergleichs für den Durchlauf der Motorplatte erkennen

läßt (vgl. Abbildung 6-6), verschlechtert sich die im Zuge der Zeitvergleiche ermittelte relative Vorteilhaftigkeit einzelner Grobkonzepte, wenn man die Zeitaufwände zur Durchführung der verschiedenen Teiltätigkeiten mit den Stundensätzen der jeweiligen Kostenstellen bzw. -plätze bewertet[44].

	CAD-Arbeitsplatz	Programmierplatz	Maschinenarbeitsplatz	Prozeßkosten
A 1	-	1,00 Std. x 71 DM	0,08 Std. x 126 DM	81 DM
A 2	-	0,91 Std. x 76 DM	0,08 Std. x 127 DM	80 DM
A 3	0,05 Std x 64 DM	0,66 Std. x 83 DM	0,08 Std. x 127 DM	68 DM
A 4	-	0,91 Std. x 67 DM	0,08 Std. x 127 DM	71 DM

Abb. 6-6: Prozeßkostenvergleich für den Durchlauf der Motorplatte

Besonders anschaulich wird dies bei einem Vergleich der Gestaltungsalternativen A3 und A4. War beim Vergleich der Zeitaufwände für die CAD/NC-Kopplung (A3) noch mit einer Reduzierung der Zeitaufwände in einer Größenordnung von 25 % zu rechnen, so läßt die Kostenprognose keine nennenswerten Unterschiede mehr zwischen den beiden Gestaltungskonzepten erwarten. Dies ist im wesentlichen darauf zurückzuführen, daß die Zeitvorteile einer Geometrieübergabe durch die kopplungsbedingte Beanspruchung des CAD-Arbeitsplatzes wie auch die relativ hohen Arbeitsplatzkosten des Programmierplatzes (incl. Schnittstelle etc.) zum Großteil kompensiert würden. Aber auch hinsichtlich der Grobkonzepte A1 und A2 ist zu erwarten, daß der Kostenvorteil einer CAD/NC-Kopplung (A3) bei weitem nicht so hoch anzusetzen ist wie deren zeitlicher Vorteil. Ließ die CAD/NC-Kopplung (A3) gegenüber den beiden anderen Gestaltungsalternativen noch einen Zeitvorteil von ca. 25 % bis 35 % erwarten, so reduziert sich dieser relative Vorteil im Rahmen der Kostenprognose auf lediglich 17 %. Die vorliegenden Ergebnisse wurden im Rahmen von Sensitivitätsanalysen daraufhin untersucht, inwieweit Änderungen zu erwarten sind, wenn die hier zugrundegelegten Annahmen über den Auslastungsgrad, die Höhe der Zeitaufwände oder die Einspareffekte einer personellen Einheit von Programmierer und Maschinen-

---

[44]   Zur Berechnung der angegebenen Kostensätze vgl. Anhang 5.

führer variiert werden. Dabei zeigte sich, daß die relative Vorteilhaftigkeit der einzelnen Gestaltungslösungen weitgehend stabil ist.

Analog zu den Ergebnissen der Zeitanalyse erwies sich für den Durchlauf der Anschweißplatte bzw. Zentrierleiste die CAD/NC-Kopplung (A3) von den betrachteten Grobkonzepten auch in kostenmäßiger Hinblick als die am wenigsten empfehlenswerte Lösung. Dies ist im wesentlichen darauf zurückzuführen, daß bei diesen beiden Werkstücken mit einer Geometriedatenübergabe aus dem CAD-System höhere Zeitaufwände verbunden wären als mit den anderen Konzepten. Demzufolge würden die Werkstücke in den jeweiligen Kostenstellen mit entsprechend höheren Kosten belastet.

	CAD-Arbeitsplatz	Programmierplatz	Maschinenarbeitsplatz	Prozeßkosten
A 1	-	2 Std. x 71 DM	0,83 Std. x 126 DM	247 DM
A 2	-	2 Std. x 76 DM	0,75 Std. x 127 DM	247 DM
A 3	0,08 Std. x 64 DM	2,5 Std. x 83 DM	0,75 Std. x 127 DM	308 DM
A 4	-	2 Std. x 67 DM	0,75 Std. x 127 DM	229 DM

Abb. 6-7:   Prozeßkostenvergleich für den Durchlauf der Anschweißplatte bzw. Zentrierleiste

Die Ergebnisse für die Grobkonzepte A1, A2 und A4 machen bei den hier vorliegenden fertigungstechnisch komplexeren Teilen "Anschweißplatte" und "Zentrierleiste" den Einfluß arbeitsorganisatorischer Maßnahmen auf das kostenseitige Ergebnis besonders deutlich. Waren im Rahmen des Zeitvergleichs keine nennenswerten Unterschiede zwischen diesen Gestaltungsalternativen zu erwarten, so ändert sich dies beim Blick auf die Kostenseite. Hier hebt sich insbesondere die Gestaltungslösung A4 von den beiden anderen Grobkonzepten ab. Die niedrigeren Prozeßkosten sind im wesentlichen darauf zurückzuführen, daß sich mit der Einrichtung eines zusätzlichen Programmierarbeitsplatzes die tatsächliche jährliche Nutzungszeit des zentralen Programmiersystems erhöhen würde. Die Höhe der Nutzungszeit ist abhängig von der zugrundeliegenden Annahme über den Auslastungsgrad des Gesamtsystems. Wie die hierzu durchgeführten Sensitivitätsanalysen ergaben, wirkt sich ein zusätzlicher Programmierplatz auch dann positiv aus, wenn der Auslastungsgrad des Systems im Vergleich zur Zwei-platz-Situation unverändert bleibt.

Diese relative Vorteilhaftigkeit der Gestaltungsalternative 4 würde sich noch weiter verbessern, wenn man von einer personellen Einheit von Programmierer und Maschinenführer ausgeht. Dies wäre bei dem zugrundeliegenden Konzept des Mischarbeitsplatzes insbesondere bei kurzen Programmierzyklen durchaus denkbar. Wie bereits dargelegt, ist davon auszugehen, daß mit Einrichtung des Mischarbeitsplatzes aufgrund der vorhandenen Personalkapazität keine programmierbedingten Maschinenstillstandszeiten entstehen. Entsprechende Kosten sind somit nicht zu berücksichtigen.

(2)   Analyse schwer quantifizierbarer Wirkungen

Gestaltungsalternative 1 (Ist-Konzept)

Pro: + *Auslastung vorhandener zentraler Programmierkapazitäten:* In der Arbeitsvorbereitung sind Programmierkapazitäten bereits vorhanden. Da diese auch mittelfristig nicht zur Disposition stehen, ist zur Vermeidung von Leerkosten auf eine weitgehende Auslastung dieser zentralen Kapazitäten zu achten. Dies ist bei diesem Konzept gewährleistet.

+ *Teilweise Entlastung von Maschinen-Facharbeitern:* Durch die zentrale Programmerstellung werden Maschinenfacharbeiter, die derzeit - aus welchen Gründen auch immer - Schwierigkeiten bei der effizienten Erstellung von NC-Programmen haben, entlastet.

Contra: - *Hoher Koordinationsaufwand der Programmverwaltung:* Derzeit werden die Programme sowohl in der Arbeitsvorbereitung wie auch in der Fertigung (maschinennah) archiviert. Um zu gewährleisten, daß in beiden Archivierungsbeständen die identischen Programmversionen vorliegen, sind hohe Koordinationsaufwände erforderlich. Dies gilt insbesondere bei den fertigungsinduzierten Modifikationen von NC-Programmen.

- *Teilweise geringe Arbeitsplatzattraktivität für Maschinen-Facharbeiter:* Für Facharbeiter, die interessiert und qualifiziert sind, NC-Programme selbst zu erstellen, ist die zentrale Programmerstellung durch Kollegen der Arbeitsvorbereitung wenig attraktiv. Sie können hier nur noch eingeschränkt ihr vorhandenes Erfahrungswissen einbringen. Es steht zu befürchten, daß sich dies negativ auf die Arbeitszufriedenheit einiger Werkstattmitarbeiter auswirkt. Ferner besteht die Gefahr, daß das Unternehmen dadurch am Arbeitsmarkt insbesondere für sehr qualifizierte und motivierte Facharbeiter an Attraktivität verliert.

Gestaltungsalternative 2 (Soll-Konzept)

Pro: + *Bedienerfreundlichere Programmerstellung:* Der Einsatz des leistungsfähigeren Programmiersystems erlaubt eine bedienerfreundlichere Programmierung als der bisher eingesetzte Programmeditor.

 + *Höhere Flexibilität der Maschinenbelegung:* Der Einsatz des sog. JOKERs ermöglicht die Generierung maschinenunabhängiger Programme. Dadurch erhöht sich die Flexibilität der Maschinenbelegung.

 + *Geringerer Koordinationsaufwand zur Programmverwaltung:* Der Einsatz des DNC-Rechners erlaubt eine komfortablere Verwaltung der NC-Programme. Dies gilt sowohl für den Austausch der Programme zwischen Arbeitsvorbereitung und Fertigung als auch die Archivierung der Programme. Diese erfolgt nur noch zentral in der Arbeitsvorbereitung, da keine Ablage von Lochstreifen mehr erforderlich ist.

Contra: - *Teilweise geringe Arbeitsplatzattraktivität für Maschinen-Facharbeiter:* siehe oben

Gestaltungsalternative 3 (Soll-Konzept)

Pro: + *Reduzierung von Übertragungsfehlern:* Die Geometrieübernahme vom CAD- ins NC-Programmiersystem macht eine manuelle Eingabe der Geometrieinformationen entbehrlich. Dadurch kann eine Quelle von Übertragungsfehlern ausgeschlossen werden.

Contra: - *Erhöhung der Systemkomplexität:* Mit der zunehmenden Komplexität der technischen Systeme dürften sich tendenziell die Zugriffs- und Wartezeiten wie auch die technische Störanfälligkeit erhöhen. Letzteres geht einher mit einem Anstieg der Aufwendungen für Betrieb und Pflege der Systeme.

 - *Reduzierung der Fertigungsflexibilität:* Mit der zunehmenden Realisierung rechnergestützter Fertigungsstrukturen dürfte sich tendenziell der Aufwand für kurzfristig notwendig werdende manuelle Eingriffe in den Fertigungsablauf erhöhen.

Gestaltungsalternative 4 (Soll-Konzept)

Pro: + *Erhöhung der Arbeitsplatzattraktivität in der Fertigung:* Die Zuordnung von Programmiertätigkeiten an Maschinenführer bildet ein wichtiges Element zum Erhalt ganzheitlicher Arbeitsinhalte und qualifizierter Arbeitsplätze. Die Übertragung von Verantwortung für die NC-Programme stellt für viele Mitarbeiter eine fachliche und persönliche Herausforderung und damit ein wichtiges Element der Arbeitszufriedenheit dar. Die Einrichtung qualifizierter Arbeitsplätze in der Fertigung kann sich positiv auf die Attraktivität des Unternehmens auf dem Arbeitsmarkt auswirken.

+ *Förderung des bereichsübergreifenden Denkens:* Dadurch, daß dieses Konzept einen Mischarbeitsplatz von Arbeitsvorbereitung und Fertigung vorsieht kann er einen wichtigen Beitrag zur Entwicklung und Förderung bereichsübergreifender Denk- und Verhaltensweisen leisten.

+ *Erhöhung der Personaleinsatzflexibilität:* Mitarbeiter, die motiviert und qualifiziert sind, sowohl Programmier- wie auch Maschinentätigkeiten zu übernehmen, sind vielseitiger einsetzbar. Dies könnte sich insbesondere im Hinblick auf Auftragsschwankungen positiv auswirken.

Contra: - *Qualifizierungsaufwand:* Für die Einrichtung eines Mischarbeitsplatzes zur Programmierung durch Maschinenführer sind entsprechende Qualifizierungsmaßnahmen notwendig. Je größer der Kreis der für die Programmierung in Frage kommenden Mitarbeiter, desto höher die Aufwände für die Qualifikation.

6.2.1.5 Zusammenfassende Bewertung

Die durchgeführten Zeit- und Kostenvergleiche lassen für den Großteil der im Unternehmen zu bearbeitenden prismatischen Werkstücke keine nennenswerten quantifizierbaren Vorteile einer CAD/NC-Kopplung erwarten. Dies wird am Beispiel der für den quasi-experimentellen Werkstückdurchlauf ausgewählten Teile 2 und 3, die etwa zwei Drittel aller zu bearbeitenden Frästeile repräsentieren, deutlich. In Einzelfällen dürfte eine Übernahme von CAD-Geometriedaten ins NC-Programmiersystem sogar mit einem erhöhten Zeit- und Kostenaufwand verbunden sein. Darüber hinaus deutete sich an, daß das Ausschöpfen vorhandener Einsparpotentiale einer CAD/NC-Kopplung, wie sie sich im quasi-experimentellen Werkstückdurchlauf beispielsweise für Teil 1 andeuteten, im Unternehmen derzeit nur bedingt möglich ist. Folgende unternehmensspezifische Rahmenbedingungen zeichnen sich als Hindernisse ab:

• Für Werkstücke mit einer 2½D-Fräsbearbeitung existieren bislang kaum CAD-Zeichnungen. Lediglich ca. 2 % aller 'aktiven' Konstruktionszeichnungen (von Werkstücken mit Fräsbearbeitung) liegen derzeit als CAD-Datei vor.

• Da lediglich ein Drittel aller Frästeile an numerisch gesteuerten Fräsmaschinen bearbeitet wird, ist nicht sichergestellt, daß für Werkstücke, die als CAD-Zeichnung vorliegen, überhaupt ein NC-Programm zu erstellen ist. Eine CAD-Geometriedatenübergabe ist somit nicht in jedem Fall sinnvoll.

Vor dem Hintergrund dieser betrieblichen Gegebenheiten wurde der Nutzen einer CAD/NC-Kopplung für die Bearbeitung prismatischer Frästeile eher skeptisch eingeschätzt. Ein größeres Nutzenpotential einer CAD-Geometriedatenübergabe sahen die betrieblichen Experten allerdings für die im Unternehmen zu bearbeitenden Brennteile. Da etwa ein Viertel aller Werkstücke in der mechanischen Fertigung durch Brennschneiden bearbeitet werden, dürfte eine CAD/NC-Kopplung für dieses Bearbeitungsverfahren eine geeignetere Einstiegsmöglichkeit in die computerintegrierte Fertigung bieten als das 2½-D-Fräsen.

Im Zuge der durchgeführten Planungs- und Bewertungsaktivitäten wurde ferner deutlich, daß zumindest ein Teil der mit einer CAD/NC-Kopplung anvisierten Ziele auch durch andere Maßnahmen erreicht werden können. So wurde beispielsweise bereits mit der Einführung des neuen Programmiersystems (insbesondere wegen des sog. JOKER) die Maschineneinsatzflexibilität gegenüber der bisherigen Situation verbessert. Darüber hinaus zeichneten sich in einer weiteren Standardisierung von Werkstücken und Baugruppen erhebliche Einsparpotentiale für die CAD/NC-Prozeßkette ab. Da damit aber das Aufkommen an Wiederholteilprogrammen erheblich steigen dürfte, reduziert sich auch das Anwendungspotential für eine CAD-Geometrieübernahme. Ist bereits ein NC-Programm vorhanden, ist bei Wiederholfertigung eine Neuerstellung - ob mit oder ohne CAD/NC-Kopplung - hinfällig.

Vor diesem Hintergrund entschied sich das Projektteam dafür, auf absehbare Zeit das Gestaltungskonzept (A2), das während der Projektlaufzeit realisiert worden war, beizubehalten. Dagegen soll nach Aussage des Fertigungsleiters dem Gestaltungskonzept A4, für das neben den qualitativen Argumenten zumindest vergleichbare, wenn nicht gar bessere quantitative Ergebnisse zu erwarten sind, eher mittelfristig stärkere Beachtung geschenkt werden. Dies macht zweierlei deutlich: Zum einen, daß im Unternehmen am Beispiel der stärkeren Einbindung von Facharbeitern in die NC-Programmierung durchaus über die Reduzierung von Arbeitsteilung nachgedacht wird. Zum anderen, daß aber trotz der positiven Erwartungen einer solchen Maßnahme, diese nicht - zumindest nicht kurzfristig - umgesetzt wird. Dieses Zögern dürfte unter anderem darauf zurückzuführen sein, daß man von Seiten der Fertigungsleitung und des Meisters den Bereichen NC-Programmierung und NC-Fertigung innerhalb eines kürzeren Zeitraums nicht mehrere Neuerungen zumuten bzw. diese nicht überfordern möchte. In Anbetracht der erst kürzlich erfolgten Einführung eines neuen NC-Programmier-systems und den Schwierigkeiten, die in der Werkstatt vereinzelt noch im Umgang mit den CNC-Maschinen auftreten, stand dies zu befürchten.

Des weiteren wurde im Projektteam das Interesse geäußert, eine CAD/NC-Kopplung mittelfristig für das Bearbeitungsverfahren Brennscheiden ins Auge zu fassen. Die tendenziell hohen Geometrie- und geringen Technologieanteile der zu bearbeitenden Brennteile versprechen höhere Nutzenpotentiale als die CAD-Datenübernahme bei prismatischen Frästeilen. In Anbetracht der Bedeutung des Brennschneidens innerhalb der mechanischen Fertigung des Unternehmens ist von einem entsprechenden Anwendungspotential auszugehen.

6.2.2   Unternehmen B: Ein Hersteller drahtverarbeitender Maschinen

Das Unternehmen ist ein Hersteller drahtverarbeitender Maschinen. Das Produktions-programm umfaßt über 3.000 Ein- und Mehrzweckautomaten, Maschinenkombina-tionen und Fertigungsstraßen für die verschiedensten Anwendungen der Drahtverarbei-tung. Die durchschnittlich zu bearbeitenden Losgrößen kennzeichnen das Unternehmen als typischen Einzel- bzw. Kleinserienfertiger. Im Jahr 1990 wurde mit 980 Mitarbei-tern ein Umsatz von 140 Mio. DM erzielt.

6.2.2.1 Betriebliche Rahmenbedingungen

(a) Einsatz von CAD: Der Einstieg in die CAD-Technologie erfolgte im Jahr 1989 mit der Software Sigraph der Fa. Siemens. Seit dieser Zeit stehen in der mechanischen Konstruktion neun CAD-Arbeitsplätze zur Verfügung. Diese werden im Wechsel von 35 Mitarbeitern genutzt. Das Erstellen der CAD-Zeichnungen erfolgt in Form von 2D-Linienmodellen. Die Werkstücke werden so gezeichnet, daß geschlossene Konturzüge vorliegen. Ein unidirektionales Richten der Konturzüge findet nicht statt. Die Ablage einzelner Geometrieinformationen auf definierten CAD-Layern ist vereinbart. Der Bestand sog. aktiver Konstruktionszeichnungen für Werkstücke mit Fräsbearbeitung betrug im November 1991 insgesamt ca. 8.500 Zeichnungen. Davon lag annähernd ein Viertel als CAD-Zeichnung vor. Es ist davon auszugehen, daß sich der CAD-Zeich-nungsbestand jährlich um 700 bis 800 Zeichnungen erhöht.

(b) Einsatz der CNC-Technologie: Die CNC-Technologie kommt innerhalb der mechanischen Fertigung bei den Bearbeitungsverfahren Drehen, Bohren/Fräsen sowie Brennschneiden zur Anwendung. Zur Fräsbearbeitung stehen zehn CNC-Maschinen zur Verfügung. Diese werden ausschließlich von Facharbeitern bedient.

Das Erstellen der NC-Programme erfolgt sowohl in technischer als auch in arbeitsorganisatorischer Hinsicht nicht für alle Bearbeitungsverfahren einheitlich. NC-Programme für die Drehbearbeitung werden nahezu ausschließlich durch Maschinenführer dezentral an den Werkzeugmaschinen erstellt. Aufgrund der guten Dialogsteuerungen kann das im Unternehmen zu fertigende Drehteilspektrum auf diese Weise schneller erstellt werden als in der Arbeitsvorbereitung. Die quantitative Bedeutung der Programmierung von Drehteilen ist allerdings mit einem Anteil von ungefähr 5 % am gesamten Programmieraufkommen vergleichsweise gering. Zentrale Bedeutung gewinnt dagegen die Programmerstellung für die Bearbeitungsverfahren Brennschneiden und Bohren/Fräsen. Während auf das Brennschneiden ca. 15 % des Programmieraufkommens entfallen, sind dies für die Bohr-/Fräsbearbeitung nahezu 80 %. Bei der Mehrzahl der Frästeile handelt es sich um Neuteile. Der Änderungsanteil liegt bei ca. 30 %, der Variantenanteil bei ca. 30 % aller Werkstücke. Die entsprechenden NC-Programme werden zentral in der NC-Programmierung (Arbeitsvorbereitung) erstellt. Dort sind acht Mitarbeiter mit der Programmierung betraut. Jedem NC-Programmierer steht dort ein eigener Programmierplatz (NC-Programmiersystem Sicam) zur Verfügung. Im Erhebungszeitraum existierten ungefähr 6.200 aktive NC-Programme für die Bearbeitungsverfahren Bohren/Fräsen, zu denen jährlich zwischen 400 bis 600 neue Programme hinzukommen. Die Programme weisen einen durchschnittlichen Umfang von ca. 1.000 DIN-Sätzen auf. Die Programmlänge reicht von 100 bis zu 10.000 DIN-Sätzen je Programm. Die zentral erstellten NC-Programme liegen als Quellprogramme vor und sind damit weitgehend maschinenneutral verwendbar. Die Quellprogramme werden mit Hilfe von Postprozessoren in steuerungsspezifische Programmcodes übersetzt. Es sind sechs Postprozessoren und ein Generalpostprozessor installiert.

(c) Spektrum der zu bearbeitenden Frästeile: Der Anteil zu bearbeitender Bohr- bzw. Frästeile am gesamten Werkstückspektrum beträgt ungefähr 80 %. Bei nahezu 55 % dieser Frästeile handelt es sich um sogenannte Kleinteile, während 30 % als mittelgroße und 15 % als große Teile zu bezeichnen sind. Die Losgröße pro Fertigungsauftrag reicht von einem bis maximal zwanzig Stück. Mit einer durchschnittlichen Losgröße von 4 Teilen je Fertigungsauftrag ist das Unternehmen als klassischer Kleinserienfertiger zu charakterisieren.

6.2.2.2 Ziele und Erwartungen

Die Erwartungen im Hinblick auf die Übergabe von CAD-Daten in das NC-Programmiersystem richteten sich in erster Linie an folgenden Effekte:

- *Verkürzung der Programmerstellungszeiten:* Durch den Rückgriff auf bereits im CAD vorhandene Werkstückdaten entfällt eine erneute Geometrieeingabe oder auch die Berechnung einzelner Koordinatenwerte. Es ist zu erwarten, daß sich dadurch insbesondere bei geometrisch komplexen Teilen Programmierzeiten reduzieren lassen.

- *Reduzierung von Übertragungsfehlern:* Durch eine datentechnische Übergabe von Werkstückinformationen könnten Übertragungsfehler, die bei einer manuellen Eingabe derzeit gelegentlich auftreten, reduziert bzw. gänzlich ausgeschlossen werden. Dies dürfte sich insbesondere bei Werkstücken mit zahlreichen Bohrungen bemerkbar machen.

- *Schrittweise Realisierung rechnerintegrierter Fertigungsstrukturen:* Die Kopplung von CAD- und NC-System könnte ein erster Schritt auf dem Weg zur rechnerintegrierten Fertigung im Unternehmen sein. Von ihr werden daher wichtige Impulse für eine stärker bereichsübergreifend ausgerichtete Anwendung der im Unternehmen bereits vorhandenen C-Technologien erwartet. Der stärkeren Berücksichtigung bereichsübergreifender Aspekte bei der Anwendung vorhandener C-Technologien wurde eine große Bedeutung beigemessen. Einerseits, um die Nutzenpotentiale dieser Technologien ausschöpfen zu können. Andererseits, um zu verhindern, daß sich einzelne Bereiche in der jeweiligen Technikanwendung zu sehr an den bereichsspezifischen Anforderungen orientieren und dabei die Anforderungen nach- oder nebengelagerter Bereiche unberücksichtigt lassen. Hierdurch werden teilweise technische Fakten geschaffen (z.B. keine NC-gerechten CAD-Bestände), die auch mittelfristig einen bereichsübergreifenden Datenaustausch erschweren.

Im Hinblick auf die beiden erstgenannten Ziele ist zu bemerken, daß sich diese Erwartungen mehr auf Bohrbearbeitungen als auf das Fräsen prismatischer Teile bezogen.

6.2.2.3 Unternehmensspezifische Integrationskonzepte

Die in Betracht gezogenen technisch-organisatorischen Grobkonzepte stellen sich wie folgt dar (vgl. auch Abbildung 6-8):

(1) Gestaltungsalternative A1 (Ist-Konzept): Eine datentechnische Vernetzung der Bereiche Konstruktion, Arbeitsvorbereitung und Fertigung existiert nicht. Die Über-

mittlung der in der mechanischen Konstruktion mit Hilfe des CAD-Systems erzeugten Werkstückbeschreibungen erfolgt mittels konventioneller Zeichnungsausdrucke. Diese dienen in der NC-Programmierung (Arbeitsvorbereitung) als Arbeitsgrundlage für das Erstellen von NC-Programmen, indem dort die NC-relevante Werkstückgeometrie zusammen mit technologischen Daten manuell ins NC-Programmiersystem eingegeben wird. Der überwiegende Teil der beim Erstellen von NC-Programmen anfallenden Aufgaben sind den NC-Programmierern der Arbeitsvorbereitung zugeordnet. Eine Ausnahme bildet lediglich das Testen und Optimieren der Programme an den Werkzeugmaschinen. Diese Tätigkeit erfolgt in der Regel durch Maschinenführer, die (bei sehr komplexen Bearbeitungsaufgaben) gegebenenfalls von NC-Programmierern unterstützt werden.

Die Ausgabe und Dokumentation der NC-Programme erfolgt in Form von Lochstreifen oder Disketten, die ergänzt werden durch Programmausdrucke auf Papier. Bei der Verwendung von Disketten als Datenträger wird mit einem PC und einem entsprechenden Datenübertragungsprogramm gearbeitet. Das Erstellen der Einrichteblätter obliegt, wie die NC-Programmierung, der Arbeitsvorbereitung und erfolgt, mit Ausnahme der Spannpläne, maschinell. Die Datenträger (Lochstreifen bzw. Diskette und Programmausdruck) gelangen mit dem entsprechenden Fertigungsauftrag von der Arbeitsvorbereitung in die Fertigung. Dort werden die NC-Programme durch Maschinenführer an den Werkzeugmaschinen eingefahren und gegebenenfalls im Hinblick auf fertigungstechnologische Aspekte (fein-)optimiert. Programmodifikationen dieser Art werden in zweifacher Weise dokumentiert: zum einen durch handschriftliche Anmerkungen auf dem Originalprogrammausdruck, zum anderen durch die Datenausgabe auf Diskette bzw. das Erstellen eines Lochstreifens des feinoptimierten NC-Programms.

Nach Abarbeitung des Fertigungsauftrags geht die feinoptimierte Programmversion in Form von Lochstreifen bzw. Disketten und Programmausdruck wieder zurück in die Arbeitsvorbereitung. Vor der Archivierung des Programms vergleicht der zuständige NC-Programmierer mit softwaretechnischer Unterstützung das ursprünglich bereitgestellte mit dem zurückgegebenen Programm. Die Änderungen werden im Quellprogramm nachgeführt und archiviert, so daß das Quellprogramm mit dem maschinenspezifischen Programm identisch ist. Die physische Ablage der Quellprogramme bzw. Lochstreifen oder Disketten erfolgt ausschließlich in der Arbeitsvorbereitung. Um den Archivierungsaufwand so gering wie möglich zu halten, ist die Dokumentation dabei auf Programme größeren Umfangs beschränkt. Für weniger umfangreiche Programme werden bei Bedarf auf der Grundlage der entsprechenden Quellprogramme neue Lochstreifen ausgestanzt.

(2) Gestaltungsalternative A2 (Soll-Konzept): Im Unterschied zum Ist-Konzept ist hier eine DV-gestützte Vernetzung der Bereiche Konstruktion, Arbeitsvorbereitung und Fertigung vorgesehen. Diese erfolgt zum einen durch eine Übergabe der CAD-Daten aus dem CAD- in das NC-Programmiersystem per standardisierter Datenschnittstelle. Zum anderen durch den Einsatz eines DNC-Rechners zum Austausch der NC-Programme zwischen Arbeitsvorbereitung (NC-Programmierung) und Fertigung.

Notwendige Voraussetzung einer effizienten Datenübergabe ist das NC-gerechte Erstellen von CAD-Dateien in der Konstruktion. Während die Ausführung dieser Tätigkeit einem Technischen Zeichner obliegt, ist ein Konstrukteur für die Kontrolle bzw. die Richtigkeit der erstellten Zeichnung verantwortlich. Zur Übernahme der CAD-Dateien greifen die NC-Programmierer mit Hilfe einer genormten Schnittstelle auf das gemeinsame Zeichnungs- bzw. Datenarchiv zu. Die so ins NC-System übernommenen Fertigteilgeometrien werden von NC-Programmierern NC-gerecht aufbereitet.

Die Übertragung der NC-Programme zwischen arbeitsvorbereitendem und fertigendem Bereich erfolgt per DNC-Rechner. NC-Programme, die in die CNC-Steuerung übertragen werden sollen, werden dazu zunächst aus dem NC-Programmarchiv geladen und per DNC in den Speicher der entsprechenden Steuerungen übertragen. Programmtest und -optimierung erfolgen unverändert durch die Maschinenbediener an der Werkzeugmaschine. Gegebenenfalls werden diese durch NC-Programmierer unterstützt. Die Rückübertragung der gegebenenfalls vom Maschinenführer optimierten NC-Programme von der Maschinensteuerung in den zentralen NC-Programmspeicher übernimmt ebenfalls der DNC-Rechner. Der Arbeitsvorbereitung kommt dabei die Aufgabe zu, mit Hilfe softwaretechnischer Instrumente das ursprünglich bereitgestellte mit dem zurückgelegten NC-Programm zu vergleichen. Es obliegt der NC-Programmierung, inwieweit fertigungsinduzierte Programmänderungen dokumentiert werden. Grundsätzlich ist sicherzustellen, daß die Geometrieanweisungen des Quellprogramms dem maschinenspezifischen Programm entsprechen.

Nach übereinstimmender Meinung innerhalb des Projektteams kommen für die Gestaltung der CAD/NC-Prozeßkette zur Bearbeitung prismatischer Frästeile nur diese beiden Gestaltungskonzepte in Betracht. Das Andenken weiterer Alternativen wurde

	Ist-Konzept (A1)	Soll-Konzept (A2)
WER programmiert NC-Programmierer Maschinenführer	X	X
WO NC-Programmierung (AV) Maschinennah Werkzeugmaschine	X	X
mit welchen Hilfsmitteln Maschinell mit Zeichnung Manuell Maschinell mit CAD-Daten	X	X
WEM obliegt die Entscheidungskompetenz zur Dokumentation feinoptimierter Programme AV-Programmierer Maschinenführer	X	X

Abb. 6-8: Gestaltungsalternativen der Prozeßkette "CAD-Konstruktion - NC-Programmierung - NC-Fertigung" für die Frästeilbearbeitung im Unternehmen B

darüber hinaus mit dem Hinweis auf die hohe Arbeitsbelastung durch das Tagesgeschäft für wenig sinnvoll erachtet. Da das Unternehmen im Drehbereich der mechanischen Fertigung langjährige Erfahrungen mit der dezentralen Programmerstellung hat, steht zu vermuten, daß diese implizit diese Einschätzung mitbegründeten.

6.2.2.4 Bereichsübergreifende Wirkungsanalyse

Für die Realisierung des Werkstückdurchlaufs wurden durch Mitglieder des Projektteams drei repräsentative Frästeile aus dem Fertigungsspektrum des Unternehmens ausgewählt. Diese lassen sich im einzelnen wie folgt beschreiben:

	Teil 1	Teil 2	Teil 3
Benennung	Motorplatte	Führung	Schlitten
Anzahl Aufspannungen	1	2	4
Anzahl eingesetzter Werkzeuge	8	11	17
Anzahl Bearbeitungsflächen	1	2	4
Maße (mm)	575 x 245 x 15	207 x 45 x 32	370 x 110 x 45
sonstige Anmerkung	--	Teil manuell vor-gefräst	Teil manuell auf 1 mm vorgefräst
Rüstzeit (Stunden)	0,80	1	1,75
Stückzeit (Stunden)	1,13	0,77	1,80
Anteil vergleichbarer Werk-stücke am gesamten Frästeil-spektrum	35 %	25 %	10 %
Anteil beanspruchter Program-mierkapazität am gesamten Programmaufkommen	30 %	30 %	20 %

Abb. 6-9: Beschreibung der ausgewählten Frästeile in Unternehmen B

(1)   Analyse quantifizierbarer Wirkungen

(a)   Werkstückbezogener Zeitvergleich

Wie der Übersicht der werkstückbezogenen Zeitvergleiche (Abbildung 6-10) zu entnehmen ist, deuten sich für alle drei repräsentativen Werkstücke zeitliche Einsparpotentiale mit der Realisierung einer CAD/NC-Kopplung gegenüber dem vorhandener
Gestaltungslösung an. Die nachfolgende Darstellung der Einzelergebnisse gibt Aufschlüsse über die werkstückspezifischen Ursachen dieser Einsparpotentiale. Sie macht
aber auch deutlich, daß die mit einer CAD/NC-Kopplung realisierbaren Zeiteinsparungen zum Teil an bestimmte Voraussetzungen geknüpft sind.

Bei der Motorplatte (Teil 1) handelt es sich aus Sicht der Konstruktion, der Arbeitsvorbereitung und Fertigung um ein vergleichsweise einfaches Werkstück. Nach Einschätzung der befragten betrieblichen Experten ist zu erwarten, daß sich bei einer
CAD/NC-Kopplung die Zeitaufwände bis zum Erstellen eines lauffähigen NC-Programms gegenüber der bislang erforderlichen Zeit um etwa die Hälfte reduzieren läßt.

Werkstück	Teiltätigkeiten	Ist-Konzept	Soll-Konzept
Teil 1 **Motor-** **platte**	- NC-gerechtes Erstellen der CAD-Datei - Separieren u. Aufbereiten - Erzeugen d. Werkstückgeometrie - Programmieren Fert.technologie - Simulation - Programmtest u. -optimierung - Programmverwaltung SUMME	-- -- 90 min. 10 min. 2 min. 50 min. 5 min. 157 min.	-- 20 min. -- 10 min. 2 min. 48 min. 3 min. 83 min.
Teil 2 **Führung**	- NC-gerechtes Erstellen der CAD-Datei - Separieren u. Aufbereiten - Erzeugen d. Werkstückgeometrie - Programmieren Fert.technologie - Simulation - Programmtest u. -optimierung - Programmverwaltung SUMME	-- -- 90 min. 10 min. 3 min. 34 min. 10 min. 147 min.	15 min. 35 min. -- 10 min. 3 min. 29 min. 6 min. 98 min.
Teil 3 **Schlitten**	- NC-gerechtes Erstellen der CAD-Datei - Separieren u. Aufbereiten - Erzeugen d. Werkstückgeometrie - Programmieren Fert.technologie - Simulation - Programmtest u. -optimierung - Programmverwaltung SUMME	-- -- 180 min. 15 min. 6 min. 111 min. 15 min. 327 min.	30 min. 85 min. -- 15 min. 6 min. 103 min. 7 min. 246 min.

Abb. 6-10:   Werkstückbezogener Zeitvergleich der Grobkonzepte in Unternehmen B

Dieser Effekt ist allerdings nicht auf die Übernahme der kompletten Werkstückkontur, sondern auf die von Koordinatenwerten für die Bohrungen und je zwei Hilfspunkte zur Beschreibung der beiden Werkstückradien zurückzuführen. Dadurch würde die bislang notwendige zeitintensive Berechnung der Koordinatenpunkte entfallen. Zudem ließen sich Übertragungsfehler hierdurch nahezu ausschließen. Die Übernahme der Hilfspunkte aus dem CAD-System würde bei der NC-Programmierung die Definition von Start- bzw. Endpunkten der Werkzeuge wesentlich erleichtern und damit zu kürzen Programmierzeiten führen. Da bei diesem Werkstück keine Bearbeitung der Außenkontur stattfindet, wäre eine Übernahme der Kontur aus der CAD-Datenbasis hier ohne Nutzen.

Voraussetzung für die Übernahme der beiden Hilfspunkte aus der CAD-Datenbasis ist allerdings, daß diese zusätzlich zur üblichen Werkstückbeschreibung bereits in der Konstruktion ermittelt werden. Eine solche Berücksichtigung NC-spezifischer Anforderungen erfordert aber in hohem Maße fertigungstechnische Qualifikationen, über die Konstrukteure bzw. Technische Zeichner in der Regel nicht verfügen. Daher ist eine Übernahme entsprechender Hilfspunkte vom CAD- ins NC-System nach übereinstimmender Einschätzung von Vertretern der Konstruktion und der NC-Programmierung nur nach werkstückspezifischen Absprachen zwischen beiden Funktionsbereichen möglich.

Bei Teil 2 (Führung) handelt es sich nach Einschätzung von Konstruktion, NC-Programmierung und Fertigung gleichfalls um ein relativ einfaches Teil. Im Unterschied zur Motorplatte ist dieses Teil vor einer CNC-Bearbeitung allerdings manuell vorzufräsen. Darüber hinaus sind zur Fertigung zwei Aufspannungen erforderlich. Um bei diesem Werkstück eine effiziente Geometriedatenübergabe vom CAD-System ins NC-Programmiersystem zu gewährleisten, wäre das Zeichnen zweier zusätzlicher Werkstückansichten erforderlich, d.h. in der Konstruktion wären zusätzlich zu den üblicherweise dort bislang bereits gezeichneten Ansichten noch eine Drauf- und eine Seitenansicht zu erstellen. Trotz der damit verbundenen Erhöhung des Zeichnungsaufwands in der Konstruktion um etwa 15 min. ist davon auszugehen, daß sich beim Grobkonzept A2 (CAD/NC-Kopplung und DNC-Rechner) der Gesamtaufwand der Programmerstellung für dieses Werkstück gegenüber der bisherigen Gestaltungslösung um etwa ein Drittel reduziert.

Gegenüber den beiden ersten Werkstücken stellt Teil 3 (Schlitten) ein Werkstück mittlerer Komplexität dar. Diese ergibt sich im wesentlichen aufgrund der Anzahl erforderlicher Bearbeitungswerkzeuge, der verschiedenen Aufspannungen sowie der zum Teil eng tolerierten Passungen. Die Realisierung von Grobkonzept A2 verspricht bei der Bearbeitung dieses Werkstücks eine Reduzierung des bisherigen Zeitaufwands von etwa 25 %. Entscheidende Voraussetzung hierfür ist allerdings auch bei diesem Werkstück, daß auf eine NC-gerechte Werkstückbeschreibung im CAD zurückgegriffen werden kann. Um dies zu gewährleisten, wären für das vorliegende Werkstück drei zusätzliche Ansichten (zu den sonst üblichen) zu erstellen. Dies ist notwendig, um für die Programmerstellung im NC-System jede Anfräsung der drei Achsen (ohne verdeckte Kante) als Geometrie verfügbar zu haben. Hierfür ist in der Konstruktion mit einem Zusatzaufwand von etwa 30 min. zu rechnen. Aufgrund der mit einer CAD/NC-Kopplung realisierbaren Einsparpotentiale ist insgesamt allerdings dennoch mit einer Reduzierung des Zeitaufwands zu rechnen.

(b) Werkstückbezogener Prozeßkostenvergleich

Aufgrund der relativ umfangreichen zeitlichen Einsparpotentiale erweist sich auch bei einer prozeßkostenmäßigen Betrachtung des Durchlaufs der ausgewählten Werkstücke das Grobkonzept A2 als vorteilhaft gegenüber der vorhandenen Gestaltungslösung (vgl. Abbildung 6-11)[45]. Allerdings reduziert sich auch hier der relative Vorteil der CAD/NC-Kopplung gegenüber den beim Zeitvergleich ermittelten Ergebnissen.

Werk-stück	Integrations-konzept	CAD-Arbeits-platz	Programmierplatz	Maschinenarbeits-platz	Prozeß-kosten
Teil 1 **Motor-** **platte**	Ist-Konzept	--	1,78 Std.x57 DM	0,83 Std.x114 DM	196 DM
	Soll-Konzept	--	0,58 Std.x60 DM	0,80 Std.x115 DM	127 DM
Teil 2 **Führung**	Ist-Konzept	--	1,88 Std.x57 DM	0,56 Std.x114 DM	171 DM
	Soll-Konzept	0,25 Std.x78 DM	0,90 Std.x60 DM	0,48 Std.x115 DM	129 DM
Teil 3 **Schlitten**	Ist-Konzept	--	3,60 Std.x57 DM	1,85 Std.x114 DM	416 DM
	Soll-Konzept	0,50 Std.x78 DM	1,88 Std.x60 DM	1,71 Std.x115 DM	348 DM

Abb. 6-11: Werkstückbezogener Prozeßkostenvergleich in Unternehmen B

Waren beim isolierten Vergleich der Zeitaufwände von der Gestaltungsalternative A2 noch Einsparungen in einer Größenordnung von 47 % (bei Teil 1), 33 % (Teil 2) und 25 % (Teil 3) gegenüber der vorhandenen Gestaltungslösung A1 zu erwarten, so reduzieren sich diese bei einer kostenseitigen Betrachtung auf eine Größenordnung zwischen 35 % und 16 %. Dies ist im wesentlichen darauf zurückzuführen, daß die Zeitvorteile einer Geometrieübergabe durch die kopplungsbedingte Beanspruchung des (teueren) CAD-Arbeitsplatzes wie auch die relativ hohen Arbeitsplatzkosten des Programmierplatzes (incl. Schnittstelle etc.) zum Großteil kompensiert werden.

---

[45] Zur Berechnung der Kostensätze vgl. Anhang 6.

(2) Analyse schwer quantifizierbarer Wirkungen

Gestaltungsalternative A1 (Ist-Konzept)

Pro: + *Organisch gewachsene Lösung:* Das vorhandene Integrationskonzept stellt eine über viele Jahre organisch gewachsene Lösung dar. Diese hat sich bewährt und verfügt über eine breite Akzeptanz bei den Mitarbeitern.

Contra: - *Getrennte Entwicklung von CAD-Arbeit und Kopplungsthematik:* Bei der Beibehaltung dieses Konzeptes besteht die Gefahr, daß sich die CAD-Arbeit in den nächsten Jahren gänzlich losgelöst von der Kopplungsthematik entwickelt. Im Hinblick auf eine strategiekonforme Realisierung bereichsübergreifender rechnergestützter Fertigungsstrukturen könnte sich dies als sehr nachteilig erweisen.

Gestaltungsalternative A2 (Soll-Konzept)

Pro: + *Reduzierung von Übertragungsfehlern:* Die Geometrieübernahme vom CAD- ins NC-Programmiersystem macht eine manuelle Eingabe der Geometrieinformationen entbehrlich. Dadurch kann eine wichtige Quelle von Übertragungsfehlern ausgeschlossen werden.

+ *Ansatzpunkt zur Realisierung rechnerintegrierter Fertigungsstrukturen:* Die datentechnische Integration ist ein wichtiger Ansatzpunkt für einen abgestimmten Einsatz der im Unternehmen derzeit eher isoliert bzw. bereichsorientiert eingesetzten C-Technologien. Dies ist erforderlich, um die vorhandenen Nutzenpotentiale dieser Technologien ausschöpfen zu können.

6.2.2.5 Zusammenfassende Bewertung

Die quasi-experimentellen Werkstückdurchläufe lassen bei allen drei Werkstücken sowohl zeitliche als auch kostenmäßige Einsparpotentiale einer CAD/NC-Kopplung (A2) erkennen. Da die ausgewählten Werkstücke ungefähr zwei Drittel der im Unternehmen zu bearbeitenden Frästeile repräsentieren ist generell ein hohes Nutzenpotential dieser technisch-organisatorischen Gestaltungslösung zu konstatieren.

Die Gespräche zeigten allerdings auch, daß diese generellen Nutzenpotentiale einer CAD/NC-Kopplung aufgrund unternehmensspezifischer Rahmenbedingungen nicht in vollem Umfang ausgeschöpft werden können. So dürfte sich beispielsweise die Übergabe von Bezugs- bzw. Hilfspunkten aus dem CAD-System, die die Einsparpotentiale bei Teil 1 (Motorplatte) wesentlich begründeten, im betrieblichen Alltag nicht in vergleichbarer Art realisieren lassen wie im Rahmen des quasi-experimentellen Teiledurchlaufs. Der Aufwand für werkstückspezifische Rücksprachen zwischen Konstruktion und NC-Programmierung, der notwendig ist, um bereits in der Konstruktion NC-relevante Bezugspunkte zu berücksichtigen, dürfte hier ein großes Hindernis sein. Eine (zumindest teilweise) räumliche Zusammenlegung von CAD-Konstruktion und NC-Programmierung könnte den damit verbunden Aufwand zwar reduzieren, letztlich aber nicht gänzlich aufheben.

Des weiteren steht der Ausschöpfung der hier ermittelten Nutzenpotentiale der vorhandene CAD-Zeichnungsbestand entgegen. Von den Zeichnungen mit 2½D-Fräsbearbeitungen liegen lediglich etwa ein Viertel in Form von CAD-Zeichnungen vor. Wenngleich zu erwarten ist, daß dieser Anteil in Zukunft kontinuierlich zunimmt, wird der CAD-Zeichnungsbestand zumindest auf absehbare Zeit (in der auch noch konventionell gezeichnet werden wird) eine wesentliche Restriktion für die Ausschöpfung der Nutzenpotentiale einer CAD/NC-Kopplung im Unternehmen darstellen. Ähnliches gilt auch aufgrund der hohen Bedeutung, die nach wie vor der konventionellen Fräsbearbeitung im Unternehmen zukommt. Da die Nutzenpotentiale einer CAD/NC-Kopplung nur bei Fertigung von Neuteilen vorhanden sind, reduzieren die im Unternehmen zu fertigenden Wieder- und Variantenteile, die zusammen etwa die Hälfte aller Fertigungsaufträge ausmachen, die Möglichkeiten einer breiten Realisierung der im Rahmen der quasi-experimentellen Werkstückdurchläufe ermittelten Ergebnisse.

Wenngleich andere Projekte, wie beispielsweise die Digitalisierung vorhandener Zeichnungsbestände, im Unternehmen gegenüber einer CAD/NC-Kopplung im Untersuchungszeitraum als prioritär eingestuft wurden und zudem konjunkturelle Gründe vorübergehend gegen weitere Investitionen in den Ausbau der rechnergestützten Fertigung sprachen, sind die Mitglieder des Projektteams an der mittelfristigen Realisierung einer CAD-Geometriedatenübernahme interessiert. In Anbetracht der anfangs dezidiert geäußerten Auffassung, daß die Gestaltungskonzepte A1 und A2 als einzig sinnvolle Ansätze im Unternehmen in Frage kommen, deutete sich am Ende der Untersuchung wider Erwarten das Interesse an einer räumlichen Zusammenlegung von CAD-Konstruktion und NC-Programmierung an. Der Verantwortliche der CAD-Leitstelle und der Arbeitsvorbereitung sehen hierin einen wichtigen Ansatzpunkt zur Verbesserung der Produktivität. Allerdings wurde zugleich bezweifelt, daß ein solches Konzept mittelfristig gegenüber dem Leiter der Konstruktion, der kein engagierter Verfechter des CAD-Einsatzes ist, und der Geschäftsleitung, die in der Regel den quantitativen Nutzen bei Veränderungen dieser Art einfordert, durchgesetzt werden kann.

6.2.3 Unternehmen C: Ein Hersteller von Maschinen zur Umformtechnik

Das Unternehmen ist auf die Herstellung von Maschinen zur Umformtechnik spezialisiert. Das Fabrikationsprogramm umfaßt Fertigungsanlagen zum Drücken, Bördeln, Sicken und Falzen. Die Maschinen kommen beispielsweise für die Herstellung von Fässern und Trommeln, Gasflaschen oder Kraftfahrzeugrädern zur Anwendung. Das Unternehmen beschäftigt 380 Mitarbeiter, mit denen im Jahr 1990 ein Umsatz von 45 Mio. DM erzielt werden konnte.

6.2.3.1 Betriebliche Rahmenbedingungen

(1) Einsatz von CAD: Der Einstieg in die CAD-Technologie erfolgte Ende 1990 mit dem System ME 10 von Hewlett Packard. Die CAD-Zeichnungen werden damit in Form von 2D-Linienmodellen erstellt. In der Einführungsphase teilten sich drei Konstrukteure bzw. Techniker in der mechanischen Konstruktion zwei CAD-Arbeitsplätze zur rechnergestützten Zeichnungserstellung. In einer bis Mitte 1992 dauernden Ausbauphase fand eine Aufstockung um vier weitere CAD-Arbeitsplätze statt. Diese sechs CAD-Arbeitsplätze werden im Zwei-Schicht-Betrieb von zwölf Arbeitskräften nach persönlicher Absprache genutzt. Der Bestand sogenannter aktiver technischer Zeichnungen mit Fräsbearbeitung betrug Ende 1991 insgesamt etwa 10.500 Zeichnungen. Davon lagen annähernd 6 % als CAD-Zeichnungen vor. Es ist mit einer Erhöhung des CAD-Zeichnungsbestands um jährlich etwa 600 Zeichnungen zu rechnen.

(2) Einsatz der CNC-Technologie: Die CNC-Technologie kommt innerhalb der mechanischen Fertigung an einer Brennschneidemaschine, drei Drehmaschinen und acht Fräsmaschinen zum Einsatz. Zudem verfügt das Unternehmen noch über drei Bearbeitungszentren. Das Erstellen der NC-Programme erfolgt sowohl in technischer als auch arbeitsorganisatorischer Hinsicht nicht für alle Bearbeitungsverfahren einheitlich. Die vorhandene Mischstruktur ist Ergebnis einer organischen Entwicklung seit dem Einstieg des Unternehmens in die CNC-Technologie. Während der Großteil der NC-Progamme für die vorhandenen Fräsmaschinen durch Maschinenführer direkt an den Maschinen erstellt werden, erfolgt die Programmierung der Dreh- und Brennschneide-

maschinen sowie der Bearbeitungszentren durch zwei Programmierer der Arbeitsvorbereitung. Programmtest und -optimierung finden unabhängig vom Bearbeitungsverfahren an den CNC-Maschinen statt und obliegen dem Werkstattpersonal. Zur rechnergestützten Programmerstellung kommt in der Arbeitsvorbereitung seit nahezu zehn Jahren das Programmiersystem Miniapt an zwei Arbeitsplätzen zum Einsatz. Für die Fräsbearbeitung existieren insgesamt etwa 10.500 sog. aktive NC-Programme mit einem durchschnittlichen Umfang von ca. 700 DIN-Sätzen bzw. 400 Sätzen im Quellprogramm. Dieser Bestand erhöht sich pro Jahr ungefähr um 300 neue Programme.

(3) Spektrum der zu bearbeitenden Frästeile: Bei der Fertigung des vorhandenen Produkt- bzw. Werkstückspektrums kommt der Bohr-/Fräsbearbeitung eine herausragende Bedeutung zu. Zwei Drittel der zu fertigenden Werkstücke entfallen auf dieses Bearbeitungsverfahren. Im Hinblick auf die Werkstückgrößen (kleine, mittelgroße, große Teile) liegt nahezu eine Gleichverteilung vor. Die durchschnittliche Losgröße pro Auftrag beträgt zwischen einem und drei Werkstücken. Nahezu zwei Drittel der Werkstücke werden in einer oder zwei Aufspannungen gefertigt. Die Wiederholhäufigkeit eines Fertigungsauftrags während eines Jahres ist sehr gering. Beim überwiegenden Teil der Werkstücke handelt es sich um Neuteile. Im Durchschnitt werden monatlich etwa 25 neue NC-Programme erstellt.

6.2.3.2 Ziele und Erwartungen

Mit der Realisierung einer CAD/NC-Kopplung sind im Unternehmen folgende Erwartungen verbunden:

- *Verkürzung der Programmerstellungszeiten:* Durch den Rückgriff auf CAD-Werkstückdaten würde der Aufwand zur erneuten Eingabe oder Berechnung einzelner Geometrieelemente bzw. Koordinatenpunkte entfallen. Dadurch ließen sich insbesondere bei geometrisch komplexen Teilen Programmierzeiten, und im Fall der Programmierung an den Werkzeugmaschinen auch Maschinenstillstandszeiten, reduzieren. Angesichts des relativ hohen Anteils vorbereitender Tätigkeiten bei der Werkstattprogrammmierung (ca. 20-30 % der Arbeitszeit eines Maschinenführers für die Programmerstellung) und der typischen Situation eines Einzelfertigers (geringe Losgrößen, kurze Fertigungsstückzeiten) wird hier ein erhebliches Nutzenpotential der CAD/NC-Kopplung gesehen.

- *Reduzierung von Übertragungsfehlern:* Durch eine CAD-Geometriedatenüber nahme könnten Übertragungsfehler bei der Dateneingabe reduziert werden. Dies würde mit einer Erhöhung der Produktqualität einhergehen.

6.2.3.3 Unternehmensspezifische Integrationskonzepte

In den ersten Gespräche innerhalb des Projektteams standen neben der realisierten Gestaltungslösung zunächst zwei weitere Grobkonzepte für die Prozeßkette "CAD-Konstruktion - NC-Programmierung - CNC-Fertigung" zur Diskussion (vgl. Abbildung 6-12). Von diesen wurden allerdings - noch vor Durchführung des quasi-experimentellen Werkstückdurchlaufs - lediglich die beiden Konzepte A1 und A2 weiterverfolgt. Der Vollständigkeit wegen wird im folgenden das Grobkonzept A3, das nach ersten Überlegungen verworfen wurde, und die Gründe, die zu dieser Entscheidung geführt haben, dargestellt.

(1) Gestaltungsalternative A1 (Ist-Konzept): Eine DV-gestützte Vernetzung der Bereiche Konstruktion, Arbeitsvorbereitung und Fertigung existiert nicht. Die mit Hilfe des CAD-Systems erzeugten Werkstückbeschreibungen werden in Form von Zeichnungsausdrucken an nachgelagerte Funktionsbereiche übermittelt. Diese dienen zusammen mit den Stücklisten in der Arbeitsvorbereitung zur manuellen Erstellung der Arbeitspläne und gehen von dort mit den jeweiligen Fertigungsaufträgen über den Bereich der Fertigungssteuerung in die Fertigung. Dort werden die entsprechenden NC-Programme von Maschinenführern direkt an den CNC-Fräsmaschinen erstellt und abgefahren. Die Programmerstellung erfolgt je nach eingesetzter Maschinensteuerung entweder in einer maschinennahen Sprache (DIN 66025) oder dialoggestützt. Bei geometrisch komplexen Werkstücken werden die Maschinenführer in der Programmerstellung durch die zentrale NC-Programmierung unterstützt. Mit Hilfe des rechnergestützten Programmiersystems kann dort die Berechnung von Schnittpunkten zur Bestimmung von Koordinatenwerten schneller durchgeführt werden als in der Fertigung. Nach Abarbeitung der Fertigungsaufträge werden die NC-Programme in Form von Lochstreifen dokumentiert. Die für die CNC-Fertigung erforderlichen Unterlagen wie Lochstreifen, Programmausdruck, Einrichteblatt, Spannskizze oder Werkzeugliste werden anschließend von den Maschinenführern maschinennah archiviert.

(2) Gestaltungsalternative A2 (Soll-Konzept): Im Unterschied zum Ist-Konzept sieht diese Gestaltungslösung eine CAD-Geometriedatenübernahme zur Erstellung von NC-

Programmen für Werkstücke mit 2½D-Fräsbearbeitungen vor. Da sich eine Übergabe von CAD-Geometriedaten per Standardschnittstelle an ein Programmiersystem einfacher und kostengünstiger realisieren läßt als eine durch individuelle Schnittstellen an die (verschiedenen) Maschinensteuerungen, erfolgt hier eine zentrale Programmierung durch die beiden NC-Programmierer in der Arbeitsvorbereitung. Voraussetzung für eine solche Verlagerung der Programmerstellung von der Werkstatt (bzw. von den Maschinensteuerungen) in die NC-Programmierung (bzw. an das NC-Programmiersystem) ist die Verfügbarkeit eines leistungsfähigen NC-Programmiersystems. Nach Einschätzung der betrieblichen Experten ist eine CAD/NC-Kopplung mit dem vorhandenen Programmiersystem aus technischen Gründen nicht möglich bzw. aufgrund der geplanten Restnutzungsdauer wirtschaftlich nicht vertretbar. Da geplant ist, das vorhandene Programmiersystem kurz- bzw. mittelfristig abzulösen, stellt dies allerdings keine Restriktion dar. Die vom CAD-System übernommenen Fertigteilgeometrien werden dann von den NC-Programmierern übernommen und zu einem kompletten NC-Programm aufbereitet. Programmtest und -optimierung obliegen bei diesem Konzept nach wie vor bei den Maschinenführern an den entsprechenden Maschinen.

(3) Gestaltungsalternative A3 (Soll-Konzept): Dieses Konzept sieht keine CAD/NC-Kopplung vor. Im Unterschied zum Ist-Konzept werden hier allerdings die NC-Programme für alle CNC-Maschinen, d.h. einschließlich der Fräsmaschinen, räumlich zentral in der Arbeitsvorbereitung erstellt. Unabhängig von der räumlichen Zentralisierung bleibt allerdings die Programmierung der Fräsmaschinen den Maschinenführern, die diese Maschinen bislang an der Steuerung programmieren, zugeordnet. Die Maschinenführer übernehmen in Form eines Mischarbeitsplatzes abwechselnd Aufgaben der Programmerstellung und der Maschinenbenutzung. Die Programmierung der Drehmaschinen und Bearbeitungszentren bleibt davon unberührt und obliegt nach wie vor den AV-Programmierern. Dadurch könnten die im Ist-Konzept anfallenden programmierbedingten Maschinenstillstandszeiten in der Fertigung reduziert, die Maschineneinsatzflexibilität erhöht und die zentralen Programmierkapazitäten besser ausgelastet werden. Eine Erweiterung der zentralen Programmierkapazität in der Arbeitsvorbereitung ist hierfür allerdings unabdingbar. Die ohnedies mittelfristig geplante Ablösung des bisherigen Programmiersystems durch ein leistungsfähigeres System würde dies gewährleisten. Darüber hinaus wären bei einer zentralen Programmerstellung steuerungsspezifische Postprozessoren erforderlich.

Die Verschiedenartigkeit der technischen Lösungen zur Programmerstellung in Werkstatt und Arbeitsvorbereitung sprachen allerdings nach Einschätzung der betrieblichen

Experten gegen eine nähere Betrachtung dieses arbeitsorganisatorischen Konzepts. Während in der Fertigung an den Maschinensteuerungen im DIN-Satz bzw. dialog-geführt programmiert wird, kommt in der AV ein Programmiersystem zum Einsatz, das in einer Programmiersprache programmiert wird. Die vorhandenen Programmier-kenntnisse der Maschinenführer können somit nur bedingt bzw. nur nach eingehender Systemschulung für die AV-Programmierung genutzt werden. Der damit verbundene Schulungsaufwand mehrerer Maschinenführer wurde ohne nähere Quantifizierung als zu hoch eingeschätzt, um diese Gestaltungsalternative im Zuge des Planungs- und Bewertungsprozesses weiterzuverfolgen. Des weiteren wurde angeführt, daß durch dieses Konzept zwar die programmierbedingten Maschinenstillstandszeiten in der Fertigung reduziert werden könnten, die Kapazitätsengpässe in der Programmierung davon allerdings nicht tangiert würden, da die Programmierung von Frästeilen bislang ohnedies nicht Ursache dieses Engpasses war.

		A 1	A 2	(A 3)
WER programmiert	AV-Programmierer		X	
	Maschinenführer	X		X
WO	Arbeitsvorbereitung		X	X
	Werkzeugmaschine	X		
mit welchen Hilfsmitteln	Maschinell mit Zeichnung			X
	Manuell	X		
	Maschinell mit CAD-Daten		X	
WEM obliegt die Entscheidungskompetenz zur Dokumentation feinoptimierter Programme	AV-Programmierer Maschinenführer	X	X	X

Abb. 6-12: Gestaltungsalternativen der Prozeßkette "CAD-Konstruktion - NC-Programmierung - CNC-Fertigung" für das Bearbeitungsverfahren Fräsen im Unternehmen C

6.2.3.4 Bereichsübergreifende Wirkungsanalyse

Die Gespräche zum Teiledurchlauf konzentrierten sich auf ein Werkzeug-Unterteil (Teil 1) und eine Rollengabel (Teil 2). Auf die Berücksichtigung des ausgewählten Spindelkastens (Teil 3) wurde verzichtet, da dieses wegen seiner Größe im Unternehmen lediglich auf einem konventionellen Bohrwerk gefertigt werden kann. Die ausgewählten Werkstücke lassen sich wie folgt beschreiben:

	Teil 1	**Teil 2**
Benennung	Werkzeugunterteil	Rollengabel
Anzahl Aufspannungen	3	3
Anzahl eingesetzter Werkzeuge	15	65
Anzahl Bearbeitungsflächen	2	6
Maße (mm)	420 x 340 x 180	450 x 350 x 320
Stückzeit (in Stunden)	40	15
Anteil vergleichbarer Werkstücke am gesamten Frästeilspektrum	keine Angabe	keine Angabe
Anteil beanspruchter Programmierkapazität am gesamten Programmaufkommen	ist nicht mit ausreichender Genauigkeit festzustellen	ist nicht mit ausreichender Genauigkeit festzustellen

Abb. 6-13: Beschreibung der ausgewählten Frästeile in Unternehmen C

(1)   Analyse quantifizierbarer Wirkungen

(a) Werkstückbezogener Zeitvergleich

Wie der Überblick des Zeitvergleichs (Abbildung 6-14) erkennen läßt, war hier im Unterschied zu den quasi-experimentellen Werkstückdurchläufen in den Unternehmen A und B ein differenzierter Zeitvergleich äußerst schwer. Zum einen erfordern die ausgewählten Werkstücke eine sehr zeitintensive Programmerstellung. Diese fällt allerdings nicht en bloc an. Vielmehr ist für jedes einzusetzende Werkzeug ein Programmabschnitt zu erstellen, dieser zu testen und anschließend abzufahren. Diese schrittweise Vorgehen erlaubte keine hinreichend genaue Differenzierung der Zeiten für die einzelnen Teiltätigkeiten. Zum anderen waren für die Gestaltungsalternative A2 nur grobe Zeitschätzungen möglich, da der Leistungsumfang und die Funktionalität des hierfür zu beschaffenden NC-Programmiersystems zum Erhebungszeitpunkt noch keine detaillierten Vorstellungen vorhanden waren.

Werkstück	Teiltätigkeiten	Ist-Konzept	Soll-Konzept
Teil 1 **Werkzeug-** **Unterteil**	- NC-gerechtes Erstellen der CAD-Datei - Separieren u. Aufbereiten - Erzeugen Werkstückgeometrie - Programmieren Fert. technologie - Simulation - Programmtest u. -optimierung - Programmverwaltung SUMME	keine diffe- renzierten Angaben möglich ca. 330 min.	keine diffe- renzierten Angaben möglich ca. 315 min.
Teil 2 **Rollengabel**	- NC-gerechtes Erstellen der CAD-Datei - Separieren u. Aufbereiten - Erzeugen Werkstückgeometrie - Programmieren Fert. technologie - Simulation - Programmtest u. -optimierung - Programmverwaltung SUMME	keine diffe- renzierten Angaben möglich ca. 500 min.	ca. 240 min. keine diffe- renzierten Angaben möglich ca. 740 min.

Abb. 6-14: Werkstückbezogener Zeitvergleich der Grobkonzepte in Unternehmen C

Die auf dieser Grundlage möglichen Schätzungen deuten darauf hin, daß für den Durchlauf von Teil 1 keine nennenswerten Zeiteinsparungen durch eine CAD/NC-Kopplung zu erwarten sind. Für die Bearbeitung von Teil 2 ist sogar mit einer Erhöhung des Zeitaufwands zu rechnen. Die folgende Darstellung der Einzelergebnisse macht die Gründe hierfür deutlich:

Aus Sicht der Fertigung stellt die Bearbeitung von Teil 1 besondere Anforderungen aufgrund der Anzahl erforderlicher Bearbeitungsschritte. Dieses Werkstück ist vorzufräsen, zu vergüten, zu drehen und schließlich zu fräsen. Ferner weist die zu bearbeitende Fräskontur einen komplexen Verlauf auf, für dessen Beschreibung, insbesondere wegen der (tangentialen) Übergänge, wiederholt Schnittpunkte bzw. Koordinatenwerte zu berechnen sind. Darüber hinaus erweist sich die Herstellung der Fertigkontur insbesondere bei der Bearbeitung der Innenkontur als schwierig. Diese kann aufgrund fertigungstechnischer Schwierigkeiten nur mit Hilfe von Einpaßarbeiten erstellt werden. Die Vorgabezeiten für die Fräsbearbeitung dieses Werkstücks betragen derzeit ca. fünf bis sechs Stunden für das Erstellen des Programms (inclusive AV-Unterstützung) und ca. 40 Stunden für die maschinelle Bearbeitung. Die Maschinenführer werden bei der Gestaltungslösung A1 bei der Programmerstellung an der Maschinensteuerung durch die AV unterstützt. Dies erfolgt in erster Linie bei der Bestimmung von Anfangs- und Endpunkten bei Kreisen, Schrägen etc. In der AV können die entsprechenden Werte mit Hilfe des Programmiersystems schneller berechnet werden als manuell in der Werkstatt. Liegt eine exakte Zeichnung des Konturverlaufs insbesondere für tangentiale Übergänge vor, erfordert die Beschreibung der Außenkontur erfahrungsgemäß etwa 10 bis 15 min. Diese Angaben beziehen sich lediglich auf die Außenkontur des Werkstücks. Tiefenzustellung etc. sind hierin nicht inbegriffen. Die errechneten Werte werden ausgedruckt und dienen der Fertigung als Programmierhilfe.

Als Folge einer CAD-Geometriedatenübernahme (Grobkonzept A2) ist zu erwarten, daß die Beschreibung der Außenkontur entfällt und dadurch ca. 10 bis 15 min. eingespart werden können. Alle übrigen Teiltätigkeiten zum Erstellen eines NC-Programms sind von einer Datenübernahme nicht betroffen. Die entsprechenden Zeiten können somit unverändert angesetzt werden. Zusätzlich wäre bei einer CAD/NC-Kopplung die übernommene CAD-Fertigteilkontur in der Arbeitsvorbereitung NC-gerecht aufzubereiten (z.B. Berücksichtigung der Fertigungsaufmaße). Da keiner der Mitglieder des Projektteams über Erfahrungen mit CAD/NC-Kopplungen verfügte, waren zum Erhebungszeitpunkt keine Schätzungen bezüglich des damit verbundenen zeitlichen Aufwand möglich. Je nach dem mit welchem Aufwand das NC-gerechte Aufbereiten der CAD-Geometrie verbunden ist, wird ein Teil der oben genannten Einsparungen dadurch kompensiert oder gar überkompensiert werden.

Bei Teil 2 (Rollengabel) handelt es sich um ein Schweißteil, das aus verschiedenen Positionen besteht. Diese werden einzeln vorbearbeitet und anschließend zusammengeschweißt. Die anfallenden Vorarbeiten erschweren die Planung des Arbeitsablaufs. Dies betrifft allerdings in erster Linie das technische Büro bzw. die AV. Die reine Fräsbearbeitung erweist sich demgegenüber als wenig schwierig. Nennenswert ist im wesentlichen die Berücksichtigung der vorhandenen Form-Lage-Toleranzen, für deren Einhaltung ein sorgfältiges Spannen besonders wichtig ist. Darüber hinaus kommen während des Bearbeitungsprozesses eine Vielzahl von Werkzeugen zum Einsatz und das Werkstück ist von sechs Seiten zu bearbeiten.

Das Erstellen eines NC-Programms für dieses Werkstück erfordert insgesamt ca. acht bis zehn Stunden. Da auch hier von einer schrittweisen Arbeitsweise (Programmerstellen, Testen, Fertigen) auszugehen ist, wurde von einer Differenzierung einzelner Teilschritte abgesehen. Es ist keine Unterstützung der AV bei der Berechnung von Verfahrwegen oder Schnittpunkten erforderlich, da einzelne Konturelemente wie Stege, Bohrungen etc. bearbeitet werden. Die Fertigungszeit wurde mit 20 Stunden angesetzt. Davon wurden ca. fünf Stunden für die Werkzeugbeschaffung und -voreinstellung veranschlagt. Im Unterschied zu Teil 1 ist bei diesem Werkstücks nicht die gesamte Außenkontur zu fräsen, sondern lediglich einzelne Konturelemente (Stege, Bohrungen). Die direkte (manuelle) Eingabe der Koordinatenwerte zur Bearbeitung dieser Konturelemente ins Programmiersystem dürfte daher weniger Aufwand erfordern als die Übernahme der gesamten Werkstückgeometrie aus dem CAD und deren NC-gerechte Aufbereitung. Darüber hinaus macht die Fertigung dieses Werkstücks eine mehrseitige Bearbeitung (sechs Bearbeitungsseiten) erforderlich. Die zwei bis drei Ansichten, die in der Konstruktion zur Beschreibung eines Werkstücks üblicherweise erstellt werden, genügen für eine effiziente CAD-Datenübernahme nicht. Um für alle sechs Bearbeitungsseiten des Werkstücks auf CAD-Geometriedaten zurückgreifen zu können, müßten in der Konstruktion somit drei bis vier zusätzliche Ansichten erzeugt werden. Dies hätte einen Zeitaufwand von ca. vier Stunden zur Folge. Zusammenfassend ist somit festzuhalten, daß die Übernahme einzelner Fräskonturelemente aus dem CAD-System gegenüber einer manuellen Eingabe von Koordinatenwerten ins Programmiersystem keine zeitlichen Vorteile erwarten läßt. Vielmehr ist bei einer bereichsübergreifenden Betrachtung davon auszugehen, daß der Aufwand für die Erstellung zusätzlicher CAD-Zeichnungen die geringen zeitlichen Vorteile einer Datenübernahme bei der NC-Programmierung überkompensiert.

(b)   Werkstückbezogener Prozeßkostenvergleich

Da im Unternehmen zum Zeitpunkt der Datenerhebung noch keine detaillierten Vorstellungen bezüglich des mittelfristig zu beschaffenden neuen NC-Programmiersystems existierten, erwies sich eine Abschätzung entsprechender Kostensätze für das Grobkonzept A2 (z.B. für die Anschaffung des Systems, der Schnittstellen, der Schulung sowie der laufenden Unterhaltung) mit der notwendigen Genauigkeit als unmöglich. Darüber hinaus erschien wegen des geringen Repräsentativitätsgrades der betrachteten Frästeile eine prozeßkostenorientierte Betrachtung der Gestaltungsalternativen wenig zweckmäßig. Aus genannten Gründen wurde deshalb auf eine prozeßkostenorientierte Wirkungsanalyse verzichtet.

(2)   Analyse schwer quantifizierbarer Wirkungen

Gestaltungsalternative A1 (Ist-Konzept)

Pro   + *Organisch gewachsene Lösung:* Das vorhandene Konzept stellt eine über viele Jahre organisch gewachsene Lösung dar. Sie hat sich bewährt und verfügt über eine breite Akzeptanz bei den Mitarbeitern.

+ *Ganzheitliche Arbeitsinhalte:* Das Konzept ermöglicht den Maschinenführern der CNC-Fräsmaschinen ganzheitliche Arbeitsinhalte, da ihr Tätigkeitsspektrum sowohl planende (Bearbeitungsstrategie entwerfen, Programm erstellen) als auch ausführende Aufgaben (Bearbeiten) beinhaltet. Dieser Arbeitszuschnitt ist im Hinblick auf die Bildung und Nutzung von Erfahrungswissen wie auch die Arbeitszufriedenheit als förderlich zu bewerten.

Contra - *Eingeschränkte Personaleinsatzflexibilität:* Zur Programmierung bzw. Maschinenbedienung der CNC-Fräsmaschinen sind steuerungsspezifische Kenntnisse erforderlich. Diese sind im Zuge der werkstattinternen Arbeitsteilung bzw. Spezialisierung auf verschiedene Mitarbeiter verteilt. Der Personaleinsatz der entsprechenden Maschinenführer (CNC-Fräser) ist somit nur bedingt flexibel gestaltbar.

- *Eingeschränkte Fertigungsflexibilität:* Die an den Steuerungen der Fräsmaschinen erstellten NC-Programme sind maschinen- bzw. steuerungsspezifisch definiert. Einmal erstellte NC-Programme können, z.B. im Falle eines Wiederholauftrages, nicht beliebig auf einer der vorhandenen Fräsmaschinen gefertigt werden. Die Fertigungsflexibilität ist damit eingeschränkt.

- *Hohe Maschinenstillstandszeiten:* Eine bearbeitungsparallele Programmierung ist an den vorhandenen CNC-Fräsmaschinen nicht möglich. Das Erstellen von NC-Programmen für diese Maschinen bedingt somit Maschinenstillstandszeiten. Diese liegen bei dem vorhandenen Frästeilspektrum durchschnittlich bei ca. 20 bis 30 % der kalkulatorischen Maschinennennutzungszeit.

Gestaltungsalternative 2 (Soll-Konzept)

Pro + *Potential zur Reduzierung von Übertragungsfehlern:* Durch den Verzicht auf eine wiederholte Dateneingabe bei der Beschreibung der Werkstückgeometrie lassen sich auftretende Übertragungsfehler reduzieren bzw. gänzlich ausschließen.

+ *Grundlage zur Realisierung rechnerintegrierter Fertigungsstrukturen:* Die Realisierung einer CAD/NC-Kopplung bildet in technischer Hinsicht einen wichtigen Meilenstein auf dem Weg zu rechnerintegrierten Fertigungsstrukturen.

+ *Möglichkeit zum Geometriedatenaustausch mit Kunden:* Eine CAD/NC-Kopplung ermöglicht die Umsetzung unternehmensextern erstellter Werkstückgeometrien bzw. CAD-Dateien in NC-Programme. Die Übernahme von CAD-Dateien ist für einzelne Kunden des Unternehmens insbesondere aus dem Kfz-Bereich nicht selten eine zentrale Bedingung bei Vertragsabschluß. Eine schnelle Umsetzung der Geometriedaten in NC-Programme ist ein Ansatz zur Reduzierung von Durchlaufzeiten.

Contra - *Arbeitsverlagerung in das Technische Büro:* Mit der Realisierung einer CAD/NC-Kopplung würden Zusatzarbeiten (z.B. in Form, daß zusätzliche Werkstückansichte zu erstellen sind) im Technischen Büro anfallen. Diese Zusatzarbeiten sind nach Meinung des Technischen Büros mit den vorhandenen Kapazitäten nicht zu übernehmen, da entsprechende stille (Kapazitäts-)Reserven hierfür fehlen. Darüber hinaus steht diesen Zusatzarbeiten kein Nutzen im Technischen Büro gegenüber. Die Reduzierung von Programmierzeiten in der NC-Programmierung beruht nach Einschätzung der Konstruktion somit gewissermaßen auf einer Arbeitsverlagerung ins Technische Büro.

- *Reduzierung der Arbeitsinhalte von Maschinenführern:* Das Konzept sieht eine neue Form der Arbeitsteilung vor. Statt wie bisher den Maschinenführern ist die Aufgabe der NC-Programmierung hier den NC-Programmierern zugeordnet. Dies bedeutet für die Gruppe der Maschinenführer eine Reduzierung von Arbeitsinhalten, für die beiden NC-Programmierer dagegen lediglich eine Zunahme des zu bewältigenden Arbeitsvolumens. Eine Anreicherung ihrer Arbeit findet nicht statt, da sie auch bisher schon programmiert haben - lediglich für andere Maschinen.

- *Entstehen neuer Reibungsverluste:* Dieses Konzept birgt die Gefahr für das Entstehen neuer bereichsübergreifender Reibungspunkte bzw. -verluste in sich. Dies wurde einerseits auf die genannte Verlagerung vorbereitender Arbeiten der NC-Programmierung in die Konstruktion zurückgeführt. Andererseits lassen auch die mit einer Kopplung verbundenen Veränderungen der Anforderungen an die Konstruktionsarbeit das Entstehen neuer Reibungspunkte erwarten.

6.2.3.5 Zusammenfassende Bewertung

Für die beiden ausgewählten Frästeile sind keine nennenswerten Einsparpotentiale durch eine CAD/NC-Kopplung zu erwarten, im Gegenteil. Insbesondere bei Teil 2 wurde deutlich, daß eine CAD-Geometriedatenübernahme ins NC-Programmiersystem unter Umständen auch zu einer Aufwandserhöhung führen kann. Wenngleich im Unternehmen keine differenzierten Angaben zur Repräsentativität der ausgewählten Werkstücke möglich waren, steht zu vermuten, daß diese zumindest für einen Teil der (für eine Kopplung) in Frage kommenden Frästeile Gültigkeit besitzen.

Der im Unternehmen vorhandene hohe Anteil an Neuteilfertigung ist verbunden mit einem hohen Programmaufkommen. Dies ist prinzipiell eine wichtige Voraussetzung für ein ausreichend großes Anwendungspotential einer CAD/NC-Kopplung. Allerdings schmälert der im Planungszeitraum vorhandene CAD-Zeichnungsbestand von etwa 6 % aller aktiven Zeichnungen (mit Fräsbearbeitungen) die Möglichkeit, dieses Potential auszuschöpfen. Wo keine CAD-Daten existieren, können keine Geometrien für die NC-Programmierung übernommen werden. Die in den nächsten Jahren zu erwartende Zunahme des CAD-Anteils am Zeichnungsbestand dürfte diese Situation aber schrittweise verbessern.

Insgesamt ist das Interesse an einer CAD/NC-Kopplung - auch im Hinblick auf eine mittelfristige Realisierung - im Projektteam gering. Der Verteter der Konstruktion sieht dadurch in erster Linie Mehrarbeit auf seinen Bereich zukommen, dem dort kein Nutzen gegenübersteht. Für den Vetreter der Arbeitsvorbereitung (NC-Programmierung) ist ein solches Kopplungsvorhaben nicht prioritär. Er sieht demgegenüber eine größere Notwendigkeit in der Ablösung des vorhandenen NC-Programmiersystems. Nicht nur, weil dies ohnehin für eine Kopplung unerläßlich ist, sondern auch weil mit einem leistungsfähigeren NC-Programmiersystem größere Einsparpotentiale realisiert werden könnten als mit einer CAD-Geometrieübergabe. Aus Sicht der Fertigung ist das Interesse an einer Kopplung ebenfalls gering, da damit einer weiteren Verlagerung von Programmiertätigkeiten aus der Werkstatt in die zentrale NC-Programmierung Vorschub geleistet wird.

6.3 Darstellung und Einordnung der fallübergreifenden Ergebnisse

6.3.1 Verlauf der Planungs- und Bewertungsprozesse

6.3.1.1 Analyse der Ist-Situation

Um die zu entwickelnden Grobkonzepte der CAD/NC-Prozeßkette technisch wie organisatorisch auf die jeweiligen Anforderungen der Unternehmen hin ausrichten zu können, wurde zu Beginn der betrieblichen Projektvorhaben zunächst die Ist-Situation analysiert. Hierzu wurde ein eigens entwickelter Fragebogen verwendet (vgl. Anhang 3). Da dieser Fragen enthielt, die verschiedene Funktionsbereiche betrafen, wurde er unternehmensintern von verschiedenen Personen arbeitsteilig beantwortet.

Obgleich dieser Arbeitsschritt eher "unspektakulär" und im Grunde Teil eines jeden in der Literatur vertretenen Planungsansatzes zu Technikeinsatz oder Organisationsgestaltung ist, stieß er in den drei Unternehmen wie auch bei den Mitgliedern des CAD/ CAM-Arbeitskreises auf überraschend positive Resonanz. Dies wurde in erster Linie mit dem bereichsübergreifenden Charakter der vorliegenden Gestaltungsaufgabe begründet. Auf diese Weise sei es zumindest für einige Mitarbeiter aus Konstruktion, Arbeitsvorbereitung und Fertigung möglich gewesen, erstmals Informationen aus vor- bzw. nachgelagerten Bereichen über technische und organisatorische Gegebenheiten sowie spezifische Anforderungen zu erhalten. Ein solcher Blick über den eigenen "bereichsbezogenen Tellerrand" hinaus wurde von einigen Projektteilnehmern als eine notwendige, wenn auch nicht hinreichende Bedingung für die schrittweise Entwicklung eines bereichsübergreifendes Denkens und Verhaltens gewertet.

6.3.1.2 Formulierung von Gestaltungszielen

Bei der bereichsübergreifenden Formulierung der Gestaltungsziele wurde in allen drei Unternehmen deutlich, daß eine ausschließlich kostenorientierte Beurteilung der jeweiligen Grobkonzepte allein nicht ausreicht, sondern eine Bezugnahme auf qualitative bzw. strategische Ziele unverzichtbar ist. Allerdings wurde auch deutlich, daß im Rahmen eines Projektes - wie dem der Planung einer CAD/NC-Kopplung - eine Grundsatzdiskussion über unternehmens- oder technologiestrategische Aspekte eines solchen Vernetzungsvorhabens in der Praxis eher unwahrscheinlich ist. Die (hierarchische) Zusammensetzung des Projektteams, der operative Charakter einer solchen Projektaufgabe und nicht zuletzt der begrenzte zeitliche Rahmen sprechen gegen solche Diskussionsinhalte. Umso größere Bedeutung kam daher der Kenntnis der am Projekt beteiligten Arbeitskräfte über strategische Ziele ihres Unternehmens zu. Diesbezüglich zeigte sich aber in nahezu allen Einzel- und Gruppengesprächen, daß den Gesprächspartnern die strategische Einordnung einer CAD/NC-Kopplung schwer fiel. So konnte beispielsweise in keinem der drei Unternehmen auf unternehmensspezifische CIM-Rahmenkonzepte oder vergleichbare Ergebnisse von Strategiediskussionen zurückgegriffen werden. Dies hatte zur Folge, daß von den Beteiligten zwar Gestaltungsziele für eine CAD/NC-Vernetzung genannt wurden, allerdings unklar blieb, inwieweit diese mit den jeweiligen strategischen Zielen der Unternehmung korrespondierten[46]. Aus diesem Grund erschien die Anwendung von Methoden zur Zielge-

---

[46] Dies sei, so einige Teilnehmer des CAD/CAM-Arbeitskreises, bei Investitionsentscheidungen dieser Art, ein typisches Problem des mittleren Managements. Dieses müsse sich bei der Formulierung von Investitionsvorhaben oftmals den Bezug auf strategische Ziele "aus den Fingern saugen". Nicht selten werde dazu auf Begründungszusammenhänge zurückgegriffen, die in ent-

wichtung wenig zweckmäßig. Mit ihnen hätte nicht die Effektivität des Vernetzungsvorhabens bezüglich der Unternehmensziele gemessen werden können, sondern eher die subjektiven Einschätzungen zur Bedeutung dieser Maßnahme. Darüber hinaus ermunterten auch die in Unternehmen A gesammelten Erfahrungen mit der Anwendung der Paarvergleichsmethode nicht zu einem weiteren Einsatz entsprechender Methoden. Hier hatte sich nämlich gezeigt, daß die Zusammensetzung der Projektgruppe, insbesondere die Dominanz einzelner Mitglieder sowie deren Erfahrung im Umgang mit dieser Methode das Ergebnis erheblich beeinflussen. Einzelne Gruppenmitglieder kamen gar zu der Einschätzung, daß das Ergebnis in hohem Maße zeitpunktabhängig ist. Darüber hinaus machten einzelne deutlich, daß Ergebnisse, die mit derartigen Methoden in der Vergangenheit bereits gemeinsam mit Unternehmensberatern erarbeitet worden waren, über die Sitzung hinaus das eigene Handeln kaum nennenswert beeinflußt hatten.

Des weiteren bleibt hinsichtlich dieses Planungsschrittes festzuhalten, daß die Erwartungen und Zielvorstellungen bei den Vertretern der verschiedenen Funktionsbereiche unterschiedlich ausfielen. Einerseits wurden einzelne Ziele in ihrer Bedeutung (für den eigenen Bereich) von den Beteiligten unterschiedlich gewichtet, andererseits wurde aber auch deutlich, daß mit der Gestaltung der Prozeßkette verschiedene Unterziele verfolgt wurden. Dies zeigte sich beispielsweise in Unternehmen A darin, daß die Konstruktion trotz des "Risikos" einer Aufwandserhöhung infolge einer CAD-Datenübergabe, damit eine Verbesserung der CAD-Rentabilität im Blick hatte. Die Erfüllung dieses Kriteriums stellte infolge veränderter wirtschaftlicher Rahmenbedingungen des Unternehmens ein entscheidendes Argument für den weiteren Ausbau des CAD-Einsatzes im Konstruktionsbereich dar. Ein weiteres Beispiel dafür, daß mit einer CAD/ NC-Kopplung zum Teil auch sehr bereichsspezifische Ziele verfolgt werden, zeigte sich darin, daß insbesondere von Seiten der Fertigung damit (mehr oder weniger) insgeheim eine Änderung der Arbeitsweise von CAD-Konstrukteuren angestrebt wurde. Man erhoffte sich von einer solchen Vernetzung beispielsweise fertigungs- bzw. NC-gerechtere Zeichnungen oder einen höheren Standardisierungsgrad. Die Technik

---

sprechenden Fachpublikationen vertreten werden, ohne explizit zu wissen, inwieweit diese im eigenen Unternehmen auch Gültigkeit besitzen. Daß dies nicht immer, aber durchaus in vielen CIM-Planungsprozessen so ist, bestätigen auch die 37 Fallstudien, die von Barthel/Ganz (1994) im Rahmen der Evaluierung des CIM-Förderprogramms durchgeführt wurden. Kreikebaum (1989) weist auf ähnliche Schwierigkeiten bei der Umsetzung von Ergebnissen der strategischen Marketingplanung hin.

diente hier sozusagen als 'Trojanisches Pferd'[47]. Mit ihr sollten Dinge erreicht werden, die so gegenüber dem Konstruktionsbereich (zumindest nicht so einfach) durchzusetzen waren.

Ferner fiel bei der Formulierung der Gestaltungsziele auf, daß diese oft unbewußt an Maßnahmenbündel geknüpft waren. Dies zeigte sich insbesondere in Unternehmen A, wo die Verbesserung der Flexibilität und des Werkzeugeinsatzes nicht explizit im Zusammenhang mit einer CAD/NC-Kopplung stand. Das erstgenannte Ziel war beispielsweise an die Vorstellung geknüpft, daß zur Realisierung einer CAD-Geometriedatenübergabe ein leistungsfähigeres NC-Programmiersystem zu beschaffen ist, das aufgrund entsprechender Prozessoren die Generierung maschinenunabhängiger NC-Programme erlaubt. Dies wiederum würde die Maschineneinsatzflexibilität erhöhen. Ebenso stand die Verbesserung des Werkzeugeinsatzes nicht in direktem Zusammenhang mit der Realisierung einer CAD/NC-Kopplung. Dieser sollte vielmehr dadurch verbessert werden, daß eine stärkere Verlagerung von Programmiertätigkeiten in die Arbeitsvorbereitung erfolgt, um Maschinenführer, die Schwierigkeiten bei der Programmerstellung haben, zu entlasten.

Insgesamt wurde der frühzeitige bereichsübergreifende Austausch von Erwartungen und die gemeinsame Formulierung von Gestaltungszielen für die CAD/NC-Prozeßkette von allen Beteiligten in den Unternehmen wie auch den Experten des CAD/CAM-Arbeitskreises als positiv gewertet.

6.3.1.3 Entwicklung alternativer Grobkonzepte

Die angestrebte Entwicklung und intensive Diskussion alternativer technisch-organisatorischer Grobkonzepte der CAD/NC-Prozeßkette gestaltete sich in den drei Fallstudien nicht ganz einheitlich. Während es in Unternehmen A gelang es, sowohl mehrere technische wie auch organisatorische Grobkonzepte in die Betrachtung einzubeziehen, konzentrierten sich die Planungsprozesse in den Unternehmen B und C da-

---

[47] Daß es beim Einsatz von DV-Technik oftmals keineswegs nur um Technik geht, zeigen auch Bollinger et al. (1989) und Lullies et al. (1990) am Beispiel der Einsatzplanung neuer Bürotechniken. Sie kommen zu dem Ergebnis, daß Technik im Unterschied zu organisatorischen Veränderungen politische Neutralität suggeriert. Da daher der Einsatz von Technik innerhalb eines Unternehmens leichter durchsetzbar ist, werden oftmals organisatorische Gestaltungsziele in Technikeinsatzprojekten "verkleidet". Als "zwangsläufige" Folgen des Technikeinsatzes sind sie damit unangreifbar, als logische Konsequenz der Technik entpolitisiert (vgl. Lullies et al. 1990, S. 132).

gegen auf jeweils eine technische Alternative zum bestehenden Konzept.

Als technisches Konzept zur Kopplung von CAD- und NC-Programmiersystem kam in allen drei Unternehmen neben der manuellen Lösung (vgl. Kapitel 4.2.2: Basiskonzept 3) ausschließlich die sogenannte Schnittstellenlösung (Basiskonzept 2) in Frage. Ausschlaggebend hierfür waren verschiedene Gründe: die installierten CAD-Systeme, die vorhandenen NC-Programmiersysteme, die Maschinensteuerungen und nicht zuletzt das Bearbeitungsverfahren 2½-D-Fräsen. Die Bedeutung dieser Einflußgrößen variierte zwar zwischen den drei Unternehmen, generell hatten sie aber zur Folge, daß in der Wahrnehmung der betrieblichen Experten individuelle Gestaltungsspielräume - zumindest bezüglich der technischen Gestaltung der CAD/NC-Prozeßkette - kaum erkennbar waren. Obgleich in die Projektarbeit sehr fachkompetente Mitarbeiter eingebunden waren, deutete sich hier ein Informationsbedarf bezüglich verschiedener Schnittstellenkonzepte, aber auch bezüglich der Schwierigkeiten und Grenzen des Einsatzes einer standardisierten Schnittstelle an. In Anbetracht der Komplexität der Thematik und der Dynamik der technischen Entwicklung auf diesem Gebiet, verwundert dies allerdings nicht. Hinzu kommt, daß die betreffenden Mitarbeiter gefordert sind, sich neben ihrer alltäglichen Arbeit mit den Entwicklungen auf unterschiedlichen, sie betreffenden Wissensgebieten, auseinanderzusetzen.

Auch im Hinblick auf die arbeitsorganisatorische Gestaltung der CAD/NC-Prozeßkette war der von den Projektteams jeweils wahrgenommene Handlungsspielraum vergleichsweise gering. Das Entwickeln innovativer organisatorischer Lösungen, wie z.B. die Übernahme von Programmiertätigkeiten durch Maschinenführer oder die räumliche Zusammenlegung von CAD-Konstrukteuren und AV-Programmierern, stieß innerhalb der Projektteams auf verhaltene Resonanz[48]. Insbesondere in den Unternehmen B und C wurde das Andenken organisatorischer Alternativen zur bestehenden Lösung für unnötig und angesichts begrenzter zeitlicher Ressourcen als ökonomisch unvertretbar angesehen. Die subjektiven Einschätzungen einzelner Projektmitglieder über das, was im eigenen Unternehmen wirtschaftlich und gegenüber den Kollegen bzw. bestimmten Vertretern des mittleren und höheren Managements durchsetzbar ist, bestimmten so im Grunde, was überhaupt Gegenstand der nachfolgenden Wirkungsanalyse wurde. Da in allen drei Unternehmen unterschiedliche technisch-organisatorische Konzepte der

---

[48]   Dieses Ergebnis wird in seiner Tendenz durch andere Untersuchungen zum Verlauf von CIM-Planungsprozessen bzw. von anderen betrieblichen Entscheidungsprozessen bestätigt, derzufolge die Entwicklung und Bewertung alternativer Lösungen oftmals unterlassen wird (vgl. unter anderem Barthel/Ganz 1994; Braczyk 1992; Nutt 1984; Cyert/March 1963).

Programmerstellung praktiziert werden (meist nach Bearbeitungsverfahren differenziert), darf vermutet werden, daß entsprechende Erfahrungen implizit diese Einschätzung mitbegründeten.

Die Fallstudien machen damit deutlich, daß eine systematische Vorgehensweise, die gleich- bzw. frühzeitige Berücksichtigung von Mensch, Technik und Organisation, die Betrachtung sozialer Prozesse sowie der Versuch einer prospektiven Wirtschaftlichkeitsbetrachtung zwar die Wahrscheinlichkeit für innovative und effiziente Lösungen erhöhen, aber niemals eine Garantie für deren Umsetzung sein kann. Die Vorbehalte gegenüber organisatorischen Neuerungen sind mit Hilfe von Wirtschaftlichkeitsrechnungen allein kaum zu überwinden. Die Vorstellungen der Projektmitglieder darüber, was effiziente Organisationskonzepte sind, scheinen wesentlichen Einfluß darauf zu haben, was angesichts knapper Projektressourcen überhaupt einer Wirtschaftlichkeitsbetrachtung unterzogen wird. Ihnen kommt damit neben der Einschätzung der innerbetrieblichen Durchsetzbarkeit von Gestaltungskonzepten eine herausragende Bedeutung sowohl für den Verlauf als auch das Ergebnis von Planungs- und Bewertungsprozessen zu[49].

Insbesondere vor dem Hintergrund der in den Unternehmen A und B gesammelten Erfahrungen läßt sich die Hypothese formulieren, daß die Umsetzung bereichsübergreifender organisatorischer Innovationen in Unternehmen einer Art 'Inkubationszeit' bedarf. Diese ist grob durch drei Phasen charakterisiert:

- In einer ersten Phase werden einzelne Unternehmensbereiche mit einer organisatorischen Innovation konfrontiert. Diese wird tendenziell zunächst skeptisch beurteilt, wenn nicht gar abgelehnt. Die Einschätzung erfolgt dabei eher intuitiv auf der Basis der Kenntnis unternehmensspezifischer Gegebenheiten als auf der Grundlage einer analytisch-rationalen Analyse.

- In einer zweiten Phase wird eine organisatorische Innovation zumindest von einzelnen Unternehmensmitgliedern in entsprechenden Planungsvorhaben eingebracht und ernsthaft in Erwägung gezogen. Allerdings erfolgt trotz positiver Einschätzung der damit verbundenen Effizienz keine sofortige Umsetzung, da die aktuellen Chancen für eine erfolgreiche Umsetzung in Anbetracht unternehmens-

---

[49] Braczyk (1992) kommt in seiner Analyse betrieblicher Beschaffungsentscheidungen zu vergleichbaren Ergebnissen. Auf die Bedeutung der impliziten Vorstellungen von Organisationsgestaltern zur Erklärung von Organisationsstrukturen weisen innerhalb der Organisationstheorie insbesondere die sogenannten interpretativen Ansätze hin (zum Überblick siehe Wollnik 1993).

spezifischer Gegebenheiten nicht hoch genug eingeschätzt werden.

- Die Umsetzung erfolgt erst in einer dritten Phase, wenn die Gelegenheit für eine erfolgreiche Durchsetzung als geeignet erachtet wird. Anlaß hierfür kann z.B. der Wechsel eines Abteilungsleiters, die Empfehlung eines externen Beraters oder ein neuer Trend in der Organisationsgestaltung sein.

Es steht zu vermuten, daß die Dauer dieser 'Inkubationszeit' von Unternehmen zu Unternehmen sehr unterschiedlich ist.

6.3.1.4 Bereichsübergreifende Wirkungsanalyse

Die Bewertung der jeweiligen Grobkonzepte basierte im wesentlichen auf dem an anderer Stelle bereits eingehend dargestellten "quasi-experimentellen Werkstückdurchlauf" und dem "werkstückbezogenen Prozeßkostenvergleich". Nach anfänglicher Unsicherheit, bezüglich des erforderlichen zeitlichen Aufwands, fand der "quasi-experimentelle Werkstückdurchlauf" in allen drei Unternehmen breite Zustimmung. Dies dürfte in erster Linie darauf zurückzuführen sein, daß die Methode leicht verständlich und ihre Anwendung für die vorliegende bereichsübergreifende Fragestellung plausibel ist. Ferner erwies sich als positiv, daß die Abschätzung der Zeitaufwände anhand konkreter, betriebstypischer Werkstücke erfolgte. Wenngleich sich alle Befragten darüber im Klaren waren, daß es sich dabei um werkstückspezifische Ergebnisse handelt, die zudem eher "grobe Hausnummern" darstellen, boten die so ermittelten Schätzgrößen dennoch eine gute Grundlage zur Beurteilung der Vorteilhaftigkeit verschiedener Grobkonzepte. Diese Form der Datenerhebung brachte eine Reihe interessanter Detailprobleme bzw. -erkenntnisse ans Licht. Sie ermöglichte einerseits die Ableitung einer Matrix, die die zeitlichen Einsparpotentiale einer CAD-Geometriedatenübernahme in Abhängigkeit verschiedener Werkstückkomplexitäten andeutet (vgl. Abbildung 6-15). Andererseits konnten auf diese Weise wertvolle Hinweise über Voraussetzungen für das Ausschöpfen identifizierter Nutzenpotentiale gesammelt werden. Der zeitliche Aufwand zur Verfahrensanwendung, der in annähernd einstündigen Einzelgesprächen mit Mitarbeitern der Bereiche Konstruktion, Arbeitsvorbereitung und Fertigung bestand und sich über den Projektverlauf je Mitarbeiter auf etwa 1,5 Menschtage beschränkte, wurde von Seiten der Unternehmen als unproblematisch angesehen.

Die vom Verfasser auf der Basis der Zeitanalysen durchgeführten werkstückbezogenen Prozeßkostenvergleiche fanden ebenfalls breite Zustimmung in den Unternehmen

sowie bei den Unternehmensvertretern des genannten Workshops und dem CAD/
CAM-Arbeitskreis. In Anbetracht der bereichsübergreifenden Fragestellung erschien
die Fortsetzung des Prozeßgedankens im Rahmen der Kostenprognose allen ein plausi-
bler Ansatz. Den ausschließlich aus Vertretern technischer Bereiche bestehenden
Diskussionsteilnehmern genügte die Exaktheit der so ermittelten Ergebnisse, um Anhaltspunkte zur Bewertung einzelner Grobkonzepte zu erhalten. Entscheidender als die
Exaktheit war vielmehr, daß in den Prozeßkosten die in den indirekten Bereichen
anfallenden einmaligen und laufenden DV-Kosten sowie die mit alternativen Organisationskonzepten verbunden verschiedenen Personalkostensätze berücksichtigt waren.

Im Verlauf des gesamten Planungsprozesses bildeten die "quasi-experimentellen Werkstückdurchläufe" und die werkstückbezogenen Prozeßkostenvergleiche eine zentrale
Grundlage für die Diskussionen innerhalb der Projektteams. Wenn sie - ebensowenig
wie andere Ansätze - in der Lage sind, ein exaktes und objektives Bild der ökonomischen Auswirkungen alternativer Grobkonzepte der CAD/NC-Prozeßkette zu zeichnen,
so kam ihnen dennoch eine herausragende Bedeutung für die Entwicklung eines gemeinsamen Projektverständnisses und einer einheitlichen Sichtweise der Nutzen- und
Anwendungspotentiale einzelner Gestaltungslösungen zu. Dieser Effekt ist in seiner
Bedeutung für die Gestaltung bereichsübergreifender Prozesse sicherlich nicht zu
unterschätzen.

6.3.2 Ergebnisse der Bewertung alternativer Grobkonzepte

6.3.2.1 Quantifizierbare Wirkungen

(a) Programmerstellungszeiten
Der bis zum Vorliegen einer lauffähigen NC-Programms insgesamt anfallende zeitliche Aufwand ist von verschiedenen Einflußfaktoren abhängig, wie beispielsweise von
der Leistungsfähigkeit des NC-Programmiersystems, der Qualifikation und Motivation
der Mitarbeiter, der Arbeitsorganisation, der Leistungsfähigkeit der Maschinensteuerung oder dem Maschinentyp, für den das Programm zu erstellen ist. Die werkstückbezogenen Zeitvergleiche in den drei Unternehmen konnten zeigten, daß die zeitlichen
Einsparpotentiale einer CAD/NC-Kopplung darüber hinaus in hohem Maße von den
bearbeitungsgeometrischen und den fertigungstechnologischen Gegebenheiten der
jeweils zu bearbeitenden Frästeile abhängig ist. Die vergleichende Betrachtung alternativer Grobkonzepte der CAD/NC-Prozeßkette zeigte, daß weder die Übernahme von

CAD-Daten zur NC-Programmierung noch die manuelle Eingabe NC-relevanter Werkstückinformationen ins Programmiersystem sich generell als die schnellere Lösung erweist. Ausgehend von folgenden vier Komplexitätstypen prismatischer Frästeile konnten unterschiedliche zeitliche Einsparpotentiale für eine CAD/NC-Kopplung gegenüber einer manuellen Dateneingabe ins NC-Programmiersystem bzw. die Maschinensteuerung identifiziert werden (vgl. auch Abbildung 6-15):

- Typ I: Niedrige bearbeitungsgeometrische, niedrige fertigungstechnologische Komplexität,
- Typ II: hohe bearbeitungsgeometrische, niedrige fertigungstechnologische Komplexität,
- Typ III: hohe bearbeitungsgeometrische, hohe fertigungstechnologische Komplexität,
- Typ IV: niedrige bearbeitungsgeometrische, hohe fertigungstechnologische Komplexität.

Die bearbeitungsgeometrische Dimension bezeichnet Art und Anzahl der Konturelemente eines Werkstücks, die durch die Bewegung des Fräswerkzeugs erzeugt werden und somit äquidistant zu den zu programmierenden Werkzeugwegen sind. Im Fall von Bohr-/Frästeilen ist auch die Anzahl der Bohrkoordinaten von Bedeutung. In ihrer Gesamtheit bestimmen die vorhandenen Konturelemente den erforderlichen Aufwand zur Beschreibung der Werkzeugverfahrwege im Zuge der NC-Programmierung. Die geometrische Komplexität kann als hoch bezeichnet werden, wenn sich eine Bearbeitungskontur aus mehreren Konturelementen zusammensetzt und/oder die Konturelemente Kurven darstellen. Die geometrische Komplexität kann als gering bezeichnet werden, wenn eine Bearbeitungskontur aus einem bzw. wenigen Konturelementen besteht und diese sich zudem einfach beschreiben lassen. Die so definierte Komplexität der Bearbeitungsgeometrie ist - hierauf ist zu achten - nicht gleichzusetzen mit der Komplexität der Werkstückgeometrie. Vielmehr besteht die Komplexität der Werkstückgeometrie noch aus weiteren Aspekten wie Anzahl erforderlicher Ansichten zur Werkstückdarstellung in technischen Zeichnungen, Genauigkeitsanforderungen bezüglich Passungen oder Form-Lage-Toleranzen. Diese Aspekte werden jedoch für die Bearbeitung in erster Linie als Problem der Fertigungstechnologie wirksam. Aus diesem Grund finden sie Eingang in die Beschreibung der technologischen Bearbeitungskomplexität. Die fertigungstechnologische Dimension der Werkstückkomplexität beschreibt dagegen die zur Bearbeitung eines Werkstücks anfallenden Anforderungen. Beispielhaft sind zu nennen Passungen, Form-Lage-Toleranzen, Anzahl zu bearbeitender Seiten bzw. Ebenen, offene Konturelemente etc. Die fertigungstechnologische Komplexität ist dabei umso höher, je mehr Anforderungen an die Bearbeitung eines Werkstücks gestellt sind. Wie bereits erwähnt, ist die fertigungstechnologische Komplexität oftmals eng verknüpft mit der werkstückgeometrischen Komplexität.

Für Frästeile mit komplexen Bearbeitungsgeometrien und geringen fertigungstechnologischen Anforderungen (z.B. Kurvenscheiben) wurden von einer CAD-Geometriedatenübernahme Einsparpotentiale von bis zu 50 % gegenüber einer manuellen Eingabe der Werkstückgeometrie erwartet (Typ II). Bei Frästeilen, die bearbeitungsgeometrisch durch wenige und zudem vergleichsweise einfache Geometrieelemente gekennzeichnet sind (z.B. Rechtecke), war dagegen mit geringeren zeitlichen Einsparpotentialen einer CAD-Datenübernahme zu rechnen (Typ I).

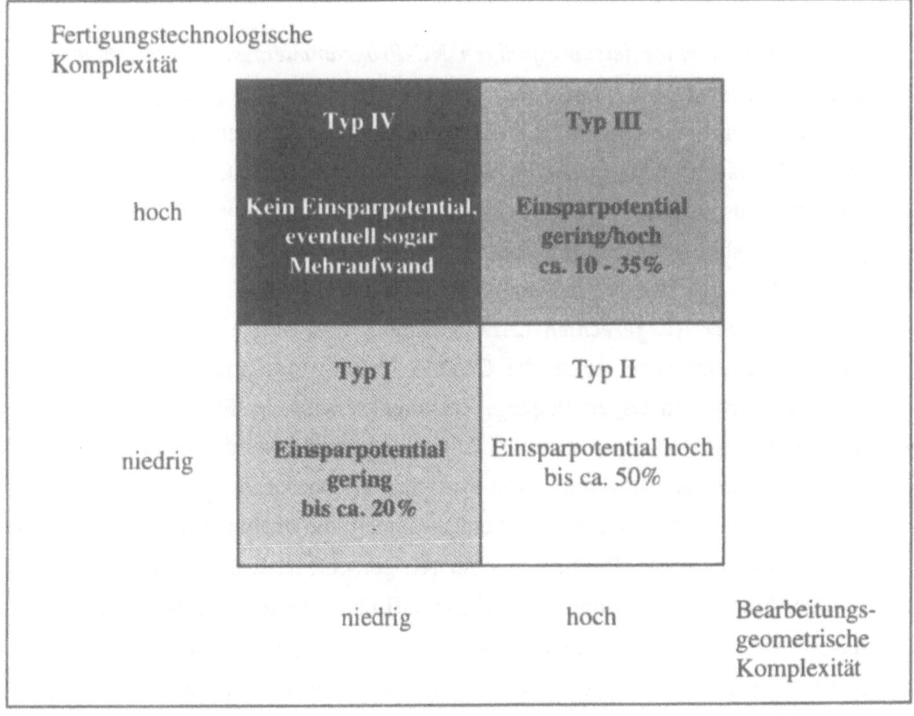

Abb. 6-15: Zeitliche Einsparpotentiale einer CAD-Geometriedatenübernahme in Abhängigkeit der Bearbeitungskomplexität

Ob und gegebenenfalls inwieweit die mit einer CAD-Datenübernahme verbundenen zeitlichen Einsparpotentiale ausgeschöpft werden können, wurde allerdings in Abhängigkeit von folgenden Bedingungen gesehen[50]:

- *Vorliegen einer geeigneten Datenschnittstelle:* Die Datenschnittstelle muß bestimmten Mindestanforderungen genügen, wie z.B. Übertragbarkeit aller Hilfslinien und Bearbeitungszeichen, einfache Manipulierbarkeit der übernommenen CAD-Daten am NC-System (z.B. Nullpunktverschiebung, Verschieben von Start- bzw. Endpunkten, Legen von Aufmaßen etc.), separate Abrufbarkeit einzelner CAD-Layer u.a. Diese Mindestanforderungen an die Schnittstelle sind allerdings abhängig vom Umfang der zu übergebenden Daten. So verlieren die genannten Punkte beispielsweise an Bedeutung, wenn sich der Datenaustausch auf die Übergabe von Parameterlisten beschränkt.

- *Vorhandensein eines leistungsfähigen NC-Programmiersystems:* Für eine effiziente Datenübernahme und -aufbereitung muß ein leistungsfähiges Programmiersystem mit einer Rechnerkapazität zur Verfügung stehen, die auch bei großen CAD-Dateien keine größeren Wartezeiten zur Folge hat. Darüber hinaus ist die Grafikfähigkeit des NC-Systems zur Weiterbearbeitung von CAD-Zeichnungen eine unabdingbare Voraussetzung.

- *Vorliegen einer NC-gerechten CAD-Zeichnung:* Um eine effiziente Datenübergabe zu gewährleisten, sollte die CAD-Zeichnung bestimmten Anforderungen einer NC-gerechten Layerbelegung, Zeichnungserstellung, Flächenmodellierung und Toleranzgestaltung genügen[51]. Übereinstimmend wurde darauf hingewiesen, daß an die Konstruktion - von Ausnahmen abgesehen - lediglich generalisierbare Anforderungen gerichtet werden können, die unabhängig von konkreten werkstückspezifischen Problemen eine NC-gerechte Zeichnung hervorbringen. Darüber hinausgehende, nur werkstückspezifisch zu berücksichtigende Anforderungen wie z.B. die Übertragung von Geometrie-Hilfspunkten, wurde nur auf der Basis kooperativer Organisationsmodelle zwischen Konstruktion, Arbeitsplaner/NC-Programmierer und gegebenenfalls Maschinenführer als praktikabel

---

[50] Da die drei genannten Bedingungen in engem Zusammenhang mit dem aktuellen Stand der Technik zu sehen sind, können diese im Zuge technischer Weiterentwicklungen gegenüber neuen Bedingungen an Bedeutung verlieren.

[51] Eine ausführliche Darstellung zur NC-gerechten Geometrieerstellung und Toleranzgestaltung findet sich bei Haasis/Zimmermann (1993, S. 168-173).

angesehen.

Für Frästeile mit hoher fertigungstechnologischer und geringer bearbeitungsgeometrischer Komplexität (Typ IV) waren dagegen keine nennenswerten zeitlichen Einsparpotentiale infolge einer CAD-Datenübernahme zu erwarten. Im Einzelfall war innerhalb der Prozeßkette sogar mit einer Erhöhung des Gesamtaufwands gegenüber einer manuellen Eingabe der NC-relevanten Geometrie von bis zu 50 % zu rechnen. Insbesondere folgende fertigungstechnologischen Werkstückmerkmale bzw. Bearbeitungsanforderungen erwiesen sich im Hinblick auf eine CAD/NC-Kopplung per standardisierter Datenschnittstelle als aufwandverursachend:

- *Anzahl zu bearbeitender Werkstückseiten:* Jede Aufspannung bzw. zu bearbeitende Werkstückseite erfordert ein separates NC-Programm. Die effiziente Übernahme von Werkstückdaten vom CAD ins NC-System setzt somit voraus, daß für jede zu bearbeitende Werkstückseite eine Ansicht im CAD vorliegt. Da in der Regel ein Werkstück in der Konstruktion mit zwei bis drei Ansichten hinreichend genau beschrieben werden kann, ist diese Voraussetzung je nach Anzahl der Aufspannungen und/oder zu bearbeitenden Werkstückseiten nicht immer gegeben.
  Um dennoch eine vollständige Geometrieübergabe zu gewährleisten, sind die in der CAD-Datenbasis fehlenden Ansichten ergänzend zu beschreiben. Dies kann entweder in der Konstruktion oder im Rahmen der NC-Programmierung erfolgen. Ersteres hätte insbesondere bei 2D- und 2½D-CAD-Systemen zur Folge, daß die möglichen Zeiteinsparungen in der NC-Programmierung durch den Aufwand zur Erzeugung zusätzlicher Ansichten überkompensiert würden. Erfolgt dagegen eine Beschreibung in der CAD-Datenbasis fehlender Werkstückansichten, so kommt zum Selektionsaufwand für die NC-gerechte Aufbereitung der übernommenen CAD-Daten additiv der Aufwand zur Beschreibung fehlender Werkstückkonturen hinzu.

- *Anzahl offener Fräskonturelemente:* Offene Konturelemente[52] erfordern im Rahmen der NC-Programmierung zur Bestimmung der Start- und Endpunkte der Werkzeuge das Erzeugen von Hilfsgeometrien. Der damit einhergehende zeitliche Aufwand zur NC-gerechten Aufbereitung einer CAD-Geometrie wird dabei wesentlich durch die Anzahl der an einem Frästeil vorhandenen offenen Konturen bestimmt.
  Je mehr offene Konturelemente ein Werkstück aufweist, desto höher ist der Aufwand zur Datenaufbereitung. Hierdurch können mögliche Zeiteinsparungen kompensiert, wenn nicht gar überkompensiert werden.

---

[52] Offene Konturen sind dadurch gekennzeichnet, daß sie nach der Außenseite des Werkstücks offen sind. Im Gegensatz zu geschlossenen Konturelementen, wie z.B. Taschen, besitzen sie einen Start- bzw. Endpunkt, der über die Außenkante des Werkstücks hinausgeht.

- *Dominanz von Flächen- gegenüber Konturbearbeitung:* Für Frästeile, die in erster Linie planbearbeitet werden, sind zur NC-Programmierung im wesentlichen Informationen über Tiefenzustellung und Lage der Fläche in Relation zu einem Bezugspunkt in einem Koordinatensystem erforderlich. Da bei solchen Fräsbearbeitungen Informationen über Konturverläufe nur eine geringe Bedeutung zukommt, sind von der Übernahme kompletter Werkstückzeichnungen aus dem CAD keine nennenswerten Zeiteinsparungen zu erwarten. Diese können durch den Selektionsaufwand zudem weiter reduziert werden.

- *Hilfskonturen bzw. Fertigungsaufmaße:* Bei mehrstufigen Bearbeitungsprozessen von Werkstücken sind häufig Zwischenzustände geometrisch zu beschreiben, die in logischer Reihenfolge vom Rohteil zum Fertigteil führen. Die ursprünglich aus der Konstruktion übernommene (Fertigteil-)Geometrie ist dabei im Rahmen der NC-Programmierung mit Hilfe von Hilfskonturen bzw. Aufmaßen zu modifizieren.
  Mit der Anzahl der zur Bearbeitung eines Werkstücks aufgrund von Wärmebehandlung oder hohen Oberflächenanforderungen erforderlichen Zwischenkonturen erhöht sich der Aufwand zur fertigungsorientierten Geometriebeschreibung. Dadurch können die infolge einer Geometrieübernahme realisierbaren Zeiteinsparungen kompensiert werden. Dies gilt insbesondere dann, wenn zur Ermittlung der Werkzeugverfahrwege die Verformung des Werkstücks während der Bearbeitung berücksichtigt werden muß (z.B. bei Schweiß- oder Gußteilen).

- *Anzahl technologiebehafteter Konturelemente:* Bei der Datenübertragung von Werkstückinformationen über Standardschnittstellen bleiben beim derzeitigen Stand der Technik technologische Aspekte weitgehend unberücksichtigt. Eine automatische Zuordnung von Technologieinformationen wie Toleranzangaben, Gewindeinformationen oder Oberflächenattributen zu entsprechenden Flächenelementen ist somit nur sehr eingeschränkt möglich.
  Im Fall einer Datenübergabe per Schnittstelle, wie sie in allen drei Unternehmen diskutiert wurde, ist somit eine NC-gerechte Aufbereitung der übertragenen Kontur unter Verwendung eines Zeichnungsausdrucks nach wie vor unentbehrlich. Je mehr technologiebehaftete Konturelemente, desto höher der Aufwand zur NC-Aufbereitung der Kontur.

- *Größe des Werkstücks:* Ist ein Werkstück aufgrund seiner Größe nicht mehrkomplett am Bildschirm darstellbar (insb. bei Langteilen), so ist zur Selektion der relevanten Fräskontur häufiges Zoomen und die Zuhilfenahme von Zeichnungsausdrucken erforderlich.
  Dadurch dürfte sich insgesamt der Aufwand zur Selektion und Aufbereitung der CAD-Geometrie und damit die Zeit zur Erstellung eines NC-Programms erhöhen.

Gegenüber den bislang bekannten empirischen Ergebnissen zur Wirtschaftlichkeit einer CAD/NC-Kopplung liegen damit nun auch empirische Werte für das 2½D-Fräsen vor, die eine grobe Einschätzung der zeitlichen Einsparpotentiale unterschiedlich komplexer Werkstücke erlauben (vgl. Anhang 1). Insgesamt bestätigen die hier erarbeiteten Ergebnisse die Einschätzungen anderer Untersuchungen, daß es bei der Beurteilung des zeitlichen Nutzens einer CAD/NC-Integrationslösung nicht genügt, den Aufwand lediglich in einem Fachbereich (z.B. der NC-Programmierung) zu betrachten (vgl. Orban/Scheller 1989, S. 104; Gehrke 1989, S. 163). Es ist vielmehr erforderlich, bei der Wirkungsanalyse den Gesamtaufwand von der NC-gerechten CAD-Zeichnung bis zum lauffähigen NC-Programm zugrundezulegen. Nur so lassen sich Mehraufwände, die infolge einer Integrationslösung in anderen Funktionsbereichen (z.B. der CAD-Konstruktion) anfallen, adäquat berücksichtigen.

(b) Kostenwirkungen

Die Fallstudien zeigen, daß die verschiedenen Grobkonzepte mit unterschiedlichen Arbeitsplatzkosten verbunden sind und darüber hinaus eine unterschiedliche Beanspruchung einzelner Kostenstellen bzw. -plätze vorsehen. Der Durchlauf eines Werkstücks durch die CAD/NC-Prozeßkette verursacht somit je nach ihrer technisch-organisatorischen Ausgestaltung Prozeßkosten in unterschiedlicher Höhe. Da sich die Werkstückkomplexität, wie bereits bei den Ergebnissen des Zeitvergleiches deutlich geworden

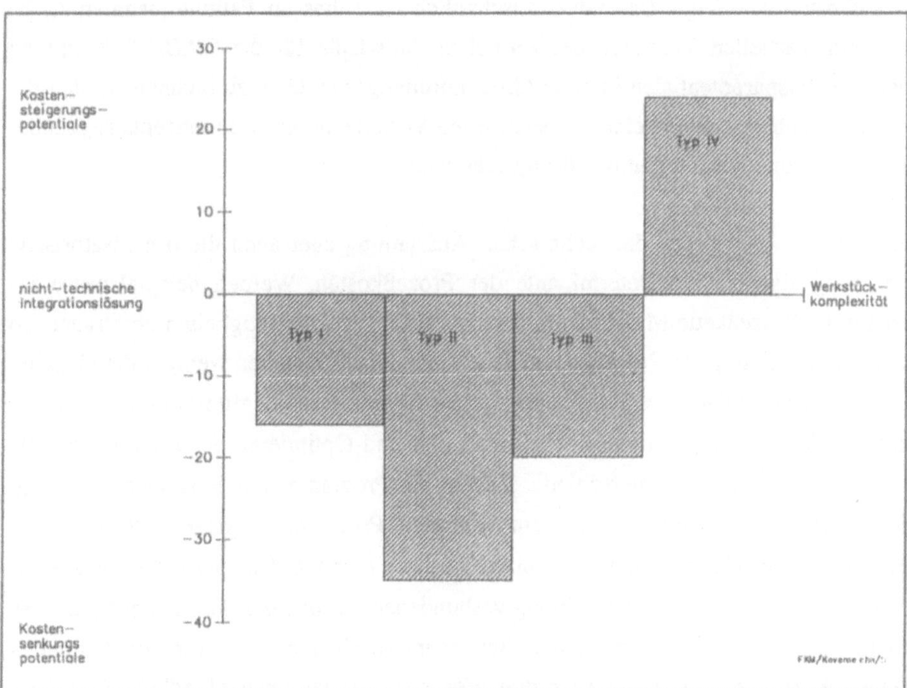

Abb. 6-16: Veränderungen des kostenmäßigen Aufwands zur Programmerstellung infolge einer datentechnischen CAD/NC-Integration

ist, in hohem Maße auf die zeitliche Beanspruchung einzelner Kostenplätze auswirkt, kommt dieser neben der Höhe des Platzkostensatzes eine zentrale Bedeutung zu (vgl. Abbildung 6-16).

Des weiteren machen die werkstückbezogenen Kostenvergleiche deutlich, daß die zeitlichen Einsparpotentiale einer CAD-Datenübernahme in der Regel nicht gleichzusetzen sind mit Einsparungen auf der Kostenseite. Es zeigt sich vielmehr, daß die höheren Arbeitsplatzkosten der Schnittstellenlösungen den (bewerteten) Gesamtnutzen dieses Grobkonzepts reduzieren. Dies ist im wesentlichen auf zwei Ursachen zurückzuführen. Zum einen nimmt die Programmierung von Werkstücken mit mehr als zwei bis drei Bearbeitungsseiten den teueren CAD-Arbeitsplatz länger in Anspruch als bei der manuellen Eingabe der NC-relevanten Geometrie ins Programmiersystem. Wie bereits an anderer Stelle ausgeführt, ist dies bei den hier vorliegenden 2D-CAD-Systemen erforderlich, um bereits alle Werkstückansichten vom CAD- ins NC-Programmiersystem übertragen zu können. Zum anderen hat die jeweilige technische Ausgestaltung des Prozeßkette (Anzahl Programmierarbeitsplätze, Einsatz von DNC, eingesetzte Prozessoren etc.) eine Erhöhung der in der Prozeßkette insgesamt anfallenden Prozeßkosten zur Folge. Besonders anschaulich wird dies im Fallunternehmen A. Ist hier beim partiellen Vergleich der zeitlichen Aufwände für die CAD/NC-Kopplung noch mit Einsparpotentialen in einer Größenordnung von 25 % zu rechnen, so läßt die Prozeßkostenbetrachtung keine nennenswerten Vorteile dieses Grobkonzepts gegenüber der konventionellen Integrationslösung erkennen.

Ferner erwies sich neben der technischen Ausstattung aber auch die organisatorische Gestaltung als wichtige Determinante der Prozeßkosten. Werden beispielsweise innerhalb der Prozeßkette Maschinenführern auch Programmiertätigkeiten übertragen, so ist eine Reduzierung der Prozeßkosten zu erwarten. Dabei spielen weniger die Gehalts- bzw. Lohnunterschiede von NC-Programmierern und Maschinenführern eine Rolle als vielmehr die zeitlichen Vorteile beim Einfahren und Optimieren der Programme aufgrund der Qualifikationsunterschiede. Erfolgt die Programmerstellung nicht direkt an der Maschinensteuerung, sondern am zentralen Programmiersystem, ist mit einer Reduzierung der Programmierarbeitsplatzkosten zu rechnen. Dies ist insbesondere auf den mit dieser Betriebsmittelzuordnung verbundenen Anstieg des Auslastungsgrads des Programmiersystems zurückzuführen. Besonders anschaulich wird dies im Fallunternehmen A. Hier zeigt sich bei allen drei Werkstücken, daß unterschiedliche Grobkonzepte zu vergleichbaren Prozeßkosten führen können. Eine CAD/NC-Kopplung ist somit nicht eindeutig vorteilhafter als eines der anderen Grobkonzepte. Um programmierbedingte Maschinenstillstandszeiten zu vermeiden ist in diesem Fall allerdings ein zusätzlicher Programmierplatz und eine personelle Ausstattung erforderlich, die ein bearbeitungsparalleles Programmieren ermöglichen.

Im Unterschied zu den in Kapitel 4.3.2 vorgestellten Ergebnissen von Orban/Scheller (1989, S. 102-107) zeigen die hier erarbeiteten Werte, daß die Form der Arbeitsorganisation und die Wahl des technischen Basiskonzepts durchaus die Wirtschaftlichkeit der CAD/NC-Prozeßkette beeinflussen können. Dies ist damit zu begründen, daß im Gegensatz zum Untersuchungsansatz von Orban/Scheller hier nicht davon ausgegangen wurde, daß die Unternehmen das globale Optimum jeweils gefunden bzw. realisiert haben. Stattdessen wurde versucht, in jedem Unternehmen systematisch alternative Grobkonzepte hinsichtlich ihrer ökonomischen Auswirkungen zu analysieren. Dabei wurde deutlich, daß vor dem Hintergrund betriebsspezifischer Gegebenheiten sich Arbeitsorganisation und Schnittstellenkonzept einen Einfluß auf Kennzahlen zur Wirtschaftlichkeit der CAD/NC-Prozeßkette haben.

Die Ergebnisse der Prozeßkostenbetrachtung zeigen ferner, daß es bei der prospektiven Abschätzung des wirtschaftlichen Nutzens alternativer Grobkonzepte der CAD/NC-Prozeßkette nicht genügt, lediglich die zeitlichen Einsparpotentiale zu betrachten. Es ist vielmehr notwendig, diese mit denjenigen Kosten zu bewerten, die vor dem Hintergrund technisch-organisatorischer Gestaltungskonzepte beim Erstellen lauffähiger NC-Programme über alle beanspruchten Kostenplätze bzw. -stellen hinweg zu erwarten sind. Darüber hinaus wurde deutlich, daß die Betrachtung alternativer Grobkonzepte die Treffsicherheit von Investitionen erhöhen kann und das Koppeln von CAD- und NC-Programmiersystem allein noch keine Gewähr bietet, daß die mit einer solchen Lösung prinzipiell verbunden Nutzenpotentiale, quasi automatisch ausgeschöpft werden können.

(c) Fehler und Fehlermöglichkeiten

Mit verschiedenen technisch-organisatorischen Konzepten der CAD/NC-Prozeßkette sind unterschiedliche Fehlerquellen und -wahrscheinlichkeiten verbunden. Erfolgt die Programmerstellung aufgrund von Zeichnungsausdrucken, existieren insbesondere zwei Hauptquellen von Programmfehlern: die Ermittlung von Schnitt- bzw. Koordinatenpunkten sowie die manuelle Eingabe von Geometriedaten ins NC-Programmiersystem. Meist kommt es bei der Umsetzung von Geometrieangaben der Konstruktionszeichnung in Programmanweisungen aufgrund von Flüchtigkeitsfehlern beim Lesen von Maßangaben oder deren Eingabe über Tastatur zu Programmfehlern. Da bei einer CAD-Datenübernahme die Berechnung von Schnitt- bzw. Koordinatenpunkten ebenso entfallen würde wie die wiederholte manuelle Eingabe bereits im CAD vorhandener Geometriedaten, ist zu erwarten, daß hier deutlich weniger Fehler auftreten. Nach Meinung der befragten Experten würde sich dies insbesondere bei Werkstücken mit zahlreichen Bohrungen bemerkbar machen. Auffallend ist, daß das häufig im Zusammenhang mit der CAD-Datenübernahme zitierte Ziel der Verringerung von Programm-(eingabe)fehlern von den Unternehmen zwar genannt, aber in seiner quantitativen und qualitativen Bedeutung als vergleichsweise gering eingeschätzt wurde.

(d) Auftragsdurchlaufzeit

Der Reduzierung von Auftragsdurchlaufzeiten wurde in allen drei Unternehmen eine große Bedeutung beigemessen. Dennoch sahen die befragten Experten 'vor Ort' nur einen sehr geringen Zusammenhang von Programmerstellung- und Auftragsdurchlaufzeiten. Dies wurde damit begründet, daß sich der Zeitaufwand zur Programmerstellung für die Fräsbearbeitung am Gesamtdurchlauf eines Auftrags in vielen Fällen vergleichsweise niedrig darstellt. Eine Reduzierung der Programmerstellungszeiten beispielsweise mit Hilfe einer CAD-Geometriedatenübernahme dürfte somit geringe Wirkung auf die Bearbeitungszeiten einzelner Auftragslose und damit die Auftragsdurchlaufzeit zeigen.

Da der Anteil der effektiven Wertschöpfung (d.h. der tatsächlichen Bearbeitungszeiten abzüglich Liege- und Wartezeiten) an der Durchlaufzeit oftmals sehr gering ist[53], wäre zu untersuchen, inwieweit eine CAD-Geometriedatenübergabe quantifizierbare Nutzenpotentiale zur Reduzierung von Warte- und Liegezeiten eröffnet. Aufgrund des hier gegebenen Zeit- und Kostenrahmens konnte diese Frage leider nicht behandelt werden. Es steht allerdings zu vermuten, daß der räumlichen Zusammenlegung von Mitarbeitern, die am Prozeß der NC-Programmerstellung mitwirken (Technischer Zeichner, Konstrukteur oder Arbeitsvorbereiter), hierfür eine wichtige Schlüsselfunktion zukommt.

---

[53] In günstigen Fällen liegt er bei 20 %, häufig sogar nur bei dem erstaunlichen Anteil von einem Prozent der gesamten Durchlaufzeit (vgl. Seifert 1992, S. 265).

6.3.2.2 Schwer quantifizierbare Wirkungen

Die Ergebnisse der Zeit- und Prozeßkostenvergleiche stellten zwar wichtige, aber keineswegs die einzigen Kriterien zur Bewertung der alternativen Grobkonzepte dar. So wurden in allen Expertengesprächen der drei Fallstudien neben quantifizierbaren auch schwer quantifizierbare bzw. qualitative Wirkungen verschiedener Konzepte der CAD/NC-Prozeßkette thematisiert. Hierbei wurden Erwartungen sowohl positiver wie auch negativer Wirkungen geäußert. Diese werden im folgenden als 'Qualitative Nutzenerwartungen' bzw. 'Schwierigkeiten und Hemmnisse' bezeichnet.

(a) Qualitative Nutzenerwartungen

Folgende Erwartungen fanden im Rahmen der Diskussionen um die ökonomischen Wirkungen einer CAD-Datenübernahme ins NC-Programmiersystem in allen drei Unternehmen besondere Beachtung:

- *Verbesserung des bereichsübergreifenden Denkens und Handelns:* Mit einer Übernahme von CAD-Daten in die NC-Programmierung wurde die Erwartung hinsichtlich einer Verbesserung des bereichsübergreifenden Denkens und Handelns verbunden. Die Überwindung bereichsorientierter Denk- und Verhaltensweisen wurde als wesentliche Voraussetzung für eine erfolgreiche Arbeit des Unternehmens gewertet. Darüber, ob die Realisierung einer CAD/NC-Kopplung ein adäquates Mittel zur Verbesserung des bereichsübergreifenden Denkens darstellt oder vielmehr grundlegende Voraussetzung für deren Erfolg ist, bestanden bei den Gesprächspartnern teilweise unterschiedliche Einschätzungen.

- *Erhöhung der Rentabilität des CAD-Einsatzes:* Ein weiteres Argument für die Realisierung einer Datenübergabe vom CAD- ins NC-Programmiersystem war die Erwartung, hierdurch die Rentabilität bereits getätigter bzw. zur Erweiterung geplanter CAD-Investitionen sicherzustellen oder verbessern. Dies war insbesondere in einem der drei Unternehmen ein gewichtiges Argument, in dem die Produktivität der isolierte CAD-Anwendung im Konstruktionsbereich nicht ausreicht, um weitere CAD-Investitionen zu rechtfertigen[54]. Durch die Vorteile einer CAD/NC-Vernetzung soll die Wirtschaftlichkeit des CAD-Einsatzes verbessert werden.

- *Beitrag zur schrittweisen Realisierung rechnerintegrierter Fertigungsstrukturen:* Die Vernetzung von CAD- und NC-System wurde desweiteren als wichtiger Schritt auf dem Weg zu einer bereichsübergreifenden Anwendung vorhandener - bislang lediglich bereichsorientiert eingesetzter - C-Technologien gewertet. Im

---

[54]   Daß die angestrebte Steigerung der Produktivität trotz Einsatz von CAD-Systemen nicht selten ausbleibt zeigen auch branchenübergreifende Studien zum CAD-Einsatz (vgl. z.B. Lienau 1992).

Hinblick auf eine bessere Nutzung der vorhandenen Potentiale dieser Technologien wurde auf die Bedeutung einer stärker aufeinander abgestimmten Anwendung hingewiesen. In diesem Zusammenhang äußerten insbesondere die Bereiche NC-Programmierung und Fertigung die Erwartung, daß sich mit einer CAD/
NC-Kopplung die Anwendung der C-Technologien in Konstruktion und Arbeitsvorbereitung stärker als bisher aufeinanderzuentwickeln. Ein zentrales Stichwort
war dabei der "NC-gerechte CAD-Einsatz".

- *Verbesserung der NC-gerechten CAD-Anwendung und Erhöhung der Standardisierung:* Mit dem Bestreben einer beidseitigen Annäherung von CAD-Anwendung und NC-Programmierung bzw. NC-Fertigung war teilsweise auch die
  Hoffnung verbunden, durch eine bereichsübergreifende datentechnische Integration Arbeitsweisen von Kollegen zu ändern. Insbesondere von Vertretern der
  Arbeitsvorbereitung und Fertigung wurde mehr oder weniger offen die Hoffnung
  geäußert, mit Hilfe dieser technischen Maßnahme Arbeitsweisen von Kollegen in
  der Konstruktion zu beeinflussen. In erster Linie bestand der Wunsch, hierdurch
  eine stärkere Fertigungsorientierung des konstruktiven Bereichs sowie eine höhere Wiederverwendung bereits vorhandener Bauteil- bzw. Werkstücke zu bewirken.

- *Anschluß an aktuelle technologische Entwicklungen:* Die Realisierung einer
  CAD/NC-Kopplung wurde explizit nicht als Selbstzweck oder 'Spielwiese'
  technisch interessierter Mitarbeiter betrachtet. Teilweise wurde aber die Erwartung laut, mit der Realisierung einer CAD-Datenübernahme ins NC-Systemen
  frühzeitig an aktuellen technischen Trends der Fertigungstechnik zu partizipieren
  und so den Anschluß an aktuelle Entwicklungen nicht zu verpassen. Zum anderen wurde auf die Bedeutung des Erfahrungsaspekts hingewiesen. Durch eine
  solche Kopplung könnten möglicherweise wichtige Erfahrungswerte gesammelt
  werden, die zu komparativen Vorteilen gegenüber Wettbewerbern führen, die
  diese Technologie (noch) nicht einsetzen.

Angesichts der unterschiedlichen Erwartungen in den verschiedenen Funktionsbereichen der Unternehmen und auch zwischen den drei Unternehmen kann nicht von
"den" Gestaltungszielen der CAD/NC-Prozeßkette gesprochen werden.

(b) Schwierigkeiten und Hemmnisse einer betrieblichen Realisierung
In nahezu allen Gesprächen wurde neben den Vorteilen einer CAD/NC-Kopplung auch
die jeweils vorhandene, historisch gewachsene Lösung gewürdigt. Ferner wurde in
vielen Gesprächen - selbst für den Fall, daß eine DV-gestützte Vernetzung von CAD-
und NC-Programmiersystem ohne größere technische Schwierigkeiten zu realisieren
wäre - das Ausschöpfen generell vorhandener Nutzenpotentiale im betrieblichen Alltag
des eigenen Unternehmens skeptisch beurteilt. Dies war im wesentlichen auf die
Wahrnehmung betriebsinterner Hemmnisse zurückzuführen, die mit Vorhaben dieser

Art nach Einschätzung von Projektteammitgliedern erfahrungsgemäß verbunden sind. Folgende Implementierungshemmnisse wurden dabei gesehen:

- *Auflösung traditioneller Arbeitsteilungen und Verantwortungsbereiche:* Die betrieblichen Funktionsbereiche Konstruktion und Arbeitsvorbereitung haben traditionellerweise klar getrennte Verantwortlichkeiten und Zielsetzungen: Während die Konstruktion für die Funktionsfindung verantwortlich ist, obliegt der Arbeitsvorbereitung die technische Realisierung. Produkt- und Prozeßverantwortung sind somit weitgehend getrennt. Mit einer CAD/NC-Kopplung könnte sich diese traditionellen Arbeitsteilungen und Verantwortungsbereiche mehr und mehr auflösen. So würden auf der einen Seite die an die Konstruktion herangetragenen Anforderungen zunehmen, da mit der Forderung nach einer "fertigungs-, montage- oder NC-gerechten Konstruktion" neben der funktionsorientierten Logik auch fertigungsorientierte Aspekte zu berücksichtigen sind. Die Konstruktion ist somit zunehmend aufgefordert, auch Prozeßverantwortung zu übernehmen. Auf der anderen Seite sind die fertigenden bzw. fertigungsnahen Bereiche im Zuge der DV-technischen Vernetzung stärker als bisher aufgefordert, eine effiziente Konstruktionsarbeit bzw. CAD-Datenübernahme durch "eine konstruktive Zusammenarbeit" zu unterstützen. Unabhängig von der formalen Aufgabenteilung zwischen Konstruktion und AV bzw. NC-Programmierung ist daher einer CAD/NC-Kopplung zu erwarten, daß sich die Verantwortungsbereiche zunehmend vermischen.
Wie die nachfolgenden Ausführungen zur Bereitstellung NC-gerechter CAD-Zeichnungen zeigen, erwachsen hieraus Qualifikationsanforderungen insbesondere an Konstrukteure bzw. Technische Zeichner, die nach übereinstimmender Einschätzung der betrieblichen Experten auf ein "gesundes" Mindestmaß zu beschränken sein werden.
Darüber hinaus wurde von der Konstruktion bei Realisierung einer CAD/NC-Kopplung die Auflösung eindeutiger Zuständigkeiten bzw. Verantwortlichkeiten eines Betriebsbereichs für die NC-Programmierung als problematisch angesehen. So wurde beispielsweise die Frage aufgeworfen, wer für Ausschuß, Nacharbeit oder gar Maschinenschäden verantwortlich ist, wenn die entsprechenden Fehler im NC-Programm letztlich auf Zeichnungsfehler der CAD-Zeichnung zurückzuführen sind.

- *Problematik der Bereitstellung NC-gerechter CAD-Zeichnungen:* Die Konstruktion ist Ausgangspunkt der betrieblichen und evtl. auch überbetrieblichen Produkterstellung. Im Rahmen des Produkterstellungsprozesses sind unterschiedliche (Teil-)Aufgaben zu bewältigen, für deren Durchführung in der Regel spezifische Werkstückinformationen bzw. spezifische Darstellungsweisen erforderlich sind. Die NC-gerechte Darstellung ist dabei neben der einer fertigungs- oder montagegerechten eine von vielen tätigkeitsspezifischen Informationsanforderungen im Unternehmen.
Es bestand die einhellige Meinung, daß Konstrukteure bzw. Technische Zeichner nur bedingt in der Lage sind, technologisches Know-how, das zur NC-gerechten Konstruktion bzw. Zeichnungserstellung erforderlich ist, bei ihrer Arbeit zu berücksichtigen. So wünschenswert dies auch ist, werden sich entsprechende

Anforderungen doch auf ein "gesundes Mindestmaß" beschränken müssen.

- *Geringe Akzeptanz der Konstruktion zur Übernahme kopplungsbedingter Zusatzarbeiten:* Wenn für Werkstücke mit mehreren Bearbeitungsseiten das Erstellen zusätzlicher Ansichten am CAD vorgesehen ist, fallen im Konstruktionsbereich kopplungsbedingte Zusatzarbeiten an. Diese können zum Teil sehr zeitintensiv sein, wie am Beispiel von Teil 2 in Unternehmen C deutlich wurde. Für den Fall, daß diesem Zusatzaufwand kein Nutzen gegenübersteht (z.B. dadurch, daß die Produktivität des CAD-Einsatzes erhöht werden kann) stößt dies auf geringe Akzeptanz in der CAD-Konstruktion.

- *Höherer Formalisierungsgrad von Arbeitsabläufen:* Die Übernahme von CAD-Daten erfordert eine eindeutige und exakte Geometriebeschreibung mit Hilfe von Geometrieelementen. Vereinfachte Darstellungen von Elementen, unmaßstäbliche Zeichnungen, abgebrochene Darstellungen überdimensional langer Bauteile oder Definitionen mit Hilfe von Textkommentaren wie z.B. "alle Ecken mit R=2 gerundet" oder "alle anderen Maße wie Zeichnung Nr.xxx" sind daher unzulässig[55]. Dieser erhöhte Formalisierungsgrad kann insbesondere im Konstruktionsbereich eine Aufwandserhöhung zur Folge haben. Dies dürfte besonders für Variantenteile gelten.

- *Breite Nutzung der CAD-Datenübernahme ist abhängig von der Häufigkeit kopplungsgeeigneter Werkstücke:* Eine breite Nutzung der Möglichkeit zur CAD-Datenübernahme bei der alltäglichen Arbeit in der NC-Programmierung wurde nur unter der Bedingung als realistisch erachtet, daß bei vielen Frästeilen eine nennenswerte Zeitersparnis erkennbar ist. Sollte dies nur auf ein kleines Spektrum der zu bearbeitenden Werkstücke zutreffen, wurde eine konsequente Nutzung (selbst für diese Teile) als fraglich angesehen.

- *Verlust attraktiver Maschinenarbeitsplätze bei zentralen Strukturen:* Eine Übernahme von CAD-Geometriedaten ins NC-Programmiersystem leistet tendenziell einer Zentralisierung von Programmiertätigkeiten in der Arbeitsvorbereitung Vorschub, da letztere vielfach von NC-Programmierern bedient werden. Mit dem Wegfall dieses Elements qualifizierter Werkstattarbeit wurde insbesondere im Fertigungsbereich eines der drei Unternehmen der Verlust attraktiver Maschinenarbeitsplätze befürchtet. Dies wurde sowohl im Hinblick auf die langfristige Bindung qualifizierter Werkstattmitarbeiter an das Unternehmen wie auch auf die regionale Personalbeschaffung qualifizierter Facharbeiter als problematisch angesehen.

Für den Fall, daß es bei der Gestaltung der CAD/NC-Prozeßkette nicht gelingen sollte, diesen Bedenken ausreichend Rechnung zu tragen, sind nach Einschätzung der befragten Gesprächspartner erhebliche Auswirkungen auf die Wirtschaftlichkeit der Investitio-

---

[55] Zur NC-gerechten Geometrieerstellung und Toleranzgestaltung vgl. Haasis/Zimmermann (1993, S. 168ff.).

nen in eine CAD/NC-Kopplung zu erwarten. Einerseits steht zu befürchten, daß sich das Ausschöpfen der identifizierten Nutzenpotentiale zeitlich verzögert. Andererseits dürfte sich die Akzeptanz der entsprechenden Mitarbeiter erheblich verringern und damit würde möglicherweise der Erfolg des gesamten Projekts gefährdet.

6.3.2.3 Zusammenfassende Betrachtung

Im Rahmen der quasi-experimentellen Werkstückdurchläufe zeichneten sich für einzelne Werkstücke - zum Teil in erheblichem Umfang - Einsparpotentiale einer CAD/NC-Kopplung ab. Um von diesen werkstückspezifischen Ergebnissen zu einer zusammenfassenden Kosten- und Nutzenbetrachtung der ausgewählten Grobkonzepte zu gelangen, waren diese Ergebnisse vor dem Hintergrund des vorhandenen Frästeilspektrums sowie weiterer betrieblicher Rahmenbedingungen zu bewerten. Hierbei zeigte sich, daß das tatsächliche Anwendungspotential einer CAD/NC-Kopplung für die Bearbeitung prismatischer Frästeile in den drei Unternehmen bislang vergleichsweise gering ist. Dies ist auf folgende betrieblichen Rahmenbedingungen zurückzuführen (vgl. Abbildung 6-17):

- *Geringer CAD-Zeichnungsbestand:* Der derzeit in den drei Unternehmen vorhandene CAD-Zeichnungsbestand für Werkstücke mit Fräsbearbeitung liegt in einer Größenordnung zwischen 2 % und 25 % des gesamten Zeichnungsbestands. Selbst für Frästeile, die bei einer CAD/NC-Kopplung Einsparungen erwarten lassen, kann daher bislang nur in Einzelfällen auf eine CAD-Geometrie zurückgegriffen werden. Da eine kontinuierliche Erhöhung des CAD-Zeichnungsanteils angestrebt wird, ist zu erwarten, daß diese Restriktion mittel- bis langfristig an Bedeutung verlieren wird. Sie wird allerdings auch künftig nicht völlig aufzuheben sein, da ein 100 %iger CAD-Anteil nicht zu erwarten ist. Der Einsatz konventioneller Zeichenbretter wird auch in der Fertigung nicht wegzudenken sein.

- *Hohe Bedeutung der konventionellen Fertigung:* Bei der Bearbeitung der in den Unternehmen vorhandenen Frästeilspektren ist der Einsatz konventioneller Werkzeugmaschinen nach wie vor von großer Bedeutung[56]. Dies kann bedeuten, daß Frästeile, die infolge einer CAD-Datenübernahme zeitliche Einsparpotentiale erwarten lassen und die auch als CAD-Zeichnung vorliegen, keine Bearbeitung auf einer numerisch gesteuerten Werkzeugmaschine vorgesehen ist. Wo aber

---

[56] Dies gilt nicht nur in den drei Unternehmen, sondern für weite Teile des bundesdeutschen Maschinenbaus. Numerisch gesteuerte Werkzeugmaschinen stellen dort zwar die am weitesten verbreitete Komponente der rechnergestützten Fertigung dar, sie erreichen aber bei weitem nicht die Verbreitung konventioneller Werkzeugmaschinen (vgl. VDW 1991).

kein NC-Programm zu erstellen ist, da ist auch eine CAD/NC-Kopplung nicht erforderlich.

- *Hoher Anteil an Wiederholteilen:* Der Anteil an prismatischen Frästeilen, die in einem Unternehmen mehr als einmal jährlich gefertigt werden, beträgt teilweise bis zu 50 % aller Fertigungsaufträge (z.B. Unternehmen B). In Unternehmen, in denen der Wiederholanteil bislang noch sehr gering ist (z.B. Unternehmen A) wird durch verstärkte Standardisierungsbemühungen auch eine Erhöhung der Wiederholteilfertigung angestrebt. Kann aber bei der wiederholten Fertigung von Werkstücken auf ein bereits vorhandenes NC-Programm zurückgegriffen werden, ist für diese Fertigungsaufträge eine CAD/NC-Kopplung nicht erforderlich.

- *Geringer Nutzen bei Variantenfertigung:* Bis zu 15 % der Frästeile stellen Varianten zu anderen im Unternehmen vorhandenen Werkstücken dar. Da Varianten oft nur in wenigen Anforderungen voneinander abweichen, ist das Erstellen eines NC-Programms für solche Werkstücke meist durch die Änderung einzelner Parameter im NC-Programm des Basiswerkstücks erforderlich. Es ist zu erwarten, daß eine manuelle Änderung vielfach insgesamt schneller durchgeführt werden kann, als die Ableitung eines neuen NC-Programms aus der (geänderten) CAD-Geometrie.

- *Werkstücke mit hoher Fertigungskomplexität:* Unabhängig von den aktuellen Schwierigkeiten beim Einsatz standardisierter Schnittstellen, ist ein Teil des Frästeilspektrums aufgrund seiner hohen fertigungstechnischen Anforderungen mit Hilfe einer CAD/NC-Kopplung auch mittelfristig nicht oder nur mit erheblichem Aufwand planerisch beherrschbar. Beispielhaft sind hier zu nennen: Labile Werk-stücke, bei denen zur Ermittlung der Werkzeugverfahrwege die Verformung des Werkstücks während der Bearbeitung berücksichtigt werden muß; schwierig zu bearbeitende Werkstoffe, für die im Unternehmen unzureichende Erfahrungen (z.B. Schnittwerte) vorliegen; Werkstücke, deren Abmessungen sich erst bei der Bearbeitung ergeben (z.B. wärmebehandelte Teile, Teile mit hohen Oberflächenanforderungen); Bearbeitung von Körperinnenflächen.

Wie groß letztlich das unternehmensspezifische Anwendungspotential einer CAD/NC-Kopplung bei prismatischen Frästeilen ist, konnte in den Unternehmen nicht mit hinreichender Genauigkeit bestimmt werden. Waren grobe Einschätzungen für einzelne Bestimmungsgrößen des Anwendungspotentials noch möglich, so war dies mit zunehmendem Differenzierungsgrad nicht mehr leistbar. Dies bedeutet, daß beispielsweise der CAD-Zeichnungsbestand oder der CNC-Anteil für prismatische Frästeile von den betrieblichen Experten mit vertretbarem Aufwand noch annähernd einzuschätzen war. Die Frage nach dem Anteil der Frästeile, für die eine CAD-Zeichnung vorliegt, die darüber hinaus an einer CNC-Maschine bearbeitet werden, für die ein hoher Neuteilfertigungsanteil gegeben ist und die nicht zuletzt aufgrund ihrer Komplexität hohe Einsparpotentiale erwarten lassen, war nicht mit hinreichender Genauigkeit zu beantworten. Dies macht die Komplexität einer exakten Wirtschaftlichkeitsbeurteilung, die über die Ebene konkreter Werkstücke hinausgeht, deutlich.

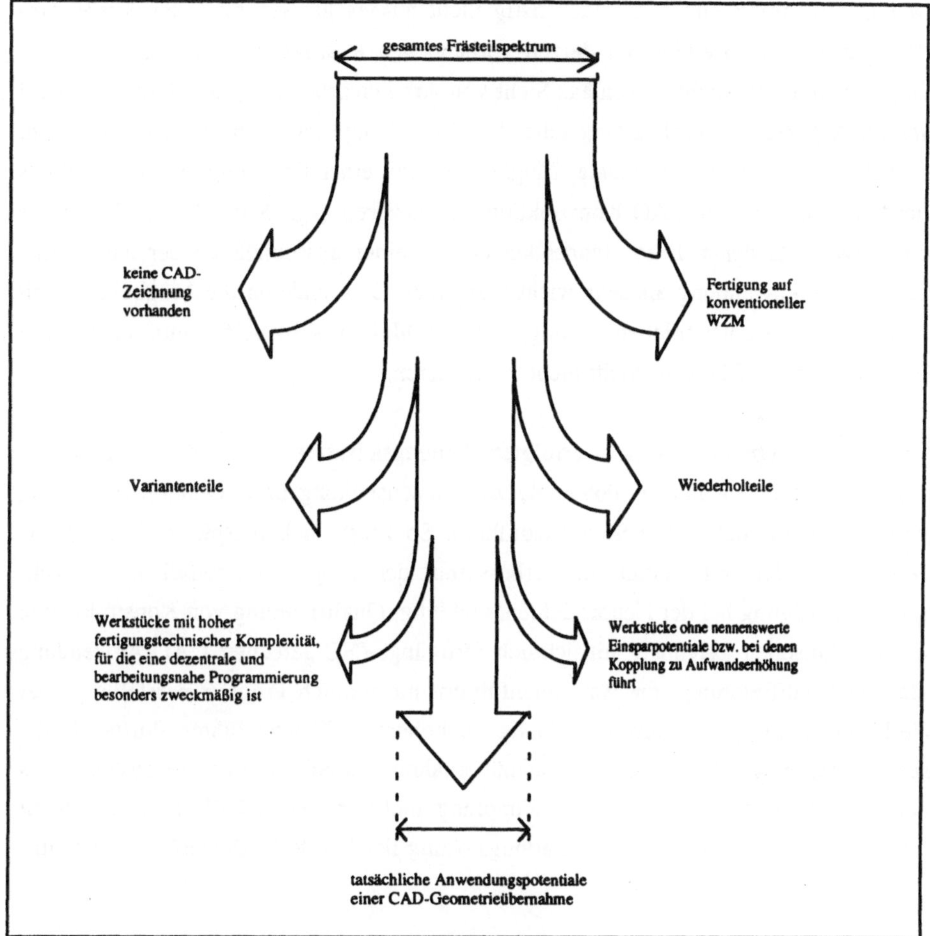

Abb. 6-17: Anwendungspotentiale der CAD/NC-Kopplung für die Bearbeitung prismatischer Frästeile

Vor dem Hintergrund der genannten betrieblichen Rahmenbedingungen, die der Anwendung einer CAD/NC-Kopplung in den jeweiligen Unternehmen entgegenstehen, wurde in allen drei Unternehmen der Anteil derjenigen Werkstücke, der innerhalb des vorhandenen Frästeilspektrums auch nennenswerte Einsparungen durch die Realisierung einer CAD-Geometriedatenübernahme erwarten läßt[57], als vergleichsweise gering eingeschätzt. Für den Fall, daß einige der genannten (restriktiven) Rahmenbedingungen an Bedeutung verlieren, wird die Realisierung einer CAD/NC-Kopplung von zwei Unternehmen mittel- bis langfristig nicht ausgeschlossen bzw. angestrebt. Unabhängig davon, ob einige der derzeit vorhandenen Restriktionen künftig an Bedeutung verlieren oder nicht, lassen aus Sicht von Arbeitsvorbereitung und Fertigung zwei weitere Aspekte die Realisierung einer CAD/NC-Kopplung grundsätzlich interessant erscheinen: Zum einen die 'ideale' Möglichkeit, mit einer Kopplung ein 'Trojanisches Pferd' im Bereich der CAD-Konstruktion zu plazieren (vgl. Kapitel 6.3.1.2). Dieses wird angesichts der sich abzeichnenden Gefahr einer ausschließlich bereichsspezifischen CAD-Anwendung als sehr wichtig erachtet. Zum anderen die Möglichkeit, mit der Realisierung einer solchen Lösung, den Anschluß an aktuelle fertigungstechnische Entwicklungen auf längere Sicht nicht zu verlieren.

Als weiteres Ergebnis des hier verfolgten Planungsansatzes ist die Identifikation bislang unzureichend genutzter Potentiale zur Kostensenkung bzw. Leistungssteigerung durch die betrieblichen Experten anzuführen. So zeigte sich beispielsweise, daß die Verringerung der Teilevielfalt, die Verbesserung der Kooperation zwischen Konstruktion und Fertigung bei der Neuproduktentwicklung, Qualifizierung von Konstrukteuren bzw. Technischen Zeichnern hinsichtlich fertigungs-/NC-gerechter CAD-Anwendung oder die Qualifizierung von Maschinenführern hinsichtlich Programmerstellung oder Werkzeugauswahl kurz- bis mittelfristig zu höherer Effizienz führen dürfte als die Realisierung einer CAD-Geometriedatenübernahme ins NC-Programmiersystem. Dies macht deutlich, daß eine CAD/NC-Kopplung nicht in jedem Fall (bzw. zu jedem Zeitpunkt) auch die effektivste Gestaltungslösung der CAD/NC-Prozeßkette darstellt.

---

[57] Insbesondere Frästeile mit hoher bearbeitungsgeometrischer und niedriger fertigungsgeometrischer Komplexität (Typ II).

7 Zusammenfassung und Schlußfolgerungen

7.1 Zusammenfassung der Ergebnisse

Die Einführung und Vernetzung computergestützter Fertigungstechnologien ist seit nahezu einem Jahrzehnt in vielen Unternehmen des verarbeitenden Gewerbes ein zentraler Ansatzpunkt zur Verbesserung der Wettbewerbsfähigkeit. Dies ist in erster Linie auf die Leistungspotentiale und die individuelle Anpaßbarkeit der neuen Technologien zurückzuführen. Von ihrer Anwendung wird nicht nur eine qualitativ bessere und schnellere Informationsbeschaffung, -verarbeitung und -verwaltung erwartet, sondern auch eine vereinfachte Umsetzung neuer Organisations- und Managementkonzepte. Dies soll zur Verbesserung von Erfolgsfaktoren beitragen. Zwischen diesen Erwartungen und der betrieblichen Realität deuten sich allerdings vielfach Widersprüche an. So kommen zahlreiche Untersuchungen zur Einführung und Anwendung computergestützter Technologien unter anderem zu dem Ergebnis, daß Unternehmen trotz der Anwendung neuer Fertigungstechnologien dazu neigen, an bestehenden Organisationskonzepten festzuhalten. Mit dem Hinweis auf organisatorische Gestaltungsspielräume beim Einsatz neuer Technologien wird dieses Beharrungsvermögen vielfach als organisatorischer Konservatismus kritisiert. Dahinter verbirgt sich (oft implizit) die Annahme, daß organisatorische Beharrungstendenzen das Ergebnis begrenzt rationaler Planungs- und Entscheidungsprozesse darstellen und zwangsläufig mit ökonomischen Ineffizienzen verbunden sind. Vor diesem Hintergrund stellte sich für die vorliegende Arbeit die Frage, wie betriebliche Prozesse der Planung und Bewertung computergestützter Fertigungskonzepte gestaltet werden können, um die Wahrscheinlichkeit für effiziente Ergebnisse zu erhöhen.

Für deren Beantwortung galt es zunächst auf der Grundlage vorliegender theoretischer Arbeiten aus Organisationsforschung und Industriesoziologie zu klären, ob und gegebenenfalls in welchem Umfang Unternehmen beim Einsatz computergestützter Technologien über Entscheidungs- und Gestaltungsspielräume verfügen. Das Ergebnis der aufgearbeiteten Literatur zeigt, daß die technischen Leistungspotentiale neuer Informations-, Kommunikations- und Produktionstechnologien prinzipiell organisatorische Gestaltungsspielräume eröffnen. Das Wirksamwerden verschiedenster Einflußfaktoren kann jedoch im konkreten Fall die Wahl zwischen technisch-organisatorischen Alternativen erheblich einschränken. Organisatorische Gestaltungsspielräume existieren damit trotz des Einsatzes neuer Technologien nicht selten nur innerhalb enger Grenzen. Dies hat sich als eine mögliche Ursache dafür erwiesen, daß in vielen Unternehmen mit der Einführung computergestützter Fertigungstechniken organisatorische Strukturen und Abläufe unverändert bleiben. Die theoretische Auseinandersetzung mit organisatorischen Gestaltungsspielräumen macht ferner deutlich, daß ein sogenannter organisatorischer Konservatismus keineswegs pauschal gleichzusetzen ist mit 'Irrationalität'. Das Festhalten an Organisationskonzepten kann durchaus 'vernünftig' sein - insbesondere dann, wenn man sich bei der Beurteilung nicht allein von der Vorstellung des zweckrationalen Verhaltens von Unternehmen leiten läßt.

Da in der betriebswirtschaftlichen Theorie beim Vorliegen von Entscheidungsspielräumen der Durchführung von Wirtschaftlichkeitsbetrachtungen eine zentrale Bedeutung beigemessen wird, stellte sich im weiteren Verlauf der Arbeit die Frage, wie Effizienz und Effektivität von Fertigungssystemen - in ihren technischen und arbeitsorganisatorischen Dimensionen - ermittelt werden können. Wie die Analyse der einschlägigen Literatur zeigt, haben weder die betriebswirtschaftliche Organisationsforschung, die Produktionswirtschaft noch die einzelwirtschaftliche Arbeitsökonomie Verfahren hervorgebracht, mit deren Hilfe die ökonomischen Effekte technisch-organisatorischer Konzepte der computergestützten Fertigung exakt, umfassend und objektiv abbildbar sind. Im Hinblick auf den Stellenwert von Wirtschaftlichkeitsbetrachtungen in Reorganisationsprozessen deuten zudem die Ergebnisse empirischer Untersuchungen auf eine Lücke zwischen ökonomischer Theorie und betrieblicher Praxis hin. Demzufolge scheint den Ergebnissen von Wirtschaftlichkeitsüberlegungen in betrieblichen Planungs- und Gestaltungsprozessen bei weitem nicht annähernd die Bedeutung zuzukommen, die ihnen in der betriebswirtschaftlichen Literatur zugewiesen wird. Jedoch kann die Anwendung von Wirtschaftlichkeitsanalysen über die Unterstützung einer zweckrationalen Entscheidungsfindung hinaus eine Reihe anderer wichtiger Funktionen für den Verlauf und das Ergebnis von Planungsprozessen einnehmen.

Die Auseinandersetzung um Gestaltungsspielräume beim Einsatz neuer Technologien wurde im weiteren Verlauf der Arbeit am Beispiel der Prozeßkette "CAD-Konstruktion - NC-Programmierung - CNC-Fertigung" konkretisiert. Für diese zentrale Prozeßkette in der computergestützten Fertigung können im Prinzip drei unterschiedliche technische Basiskonzepte sowie jeweils alternative arbeitsorganisatorische Gestaltungslösungen identifiziert werden. Allerdings wird bereits bei der Gegenüberstellung von Vor- und Nachteilen der einzelnen technischen Basiskonzepte deutlich, daß trotz dieser zahlreichen Gestaltungsmöglichkeiten der tatsächliche Gestaltungsspielraum im Einzelfall durchaus sehr begrenzt sein kann. Da einzelne technische Konzepte stark auf spezifische Einsatzbedingungen (insb. Bearbeitungsverfahren sowie Leistungsfähigkeit und Kompatibilität der installierten C-Technologien) abzielen, stellen sie oftmals de facto gar keine realistischen bzw. gleichwertigen Gestaltungsalternativen dar. Dies verdeutlicht, daß computergestützte Fertigungstechnologien auf der konkreten Technikebene nicht quasi automatisch mit neuen Spielräumen für die technisch-organisatorische Gestaltung verbunden sind.

Um die zwar eingeschränkten, aber in der Regel dennoch vorhandenen Spielräume so ausnutzen so können, daß Effizienz und Effektivität des Fertigungsbereichs gewährleistet werden können, wurde ein eigener Ansatz zur ökonomischen Bewertung von Gestaltungsoptionen der CAD/NC-Prozeßkette entwickelt. Ausgehend von der Überzeugung, daß das hierfür notwendige Detailwissen im Grundsatz bereits in einer kaum noch überschaubaren Fülle von Ansätzen erarbeitet worden ist, ging es dabei nicht um die Konzeption eines vollkommen neuen Ansatzes. Es galt vielmehr aufbauend auf den bereits vorhandenen Ansätzen, den Erfahrungen mit deren Anwendung sowie den Erkenntnissen zum Verlauf betrieblicher Planungs- und Gestaltungsprozesse einen anwendungsorientierten Ansatz zu erarbeiten, der eine ökonomische Bewertung technisch-organisatorischer Grobkonzepte zur Gestaltung der CAD/NC-Prozeßkette erlaubt. Da Verlauf und Ergebnis von Planungs- und Bewertungsprozessen in hohem Maße miteinander verknüpft sind, waren beide Aspekte gleichermaßen zu berücksichtigen. Für die ökonomische Bewertung technisch-organisatorischer Gestaltungsoptionen im engeren Sinne kam eine Kombination von Bewertungsansätzen bzw. -elementen zur Anwendung: Zunächst wird im Vorfeld der eigentlichen Alternativenwahl die Frage der Effektivität von Investitionen in die CAD/NC-Prozeßkette aufgeworfen. Die Abstimmung von Maßnahmen und Zielen findet ihre Fortsetzung in der vergleichenden Betrachtung der Grobkonzepte bezüglich ihrer Zielkonformität. Des weiteren kommt ein kostenrechnungsorientierter Ansatz zum Tragen, der auf der Basis werkstückbezogener Prozeßkosten die Abschätzung der Vorteilhaftigkeit von Konzeptalternativen vornimmt. Da erfahrungsgemäß die Nutzenpotentiale nicht gleichgesetzt werden können mit den jeweiligen Nutzungsmöglichkeiten gilt es in einem weiteren Schritt der ökonomischen Bewertung abzuschätzen, inwieweit die mit einzelnen Gestaltungsalternativen verbundenen Nutzenpotentiale im konkreten Einzelfall auch ausgeschöpft werden können. Zur Ergänzung dieser ökonomischen Bewertung im engeren Sinne sieht der Ansatz darüber hinaus vor, bereits im Planungsprozeß das "Denken in technisch-organisatorischen Alternativen" explizit anzuregen. Dadurch soll verhindert werden, daß sich die eigentliche Bewertung ausschließlich auf den Vergleich technischer Systeme - dabei womöglich noch auf eine Ja/Nein-Entscheidung - beschränkt. Es gilt mit anderen Worten, die Wahrscheinlichkeit für innovative und effiziente organisatorische Lösungen bereits in dieser Projektphase zu erhöhen. Ferner sieht der Ansatz vor, die unvermeidbare Subjektivität und Ungewißheit der Wahrnehmung und Bewertung von unternehmensspezifischen Nutzenpotentialen im Rahmen von Einzel- und Gruppengesprächen soweit als möglich bewußt zu machen und so zumindest zu kontrollieren.

Die mit Hilfe des eigenen Bewertungsansatzes in drei Maschinenbauunternehmen durchgeführten Fallstudien zeigen, daß zahlreiche Faktoren die Auswahl eines technischen Basiskonzepts beeinflussen und daß dem Spielraum bei der Gestaltung der CAD/NC-Prozeßkette - zumindest in technischer Hinsicht - vergleichsweise enge Grenzen gesetzt sind. Da der Umfang des Gestaltungsspielraums wesentlich von situativen Faktoren abhängig ist, kann dieser nur unternehmensspezifisch ermittelt werden. Die Fallstudien machen ferner deutlich, daß eine systematische Vorgehensweise, die gleich- bzw. frühzeitige Berücksichtigung von Mensch, Technik und Organisation, die Betrachtung sozialer Prozesse sowie der Versuch einer prospektiven Wirtschaftlichkeitsbetrachtung zwar die Wahrscheinlichkeit für innovative und effiziente Lösungen erhöhen, aber niemals eine Garantie für deren betriebliche Umsetzung sein können. Die Vorbehalte gegenüber organisatorischen Neuerungen sind mit Hilfe von Wirtschaftlichkeitsrechnungen allein kaum zu überwinden. Die Vorstellungen der Projektmitglieder darüber, was angesichts der Rahmenbedingungen ihres Unternehmens effiziente Organisationskonzepte sind bzw. sein könnten, entscheiden meist darüber, was in Anbetracht knapper Projektressourcen überhaupt einer Wirtschaftlichkeitsbetrachtung unterzogen wird. Den subjektiven Hypothesen über Technik- oder Organisationskonzepte (d.h. Organisations- und Technikleitbildern) kommt damit eine herausragende Bedeutung sowohl für den Verlauf als auch das Ergebnis von Planungs- und Bewertungsprozessen der Realisierung computergestützter Fertigungskonzepte zu. Darüber hinaus wurden in den drei einzelbetrieblichen Fallstudien am Beispiel des Bearbeitungsverfahrens 2½-D-Fräsen nicht zuletzt quantitative und qualitative Ergebnisse erarbeitet, die praktische Anhaltspunkte zur unternehmensspezifischen Einschätzung von Anwendungs- und Nutzenpotentialen einer CAD/NC-Kopplung liefern können. Durch die kontinuierliche Einbindung verschiedener betrieblicher Experten in die Durchführung und Auswertung der Fallstudien, etwa im Rahmen des CAD/CAM-Arbeitskreises des VDMA sowie des Workshops, konnten Ergebnisse erarbeitet werden, die über die drei untersuchten Unternehmen hinaus für eine Vielzahl mittelständischer Unternehmen relevante Orientierungswerte darstellen können.

Die Fokusierung auf ein Bearbeitungsverfahren und dessen Anforderungen, die der vorliegenden Arbeit zugrundeliegt, demonstriert exemplarisch die Notwendigkeit einer differenzierten Auseinandersetzung mit technisch-organisatorischen Optionen der computergestützten Fertigung. Die Fallstudien machen deutlich, daß eine solche Vorgehensweise die Chance eröffnet, von generellen Nutzenpotentialen einer CAD/NC-Kopplung zu unternehmens- bzw. betriebsspezifischen Anwendungspotentialen und damit letztlich zu einer qualitativ fundierteren Einschätzung der (situativen) Wirtschaftlichkeit bestimmter Gestaltungsoptionen zu gelangen. Allerdings vermitteln die Ergebnisse auch einen Eindruck der Schwierigkeiten und Grenzen, die bereits bei einer so begrenzten Gestaltungsaufgabe mit einem systematischen und differenzierten Planungsansatz verbunden sein können. Insgesamt wurde damit an verschiedenen Stellen erkennbar, worin mögliche Ursachen für die eingangs identifizierte Lücke zwischen Theorie und Praxis liegen könnten. Allgemeingültige Aussagen sind daraus naheliegenderweise nicht abzuleiten. Die Ergebnisse vermitteln jedoch typische Schwierigkeiten, die einzeln oder gemeinsam sowie mit unterschiedlichem Stellenwert dazu führen können, daß Investitionen in CIM-Vorhaben nicht den erwarteten Nutzen erzielen.

7.2 Schlußfolgerungen für Management, Forschung und Technologiepolitik

Der Begriff Computer Integrated Manufacturing (CIM), der lange Zeit als Konzept für die Fabrik der Zukunft stand, erweist sich immer mehr als Synonym für "nicht realisierbare Illusionen" (vgl. Wildemann 1993a, S. 10) und ist in Forschung und Praxis inzwischen nicht selten zum Reizwort geworden. Vielfach hat sich in den letzten Jahren gezeigt, daß die hochgesteckten Erwartungen, die mit den Möglichkeiten computergestützter Fertigungstechniken und deren Vernetzung zu Beginn der 80er Jahre noch verbunden worden waren, nicht erreicht wurden. Auch die hier vorgelegten Ergebnisse zur Gestaltung der CAD/NC-Prozeßkette dürften wohl eher vorhandene Ernüchterungen gegenüber der Vernetzung von DV-Systemen bestätigen als widerlegen. Ist also, in der Sprache gängiger Zeitschriften gesprochen, "CIM out" und die Feststellung "Nie wieder CIM!" gerechtfertigt? Sollte sich das Management deshalb künftig in erster Linie organisatorischen Fragen zuwenden, wie dies in der aktuellen Diskussion um neue Konzepte der Fabrik- und Unternehmensgestaltung unter Begriffen wie 'Lean Production' oder 'Fraktale Fabrik' zunehmend "in" zu werden scheint?

Eine solche Schlußfolgerung der vorgelegten Arbeit würde zu kurz greifen. Das Fazit kann nicht pauschal lauten: "Organisatorische Innovationen sind effizienter als Einsatz und Vernetzung computergestützter Fertigungstechniken". Wenngleich es angesichts der bislang gesammelten Erfahrungen eher unwahrscheinlich ist, daß 'CIM' als Vision einer menschenleeren und durchgehend rechnerintegrierten Fabrik in den nächsten Jahren wieder ein breit diskutiertes Thema und Leitbild der Fabrikgestaltung wird, wäre ein solches Fazit sicherlich illusorisch. Zudem würde es auch die Gefahr in sich bergen, das eigentliche Ziel der Fabrikgestaltung aus den Augen zu verlieren - die Steigerung der Produktivität. Die Einführung neuer technisch-organisatorischer Innovationen ist kein Selbstzweck, sondern sie dient angesichts veränderter Marktanforderungen dem Erhalt bzw. der Stärkung der Wettbewerbsfähigkeit von Unternehmen. Der Einsatz neuer Technologien wird daher auch künftig dort, wo er Nutzen stiftet, nicht mehr aus dem Produktionsbereich wettbewerbsfähiger industrieller Fertigungsunternehmen wegzudenken sein. Vieles spricht jedoch dafür, daß die Auseinandersetzung um das Vorliegen der jeweils erforderlichen wirtschaftlichen Einsatzbedingungen neuer Technologien sowie um zielkomplementäre organisatorische, qualifikatorische und personalwirtschaftliche Aspekte noch systematischer und differenzierter erfolgen sollte als bisher. Ferner deuten die bisherigen Erfahrungen darauf hin, daß weder allein die Einführung neuer Technologien oder Organisationskonzepte noch allein die Verabschiedung neuer Unternehmensgrundsätze vorhandene Einstellungen und Verhaltensweisen von Arbeitskräften und damit letztlich die Anpassungsfähigkeit von Unternehmen an veränderte Marktanforderungen bewirken kann. Es genügt daher nicht, auf der obersten Managementebene Strategien und Konzepte zur Verbesserung von Effektivität und Effizienz des Leistungserstellungsprozesses zu entwickeln, deren operative Umsetzung aber allein der mittleren und unteren Managementebene zu überlassen. Das Wissen um die Bedeutung eines engagierten Machtpromotors aus der oberen Managementebene für den Erfolg von Innovationen ist nicht neu (vgl. u.a. Witte 1973) und seit Jahren Gegenstand der betriebswirtschaftlichen Lehre. So sehr das Bemühen um Strategien und Konzepte nach wie vor zum Aufgabenbereich des oberen Managements gehören wird, sollte diese Führungsebene künftig auch deren operativen Umsetzung mehr Beachtung schenken. Dies wird um so wichtiger, je mehr sich angesichts veränderter Marktanforderungen für die erfolgreiche Bewältigung des organisatorischen Wandels auf allen Unternehmensebenen ein verstärkter Bedarf nach einer gezielten Gestaltung und Unterstützung von Integrations- bzw. Implementationsprozessen abzeichnet.

Eine Schlußfolgerung für die betriebswirtschaftliche Forschung kann dahingehend formuliert werden, daß die technisch-organisatorische Gestaltung des Produktionsbereiches künftig stärker auch als eigene und weniger als Domäne der Ingenieurwissenschaften begriffen werden sollte. Die vorliegende Arbeit zeigt, daß die Entwicklung praktischer Problemlösungsbeiträge zur effizienten Gestaltung des industriellen Produktionsbereichs ingenieur-, sozial- und wirtschaftswissenschaftliche Kompetenzen erfordert. Es wäre daher wünschenswert, daß die verschiedenen wissenschaftlichen Disziplinen in Zukunft noch intensiver als bisher in einen konstruktiven Dialog miteinander treten. Die Betriebswirtschaftslehre ist - wie auch die Vertreter dieser Profession in den Unternehmen - dabei gefordert, einen Mittelweg zwischen zwei Extrempositionen zu finden: Auf der einen Seite, dem Beharren auf Nachweisen quantifizierbarer Nutzeffekte oder üblichen Amortisationszeiträumen für Investitionen in technisch-organisatorische Innovationen. Auf der anderen Seite, der (aus Unkenntnis bzw. Desinteresse) unreflektierten Übernahme hoher Nutzenerwartungen für DV-Anwendungen aus den Ingenieurwissenschaften. Wenngleich es blauäugig sein kann, sich von rein qualitativen Nutzeffekten leiten zu lassen ohne die finanziellen Konsequenzen detailliert abzuschätzen, birgt die erste Position die Gefahr in sich, jede Innovation totzurechnen. Mit der zweiten Extremposition kann, wie die Vergangenheit gezeigt hat, die Gefahr unproduktiver High-tech-Lösungen verbunden sein. Das Plädoyer für einen stärkeren interdisziplinären Ansatz gilt auch für die Suche nach neuen Wegen zur Überwindung des organisatorischen Konservatismus. Dieses häufig festzustellende Verhaltensmuster von Unternehmen wurde in der Vergangenheit insbesondere von betriebs- und sozialwissenschaftlicher Seite vielfach analysiert, praktische Hinweise und Lösungsansätze zur Überwindung des organisatorischen Beharrungsvermögens sind aber bislang nur ansatzweise zu erkennen. Es wäre daher wünschenswert, wenn ihnen künftig mehr Beachtung geschenkt wird. Entsprechende Problemlösungsbeiträge werden um so wichtiger sein, je mehr die organisatorische Wandlungsfähigkeit von Unternehmen angesichts zunehmend dynamischer werdenden Märkten für die Sicherung der Wettbewerbsfähigkeit noch weiter an Bedeutung gewinnt.

Nicht zuletzt können aus den vorgelegten Ergebnissen auch Schlußfolgerungen für die weitere Fundierung technologiepolitischer Maßnahmen - insbesondere im Hinblick auf die Bemühungen zur Beschleunigung der Diffusion neuer Fertigungstechniken sowie innovativer Ausgestaltungsformen von Arbeit und Technik - gezogen werden. Die Ergebnisse unterstützen zum einen die Erkenntnis, daß die finanzielle Förderung der Beschaffung von Hard- und Software zur Realisierung einer computergestützten Fertigung, verstärkt durch Anreize zum Technologie-Management ergänzt werden sollte (vgl. u.a. Lay 1994, S. 268; Volkholz 1991, S.26). Auf diese Weise kann die Wahrscheinlichkeit der Überwindung des organisatorischen Konservatismus erhöht werden. Zum anderen stützen die Ergebnisse die These, daß staatliche Versuche zur Beeinflussung betrieblicher Formen von Arbeit und Technik, wie sie beispielsweise im Rahmen sozialorientierter Technologieprogramme durch den Nachweis der Wirtschaftlichkeit humaner bzw. sozialverträglicher Lösungen ansatzweise zu erkennen sind, kaum Aussicht auf Erfolg haben (vgl. Braczyk 1992). Dies ist in erster Linie darauf zurückzuführen, daß die Realisierung von Arbeitsformen eher das Ergebnis impliziter Theorien über deren Effizienz bei den Organisationsgestaltern ist, als das eines zweckrationalen und objektiven Wirtschaftlichkeitskalküls. Erste programmatische Ansätze einer verstärkten Managementorientierung bei der Definition staatlicher Fördermaßnahmen sind beispielsweise im erweiteren Innovationsbegriff des Projektträgers 'Arbeit und Technik' des BMFT und auch in der Definition der CIM-Förderung des Projektträgers 'Fertigungstechnik' des BMFT zu erkennen. Während das AuT-Programm in erster Linie auf die modellhafte Erprobung und Demonstration innovativer Organisationskonzepte setzt, enthalten die Programme zur Fertigungstechnik in den indirekt-spezifischen Maßnahmen zur breitenwirksamen Förderung betrieblicher Vorhaben zur Einführung neuer Technologien verstärkt Anreize zum organisatorischen Wandel. Die Effekte beider Ansätze sind jedoch hinter den anfänglichen Erwartungen zurückgeblieben. Erfolgte die Umsetzung von HdA- bzw. AuT-Gestaltungswissen außerhalb geförderter Vorhaben nur sehr zögerlich (vgl. Volkholz 1991), so bot die Ausgestaltung des CIM-Förderprogramms den Unternehmen noch zu viele Möglichkeiten, die Förderprojekte als klassische Technologieprojekte durchzuführen (vgl. Lay 1994, S. 268). Die Definition neuer technologiepolitischer Förderprogramme bietet daher eine Chance, diese Erfahrungen künftig gezielt aufzugreifen. Verstärkte Anreize zur Initiierung und Stabilisierung organisatorischer Veränderungsprozesse stellen vor dem Hintergrund der vorgelegten Ergebnisse einen vielversprechenden Ansatz zur Verbesserung der betrieblichen Leistungs- und Wettbewerbsfähigkeit dar. Gegenüber sogenannten designorientierten Anreizen, die die Verbreitung bestimmter innovativer Arbeitsformen wie etwa die Einführung von Gruppenarbeit, Simultaneous Engineering oder von Fertigungsinseln in der industriellen Produktion zum Ziel haben, verspricht die Befähigung von Unternehmen zum schnellen organisatorischen Wandel langfristig ein erfolgreicherer Weg zur Stärkung der Wettbewerbsfähigkeit zu sein. Angesichts des schnellen Wandels von Marktanforderungen eröffnet sie die Chance, daß Unternehmen auch zukünftig in der Lage sind, Management und Organisation zu verändern und schnell den jeweiligen Gegebenheiten anzupassen.

ANHANG

Anhang 1: Überblick über empirische Ergebnisse zur Wirtschaftlichkeit einer CAD/NC-Kopplung

Autor	Anwendung	Quantifizierbare Wirkungen	Schwer quantifizierbare Wirkungen
PHAM (1982, S. 462-463)	Blechbearbeitung	- Reduzierung des Programmieraufwands um ca. 15% - 40% (je nach Schwierigkeitsgrad des Werkstücks)	- bessere Zusammenarbeit zwischen Konstruktion und NC-Abteilungen - Entstehung eines Teams von Konstrukteuren und Programmierern, welches erst ein integriertes CAD/CAM ermöglicht
	Drahterodieren	- Reduzierung des Programmieraufwands bis zu 70%	
	generell	- Wegfall der Geometriekontrolle - Wegfall von Tippfehlern - Programmerstellung an einem billigeren Bildschirmarbeitsplatz	
HENKEL (1986, S. 614)	Werkzeugbau	- Beschleunigung des Programmierablaufs - Erhöhung der Qualität - Reduzierung der Kosten für Probepressungen - höhere Auslastung des Fräszentrums - Einsparungen weiterer maschinenabhängiger Programmierplätze beim Kauf neuer Maschinen	keine Angaben
WALTER/ HOFMEISTER (1987, S. 130)	Drehen	- Reduzierung der Planungszeit zw. 10% und 25%	keine Angaben
WALTER (1989, S. 38)	Bearbeitungszentren	- Reduzierung der Planungszeit zw. 10% und 20%	
	Nibbeln	- Reduzierung der Planungszeit zw. 45% und 60%	

Autor	Anwendung	Quantifizierbare Wirkungen	Schwer quantifizierbare Wirkungen
BEST (1988, S. 38)	Fräsen von Graphit-Elektroden	- Reduzierung von Herstellungszeit u. -kosten der Kopiermodelle - Reduzierung der reinen Fräszeit bei einer 6-Zylinder-Kurbelwelle um ca. 50% - Reduzierung der Kontrollzeiten beim Vermessen der Elektrode - Reduzierung der Kontrollschablonen	- hohe Wiederholgenauigkeit - Verbesserung der Oberflächenqualität
KIRCHBAUMER (1988, S. 23)	Freiformfräsen im Werkzeug- und Formenbau	- durchschnittliche Reduzierung des Zeitaufwands für die Modellherstellung von 75% - Reduzierung der Anlaufphase und -verluste - Reduzierung des Ausschusses - Schnelleres Erreichen der Normproduktivität	keine Angabe
ORBAN/SCHELLER (1989, S. 104)	keine Angabe	- Reduzierung des Zeitaufwands zur Programmerstellung um ca. 29% - Reduzierung der Programmerstellungskosten um ca. 27%	keine Angabe

Autor	Anwendung	Quantifizierbare Wirkungen	Schwer quantifizierbare Wirkungen
MERTENS/ SCHUMANN (1989a, S. 236)	keine Angabe	- Kostensenkung zw. 5% und 25% durch automatische Übertragung von Zeichnungsdaten zur NC-Programmierung	keine Angabe
HOß/LAY/SCHNEIDER (1990, S. 136-137)	Fräsen prismatischer Teile im Werkzeugbau	- Reduzierung der Werkzeugfertigung um 30-50% (dabei allerdings Anstieg des Zeichnungsaufkommens um 300% u. der Zeichnungserstellungszeit um 30%) - Reduzierung der Programmerstellung bei geometrisch einfachen Variantenteilen zwischen 0-30%, bei Sonderteilen durchschnittl. 30%	- frühzeitige Begegnung des Vordringens der CNC-Technik im Werkzeugbau
	Blechbearbeitung	- Reduzierung der Programmierzeit für geometrieintensive Blechteile um ca. 50%, für geometrisch einfache Teile um ca. 5%	
STEINMEYER/ METZLER (1992, CA 132)	Fräsen von Kunststoffteilen	Bedingt durch CAD/NC-Kopplung sowie Wegfall des Kopierfräsens - Reduzierung von Programmierzeiten (umso mehr, desto komplexer das zu programmierende Werkstück) - Einfacheres Erzeugen von Varianten bereits vorhandener NC-Programme - Produktivitätsanstieg in Konstruktion und Werkzeugbau	- Komfortable Archivierung bereits vorhandener Programme - Qualitätssteigerung - Auftragsannahme z.T. erst aufgrund der neuen C-Technologien möglich

Anhang 2: Schema zur Berechnung der werkstückbezogenen Prozeßkosten

Mit Hilfe der Prozeßkosten sollen die zur Erstellung eines lauffähigen NC-Programms innerhalb der Funktionskette "CAD-Konstruktion - NC-Programmierung - CNC-Fertigung" anfallenden Kosten verursachungsgerecht den jeweiligen Werkstücken zugerechnet werden. Hierzu werden die arbeitsplatzabhängigen Kosten den einzelnen Werkstücken (Kostenträgern) in dem Maße zugerechnet, wie sie die jeweiligen Arbeitsplätze zeitlich in Anspruch nehmen. Die mit dem Integrationskonzept einhergehenden Aufwendungen zur Qualifizierung der Mitarbeiter wie auch der eventuell auftretenden organisatorisch bedingten Maschinenstillstands- bzw. Wartezeiten werden anteilig auf die an den jeweiligen Arbeitsplätzen jährlich gefertigten Produkte bzw. erstellten Programme verrechnet.

Die Berechnung der <u>werkstückbezogenen Prozeßkosten</u> ergibt sich somit wie folgt:

$$PK = \Sigma\,(t \times AK) + \frac{Q + MS}{ST} \qquad (1)$$

PK Werkstückbezogene Prozeßkosten in DM
t   Zeitliche Verweildauer des Werkstücks an einem Arbeitsplatz in Minuten
AK Arbeitsplatzkosten in DM je Stunde
Q   Kosten für Mitarbeiterqualifizierung, die im wesentlichen durch das technisch-organisatorische Integrationskonzept bedingt sind
MS Kosten für organisatorisch bedingten Maschinenstillstand pro Jahr
ST Stückzahl der je Jahr am Arbeitsplatz gefertigten Werkstücke

Die <u>Arbeitsplatzkosten</u> in (1) berechnen sich dabei zu

$$AK = \frac{A}{KN \times N} + \frac{W \times KZ}{2 \times N \times 100} + \frac{W \times I}{KN \times N} + L + GK \qquad (2)$$

AK Arbeitsplatzkosten in DM/Stunde
A   Anschaffungskosten der arbeitsplatzbezogenen Betriebsmittel
KN Kalkulatorische Nutzungsdauer des/der Betriebsmittel(s) (in Jahren)
N   tatsächliche Nutzungszeit in Stunden pro Jahr
W   Wiederbeschaffungswert in DM
KZ Kalkulatorischer Zinssatz
I   Instandhaltungsfaktor
L   durchschnittliche Lohn- und Lohnnebenkosten des Arbeitsplatzes in DM/Stunde
GK ggfs. jeweilige Restgemeinkosten des Arbeitsplatzes/Jahr

Die üblicherweise im Rahmen der Berechnung von Maschinenstundensätzen zu berücksichtigenden Raum-, Energie- und Werkzeugkosten finden hier keine Anrechnung. Der Grund hierfür ist die zu erwartende geringe Differenzierung dieser Kostengrößen bei der Analyse der unterschiedlichen technisch-organisatorischen Integrationskonzepte. Der Fokus soll auf denjenigen Kostengrößen liegen, die durch die sich durch eine technische und/oder organisatorische Gestaltungsvariable in nennenswertem Maße beeinflussen lassen.

Die Berechnung der <u>Kosten für integrationsbedingte Qualifizierung</u> in (1) erfolgt anhand

$$Q = \frac{L \times 7{,}5 \times D + SCH}{R} \qquad (3)$$

D   Dauer der Qualifizierungsmaßnahme
SCH Kosten für Qualifizierungsmaßnahme (Kursgebühren)
R   Reichweite der Qualifizierung (in Jahren)

Die <u>Kosten für organisatorisch bedingte Maschinenstillstände</u> in (1) errechnen sich aus

$$MS = AK \times TMS \qquad (4)$$

MS   Kosten für organisatorisch bedingten Maschinenstillstand
AK   Arbeitsplatzkosten pro Stunde
TMS Organisatorisch bedingter Maschinenstillstand pro Jahr (in Stunden)

Anhang 3

BETRIEBLICHE RAHMENDATEN ZUR WIRTSCHAFTLICHEN BEURTEILUNG EINER CAD/NC-KOPPELUNG FÜR DIE BEARBEITUNG PRISMATISCHER FRÄSTEILE

Fragebogen

Firma:

Angaben zum Unternehmen

1. Skizzieren Sie bitte mit Hilfe des folgenden Schemas Ihr Fertigungsspektrum und differenzieren dabei Sie gegebenenfalls nach Produktgruppen bzw. Geschäftsbereichen.

Produkt/-gruppe	Umsatz p.a. (in %)	Anzahl Konstruktionsaufträge p.a.	Stückzahl p.a.	Anzahl Varianten

2. Welchen Gesamtumsatz erzielte das Unternehmen im Jahr 1990? ....

3. Wieviel Beschäftigte hatte Ihr Unternehmen im Jahr 1991? ....

4. Wie stellt sich das Verhältnis von Facharbeitern und Angelernten in der NC-Fertigung dar (in %)? ....

Auftrags- und Werkstückspektrum im ausgewählten Betriebsbereich

5. Für welchen Betriebsbereich (z.B. Werkzeugbau, Sonderbau, Fertigung) bzw. für welche der oben genannten Produktgruppen ziehen Sie eine CAD/NC-Integration zur Bearbeitung prismatischer Frästeile in Betracht?

....

6. Die folgenden Kurzfragen beziehen sich auf die in dem von Ihnen ausgewählten Unternehmensbereich zu fertigenden Frästeile.

- Wie verteilen sich die zu bearbeitenden Werkstücke auf einzelne Bearbeitungsverfahren? Geben Sie bitte die Verteilung in Prozent an.

....

- Wie verteilt sich das Werkstückspektrum auf folgende Größenklassen (in %)? Kleinteil: .... / mittelgroßes Teil: .... / Großteil: ....

- Bei wieviel Prozent aller Fertigungsaufträge kommen im Durchschnitt Sonderwerkzeuge zum Einsatz? ....

- In welchen Losgrößen fertigen Sie? min: .... / φ: .... / max: ....

- Durchschnittliche Anzahl neuer Aufträge pro Monat? ....

- Durchschnittliche Anzahl von Wiederholaufträgen pro Monat? ....

- Durchschnittliche Anzahl von Variantenaufträgen pro Monat? ....

- Durchschnittlicher Anteil von Eilaufträgen (in %)? ....

- Welche Wertschöpfung weisen die Werkstücke zum Zeitpunkt der Fräsbearbeitung auf (in DM)? min: .... / φ: .... / max: ....

- Wieviel Aufspannungen sind durchschnittlich pro Fertigungsauftrag erforderlich? Geben Sie an, wie sich das Werkstückspektrum hinsichtlich der Anzahl der Aufspannungen verteilt (in %). 1 Aufspannung: .... / 2 Aufspannungen: .... / < 3 Aufspannungen: ....

Angaben zu den ausgewählten repräsentativen Frästeilen

7. Wählen Sie bitte drei Frästeile aus dem Fertigungsspektrum des oben genannten Betriebsbereichs aus und beschreiben Sie diese Teile anhand des folgenden Schemas.

	Teil 1	Teil 2	Teil 3
Benennung			
Anzahl Aufspannungen			
Anzahl Werkzeuge			
Anzahl Bearbeitungsflächen			
Maße (in mm)			
Vergleichbare Frästeile im Werkstückspektrum insgesamt (in %), davon			
Neuteile (in %)			
Wiederholteile (in %)			
Variantenteile (in %)			
Beanspruchte Programmierkapazität für vergleichbare Teile am Gesamtaufkommen (in %)			

Angaben zum CAD-Einsatz

8. Wieviele CAD-Arbeitsplätze haben Sie? ....

9. Wieviel Mitarbeiter arbeiten am CAD? ....

10. Welches CAD-System (Hard-/Software) setzen Sie derzeit ein?

    ....

11. Die folgenden Kurzfragen beziehen sich auf die Geometrieerstellung im CAD.
Kreisen Sie bitte die entsprechende Antwortalternative ein.

- Legen Sie unterschiedliche Ansichten und Schnitte auf
  verschiedenen Layern bzw. Ebenen ab?   (ja/nein)

- Haben die Zeichnungen geschlossene und kontinuierliche Konturen?   (ja/nein)

- Sind die Konturen stets maßstäblich erstellt?   (ja/nein)

- Sind die CAD-Geometrien eindeutig und exakt mit Hilfe der
  Geometrieelemente (d.h. ohne Textzusätze) definiert?   (ja/nein)

- Enthalten die Zeichnungen sämtliche Geometrieinformationen
  sichtbar (d.h. ohne verborgene oder unsichtbare Daten)?   (ja/nein)

- Liegt die CAD-Geometrie stets auf Nennmaß?   (ja/nein)

- Werden Geometriedaten von anderen CAD-Zeichnungen abgeleitet?   (ja/nein)

- Verwenden Sie ausschließlich symmetrische Toleranzangaben bzw.
  konstruieren Sie auf Toleranzmitte?   (ja/nein)

12. Wieviel "aktive" technische Zeichnungen für den Fräsbereich haben Sie etwa
insgesamt? ....

Welcher Anteil ist davon als CAD-Zeichungen vorhanden (in %)? ....

13. Durchschnittliche Anzahl neuer CAD-Zeichnungen für das NC-Fräsen pro Jahr?

....

Angaben zum Einsatz der NC-Technik

14. Beschreiben Sie bitte anhand des folgenden Schemas die eingesetzten NC-Maschinen für die Fräsbearbeitung.

Maschinentyp	Maschinensteuerung	Bestand maschinenspezifischer NC-Programme	Anteil dezentral erstellter NC-Programme[1]	DNC-Anbindung (ja/nein)

15. Wieviele NC-Programmierplätze haben Sie? ....

16. Wieviele Mitarbeiter sind mit der NC-Programmierung für die Fräsbearbeitung betraut? ....

17. Beschreiben Sie bitte die derzeit eingesetzten Programmiersysteme.

Programmiersystem	Anbieter	Sprache	Bearbeitungsverfahren	Anzahl Postprozessoren	Schnittstelle zur CAD-Geometrieübernahme (ja/nein)

---

[1] Hier interessiert der Anteil der NC-Programme, der nicht zentral, sondern werkstattnah, maschinennah oder an der Maschine direkt erstellt werden.

18. Derzeitiger Bestand an "aktiven" NC-Programmen fürs Fräsen?

....

19. Wie und von wem werden die Programme archiviert und verwaltet?

....

20. Anzahl neuer NC-Programme fürs Fräsen pro Monat? ....

21. Wie umfangreich sind im Durchschnitt die NC-Programme für das von Ihnen
    oben skizzierte Frästeilspektrum im Hinblick auf
    DIN-Satz: min: .... / ϕ: .... / max.: ....
    Quellprogramm: min: .... / ϕ: .... / max.: .... ?

22. Wie ist die Verantwortlichkeit für Aufgaben im Bereich Organisation/technische
    DV in Ihrem Unternehmen geregelt? ....

....

Anhang 4: Betrachtete Teilaufgaben im Rahmen einer CAD/NC-Integration

NC-gerechtes Erstellen von CAD-Dateien
Hierunter fallen das "Ablegen" einzelner Bauteilkonturen auf verschiedenen "CAD-Layern", die NC-gerechte Bemaßung der Werkstücke sowie das Erstellen eines schnittstellengerechten Dateiformats.

Separieren und Aufbereiten der NC-relevanten Informationen aus der CAD-Datenbasis
Dies beinhaltet das (punktgenaue) Schließen und Ausrichten von Konturzügen sowie die Berücksichtigung bauteiltechnologischer Informationen, insbesondere von Toleranzangaben.

Erzeugen der Werkstückgeometrie im Programmiersystem
Für den Fall, daß keine technische Integration existiert bzw. programmierrelevante Werkstückkonturen fehlen, ist die Fertigteilgeometrie des Werkstücks im Programmiersystem zu erzeugen bzw. zu ergänzen. Die in Form technischer Zeichnungen vorliegenden Informationen sind entsprechend der Anforderungen der Fertigung aufzubereiten.

Erzeugen der Rohteilgeometrie
Definition der Rohteilteilgeometrie bzw. bei der Bearbeitung halbfertiger Werkstücke derjenigen Geometrie, die zu Beginn der NC-Bearbeitung vorliegt.

Programmieren der Werkzeugverfahrwege
Programmieren der Werkzeugverfahrwege zur Bearbeitung des Rohteils. Neben geometrischen Informationen sind hierbei gegebenenfalls auch bauteiltechnologische Informationen wie Oberflächengüte, Toleranzangaben etc. zu berücksichtigen. Deshalb besteht eine enge Verbindung zu den Teiltätigkeiten "Separieren und Aufbereiten" wie auch dem "Programmieren der fertigungstechnologischen Daten".

Programmieren der fertigungstechnologischen Daten
Festlegung der fertigungtechnologischen Programmelemente, wie beispielsweise Vorschub, Drehzahl, Spantiefe.

Simulation des Programmablaufs
Der Ablauf des erstellten NC-Programms kann je nach Leistungsumfang des Programmiersystems simuliert werden. In der Regel erfolgt dabei eine grafische Darstellung der Werkzeugverfahrwege mit symbolisierten Werkzeugen am Bildschirm.

Erstellen von Einrichteblättern
Je nach technischer Ausstattung des CAD-Systems können Teile der Einrichteblätter aus den CAD-Daten generiert werden. Dies ist beim derzeitigen Stand der Technik insbesondere bei kombinierten Fräs-/Bohrbearbeitungen denkbar. Die arbeitsteilige Erstellung von Einrichteblättern in Konstruktion und Programmierung ist somit gegebenenfalls bei der CAD/NC-Kopplung zu berücksichtigen.

Programmtest
Simulation der Werkzeugverfahrwege mit Werkzeugkontur, ggfs. Rohteilkontur und maßgerechter Geometrie mit Hilfe eines DV-Systems.

Programmoptimierung
Einfahren der Programme an der Werkzeugmaschine und Kollisionsprüfung. Feinoptimierung fertigungstechnologischer Parameter (insb. Drehzahl, Vorschub)

Programmverwaltung
Hierunter sind Tätigkeiten zusammengefaßt wie Sichern, Suchen, Bereitstellen oder Pflegen von NC-Programmen. Die Entscheidung darüber, wo und von wem die im Rahmen des Einfahrens feinoptimierten NC-Programme gesichert werden, wird in diesem Zusammenhang eine bedeutende Rolle spielen.

Anhang 5: Berechnung der funktionskettenbezogenen Arbeitsplatzkosten für Fallunternehmen A

Die folgenden Berechnungen basieren auf Angaben des Unternehmens. Soweit vorhanden, stellen diese unternehmensspezifische Ist-Werte dar. Bezüglich der diskutierten Plan- bzw. Sollkonzepte handelt es sich bei den angesetzten Werten um Schätzgrößen betrieblicher Experten. Generell wurde dem Grundsatz der kaufmännischen Vorsicht Rechnung getragen.

Bei der Bestimmung der erreichbaren Nutzungszeit pro Jahr (jährliche Plankapazität) wurden 52 Wochen à 37,5 Stunden abzüglich 20 % Ausfallzeiten für Krankheit, Urlaub, Feiertage, Störungen, Instandhaltungen etc. zugrundegelegt. Ausgehend davon wurde vor dem Hintergrund der durchschnittlichen Auslastung der einzelnen Betriebsmittel die mittlere Nutzungs- bzw. Laufzeit pro Jahr ermittelt. Die Differenz zwischen erreichbarer Nutzungszeit (Soll-Laufzeit) und durchschnittlicher Nutzungszeit (Ist-Laufzeit) ergibt sich aufgrund organisatorisch bedingter Stillstandszeiten sowie aufgrund von Tätigkeitsinhalten, die keine Betriebsmittelnutzung erforderlich machen.

1. CAD-Arbeitsplatz (in allen Konzeptalternativen)

Anschaffungskosten	850.000 DM
geschätzte Wiederbeschaffungskosten	1.000.000 DM
Instandhaltungs- und Wartungskosten pro Jahr	80.000 DM
Kalkulatorische Nutzungsdauer	5 Jahre
Kalkulatorischer Zinssatz	7 %
erreichbare Nutzungszeit pro Jahr	
(1 Schicht, 10 Arbeitsplätze)	15.600 Stunden
durchschnittl. Auslastungsgrad pro Jahr	75 %
durchschnittl. Nutzungs- bzw. Laufzeit pro Jahr	11.700 Stunden
Kalkulatorische Abschreibung/Stunde	17,09 DM
Kalkulatorische Zinsen/Stunde	2,99 DM
Instandhaltungskosten/Stunde	6,83 DM
durchschnittl. Lohn- u. Lohnnebenkosten pro Stunde (Technischer Zeichner)	<u>37,00 DM</u>
Platzkostensatz	63,91 DM

2. Programmierarbeitsplatz im Ist-Konzept

Anschaffungskosten (Programmeditor)	180.000 DM
geschätzte Wiederbeschaffungskosten	150.000 DM
Instandhaltungs- und Wartungskosten pro Jahr	10.000 DM
Kalkulatorische Nutzungsdauer	5 Jahre
Kalkulatorischer Zinssatz	7 %
erreichbare Nutzungszeit pro Jahr	
(1 Schicht, 2 Plätze)	3.120 Stunden
durchschnittl. Auslastungsgrad pro Jahr	
bei 3 NC-Programmierern	65 %
durchschnittl. Nutzungs- bzw. Laufzeit pro Jahr	2.028 Stunden
Kalkulatorische Abschreibung/Stunde	14,79 DM
Kalkulatorische Zinsen/Stunde	2,58 DM
Instandhaltungskosten/Stunde	4,93 DM
Betriebsmittelstundensatz	22,30 DM
durchschnittl. Lohn- u. Lohnnebenkosten pro	
Stunde (NC-Programmierer)	<u>49,00 DM</u>
Platzkostensatz	71,30 DM

Zuordnung der Aufwendungen des DNC-Rechners (incl. LAN)

Anschaffungskosten	70.000 DM
geschätzte Wiederbeschaffungskosten	70.000 DM
Instandhaltungs- und Wartungskosten pro Jahr	5.000 DM
Kalkulatorische Nutzungsdauer	5 Jahre
Kalkulatorischer Zinssatz	7 %
Nutzungszeit pro Jahr	2.000 Stunden

Ein wichtiger Bestandteil des datentechnischen Informationsaustauschs zwischen Arbeitsvorbereitung (NC-Programmierung) und Fertigung stellt in den Soll-Konzepten 2, 3 und 4 der Einsatz eines DNC-Rechners dar. Die damit einhergehenden einmaligen wie laufenden Kosten werden auf der Basis folgender Annahmen auf einzelne Kostenstellen innerhalb der Prozeßkette verteilt:

- Der Nutzen des DNC-Einsatzes liegt in erster Linie im Fertigungsbereich. Allerdings existieren beim DNC-Einsatz auch für die Arbeitsvorbereitung zeitliche Einsparpotentiale beim Austausch und Verwalten von NC-Programmen. Die im Kontext des DNC-Betriebs entstehenden einmaligen wie laufenden Aufwendungen sind deshalb innerhalb der Prozeßkette den Bereichen NC-Programmierung zu einem Drittel und der Fertigung zu zwei Dritteln zuzurechnen.

- Die Zurechnung dieser Kostenanteile innerhalb der NC-Programmierung bzw. Fertigung erfolgt auf der Basis der jeweiligen Arbeitsplätze, die am DNC-Betrieb partizipieren. Dabei wird eine gleichmäßige zeitliche Inanspruchnahme unterstellt. Aufgrund der Mehrplatzfähigkeit des Programmiersystems erfolgt die anteilige Kostenzurechnung über die Zugrundelegung einer entsprechenden Plankapazität. Für den Fertigungsbereich findet eine maschinenbezogene Zuordnung Anwendung. Bei einem Maschinenpark von acht CNC-Maschinen sind somit für die Berechnung der jeweiligen Arbeitsplatzkosten jeweils Anschaffungskosten in Höhe von DM 6.562 sowie jährliche Wartungs- und Instandhaltungskosten von DM 468,75 zu berücksichtigen.

3. Programmierarbeitsplatz im Soll-Konzept 1

Anschaffungskosten	
- Programmiersystem	245.000 DM
- DNC-Rechner (incl. LAN), anteilig	17.500 DM
geschätzte Wiederbeschaffungskosten	
- Programmiersystem	245.000 DM
- DNC-Rechner (incl. LAN), anteilig	17.5000 DM
Instandhaltungs- und Wartungskosten pro Jahr	
- Programmiersystem	20.000 DM
- DNC-Rechner (incl. LAN), anteilig	1.250 DM
Kalkulatorische Nutzungsdauer	5 Jahre
Kalkulatorischer Zinssatz	7 %
erreichbare Nutzungszeit pro Jahr	
(1 Schicht, 3 Plätze, 3 Mitarbeiter)	4.680 Stunden
durchschnittl. Auslastungsgrad pro Jahr	65 %
durchschnittl. Nutzungs- bzw. Laufzeit pro Jahr	3.042 Stunden
Kalkulatorische Abschreibung/Stunde	17,26 DM
Kalkulatorische Zinsen/Stunde	3,02 DM
Instandhaltungskosten/Stunde	6,99 DM
durchschnittl. Lohn- u. Lohnnebenkosten pro Stunde (NC-Programmierer)	<u>49,00 DM</u>
Platzkosten	76,26 DM

4.   Programmierplatz im Soll-Konzept 2

Anschaffungskosten
- Programmiersystem mit daten-
  technischer Schnittstelle   315.000 DM
- DNC-Rechner (incl. LAN), anteilig 17.500 DM
geschätzte Wiederbeschaffungskosten
- Programmiersystem mit daten-
  technischer Schnittstelle   315.000 DM
- DNC-Rechner (incl. LAN), anteilig 17.500 DM
Instandhaltungs- und Wartungskosten pro Jahr
- Programmiersystem mit daten-
  technischer Schnittstelle   25.000 DM
- DNC-Rechner (incl. LAN), anteilig 1.250 DM

Kalkulatorische Nutzungsdauer   5 Jahre
Kalkulatorischer Zinssatz   7 %
erreichbare Nutzungszeit pro Jahr
(1 Schicht, 3 Plätze, 3 Mitarbeiter) 4.680 Stunden
durchschnittl. Auslastungsgrad pro Jahr 65 %
durchschnittl. Nutzungs- bzw. Laufzeit pro Jahr 3.042 Stunden

Kalkulatorische Abschreibung/Stunde 21,86 DM
Kalkulatorische Zinsen/Stunde   3,83 DM
Instandhaltungskosten/Stunde   8,63 DM
durchschnittl. Lohn- u. Lohnnebenkosten pro
Stunde (NC-Programmierer)   __49,00 DM__

Platzkosten   83,32 DM

5. Programmierplatz im Soll-Konzept 3

Anschaffungskosten
- Programmiersystem   245.000 DM
- zusätzlicher Programmierplatz   40.000 DM
- DNC-Rechner (incl. LAN), anteilig   17.500 DM

geschätzte Wiederbeschaffungskosten
- Programmiersystem   245.000 DM
- zusätzlicher Programmierplatz   40.000 DM
- DNC-Rechner (incl. LAN), anteilig   17.500 DM

Instandhaltungs- und Wartungskosten pro Jahr
- Programmiersystem   20.000 DM
- DNC-Rechner (incl. LAN), anteilig   1.250 DM

Kalkulatorische Nutzungsdauer   5 Jahre
Kalkulatorischer Zinssatz   7 %
Kalkulatorische Kapazität pro Jahr
(1 Schicht, 4 Plätze, 4 Mitarbeiter)   6.240 Stunden
durchschnittl. Auslastungsgrad pro Jahr   80 %
durchschnittl. Nutzungs- bzw. Laufzeit pro Jahr   4.992 Stunden

Kalkulatorische Abschreibung/Stunde   12,12 DM
Kalkulatorische Zinsen/Stunde   2,12 DM
Instandhaltungskosten/Stunde   4,26 DM
durchschnittl. Lohn- u. Lohnnebenkosten pro
Stunde (NC-Programmierer)   49,00 DM
Platzkosten   67,50 DM

6. CNC-Maschinenarbeitsplatz im Ist-Konzept

Anschaffungskosten (CNC-Fräsmaschine)   300.000 DM
geschätzte Wiederbeschaffungskosten   400.000 DM
Instandhaltungs- und Wartungskosten pro Jahr   10.000 DM

Kalkulatorische Nutzungsdauer   5 Jahre
Kalkulatorischer Zinssatz   7 %
erreichbare Nutzungszeit pro Jahr
(Ein-Schichtbetrieb)   1.560 Stunden
durchschnittl. Auslastungsgrad pro Jahr   80 %
durchschnittl. Nutzungs- bzw. Laufzeit pro Jahr   1.248 Stunden

Kalkulatorische Abschreibung/Stunde   64,10 DM
Kalkulatorische Zinsen/Stunde   11,21 DM
Instandhaltungskosten/Stunde   8,01 DM
durchschnittl. Lohn- u. Lohnnebenkosten pro
Stunde (Maschinenführer)   43,00 DM

Platzkostensatz   126,32 DM

7. CNC-Maschinenarbeitsplatz in den Soll-Konzepten

Anschaffungskosten	
- CNC-Fräsmaschine	300.000 DM
- DNC-Rechner (incl. LAN), anteilig	6.562 DM
geschätzte Wiederbeschaffungskosten	
- CNC-Fräsmaschine	400.000 DM
- DNC-Rechner (incl. LAN), anteilig	6.562 DM
Instandhaltungs- und Wartungskosten pro Jahr	
- CNC-Fräsmaschine	10.000 DM
- DNC-Rechner (incl. LAN), anteilig	468 DM
Kalkulatorische Nutzungsdauer	5 Jahre
Kalkulatorischer Zinssatz	7 %
erreichbare Nutzungszeit pro Jahr	
(Ein-Schichtbetrieb)	1.560 Stunden
durchschnittl. Nutzungsgrad pro Jahr	80 %
durchschnittl. Nutzungs- bzw. Laufzeit pro Jahr	1.248 Stunden
Kalkulatorische Abschreibung/Stunde	65,15 DM
Kalkulatorische Zinsen/Stunde	11,40 DM
Instandhaltungskosten/Stunde	8,39 DM
durchschnittl. Lohn- u. Lohnnebenkosten pro	
Stunde (Maschinenführer)	<u>43,00 DM</u>
Platzkostensatz	127,94 DM

Anhang 6: Berechnung der funktionskettenbezogenen Arbeitsplatzkosten für das Unternehmen B

1. CAD-Arbeitsplatz (in beiden Konzeptalternativen)

Anschaffungskosten	1.350.000 DM
geschätzte Wiederbeschaffungskosten	1.350.000 DM
Instandhaltungs- und Wartungskosten pro Jahr	135.000 DM
Kalkulatorische Nutzungsdauer	5 Jahre
Kalkulatorischer Zinssatz	7 %
erreichbare Nutzungszeit pro Jahr	
(1 Schicht, 9 Arbeitsplätze)	14.040 Stunden
durchschnittl. Auslastungsgrad pro Jahr	75 % - 80 %
durchschnittl. Nutzungs- bzw. Laufzeit pro Jahr	10.530 Stunden
Kalkulatorische Abschreibung/Stunde	25,64 DM
Kalkulatorische Zinsen/Stunde	4,49 DM
Instandhaltungskosten/Stunde	12,82 DM
durchschnittl. Lohn- u. Lohnnebenkosten pro Stunde (Technischer Zeichner)	35,00 DM
Platzkostensatz	77,95 DM

2. Programmierarbeitsplatz im Ist-Konzept

Anschaffungskosten	400.000 DM
geschätzte Wiederbeschaffungskosten	400.000 DM
Instandhaltungs- und Wartungskosten pro Jahr	40.000 DM
Kalkulatorische Nutzungsdauer	5 Jahre
Kalkulatorischer Zinssatz	7 %
erreichbare Nutzungszeit pro Jahr	
(1 Schicht, 8 Plätze, 8 Mitarbeiter)	12.480 Stunden
durchschnittl. Auslastungsgrad pro Jahr	90 %
durchschnittl. Nutzungs- bzw. Laufzeit pro Jahr	11.232 Stunden
Kalkulatorische Abschreibung/Stunde	7,12 DM
Kalkulatorische Zinsen/Stunde	1,25 DM
Instandhaltungskosten/Stunde	3,56 DM
durchschnittl. Lohn- u. Lohnnebenkosten pro Stunde (NC-Programmierer)	45,00 DM
Platzkostensatz	56,93 DM

3. DNC-Rechner (incl. LAN)

Anschaffungskosten	120.000 DM
geschätzte Wiederbeschaffungskosten	120.000 DM
Instandhaltungs- und Wartungskosten pro Jahr	12.000 DM

Ein wichtiger Bestandteil des datentechnischen Informationsaustauschs zwischen Arbeitsvorbereitung (NC-Programmierung) und Fertigung stellt im Soll-Konzept der Einsatz eines DNC-Rechners dar. Die damit einhergehenden einmaligen wie laufenden Kosten werden auf der Basis folgender Annahmen auf einzelne Kostenstellen innerhalb der Prozeßkette verteilt:

- Der Nutzen des DNC-Einsatzes liegen in erster Linie im Fertigungsbereich. Allerdings existieren beim DNC-Einsatz auch für die Arbeitsvorbereitung zeitliche Einsparpotentiale beim Austausch und Verwalten von NC-Programmen. Die im Kontext des DNC-Betriebs entstehenden Aufwendungen sind deshalb innerhalb der Prozeßkette den Bereichen NC-Programmierung zu einem Drittel und der Fertigung zu zwei Dritteln zuzurechnen.

- Die Zurechnung dieser Kostenanteile innerhalb der NC-Programmierung bzw. Fertigung erfolgt auf der Basis der jeweiligen Arbeitsplätze, die am DNC-Betrieb partizipieren. Dabei wird eine gleichmäßige zeitliche Inanspruchnahme unterstellt. Aufgrund der Mehrplatzfähigkeit des Programmiersystems erfolgt die anteilige Kostenzurechnung über die Zugrundelegung einer entsprechenden Plankapazität. Für den Fertigungsbereich findet eine maschinenbezogene Zuordnung Anwendung. Bei einem Maschinenpark von 15-17 CNC-Maschinen sind somit für die Berechnung der jeweiligen Arbeitsplatzkosten jeweils Anschaffungskosten in Höhe von DM 4.705 sowie jährliche Wartungs- und Instandhaltungskosten von DM 470 zu berücksichtigen.

4. Programmierarbeitsplatz im Soll-Konzept

Anschaffungskosten	400.000 DM
- Schnittstelle	70.000 DM
- DNC-Rechner, anteilig	40.000 DM
geschätzte Wiederbeschaffungskosten	400.000 DM
- Programmiersystem incl. Schnittstelle	70.000 DM
- DNC-Rechner (incl. LAN), anteilig	40.000 DM
Instandhaltungs- und Wartungskosten pro Jahr	
- Programmiersystem	40.000 DM
- DNC-Rechner (incl. LAN), anteilig	4.000 DM
Kalkulatorische Nutzungsdauer	5 Jahre
Kalkulatorischer Zinssatz	7 %
erreichbare Nutzungszeit pro Jahr	
(1 Schicht, 8 Plätze, 8 Mitarbeiter)	12.480 Stunden
durchschnittl. Auslastungsgrad pro Jahr	90 %
durchschnittl. Nutzungs- bzw. Laufzeit pro Jahr	11.232 Stunden
Kalkulatorische Abschreibung/Stunde	42,74 DM
Kalkulatorische Zinsen/Stunde	1,59 DM
Instandhaltungskosten/Stunde	3,92 DM
durchschnittl. Lohn- u. Lohnnebenkosten pro Stunde (NC-Programmierer)	<u>45,00 DM</u>
Platzkostensatz	59,59 DM

5.   CNC-Maschinenarbeitsplatz im Ist-Konzept

Anschaffungskosten (CNC-Fräsmaschine)	500.000 DM
geschätzte Wiederbeschaffungskosten	500.000 DM
Instandhaltungs- und Wartungskosten pro Jahr	50.000 DM
Kalkulatorische Nutzungsdauer	5 Jahre
Kalkulatorischer Zinssatz	7 %
erreichbare Nutzungszeit pro Jahr	
(Zwei-Schichtbetrieb)	3.120 Stunden
durchschnittl. Auslastungsgrad pro Jahr	70 % - 75 %
durchschnittl. Nutzungs- bzw. Laufzeit pro Jahr	2.184 Stunden
Kalkulatorische Abschreibung/Stunde	42,64 DM
Kalkulatorische Zinsen/Stunde	7,48 DM
Instandhaltungskosten/Stunde	21,37 DM
durchschnittl. Lohn- u. Lohnnebenkosten pro Stunde (Maschinenführer)	<u>43,00 DM</u>
Platzkostensatz	114,48 DM

6. CNC-Maschinenarbeitsplatz im Soll-Konzept

Anschaffungskosten	
- CNC-Fräsmaschine	500.000 DM
- DNC-Rechner, anteilig	4.705 DM
geschätzte Wiederbeschaffungskosten	
- CNC-Fräsmaschine	500.000 DM
- DNC-Rechner, anteilig	4.705 DM
Instandhaltungs- und Wartungskosten pro Jahr	50.470 DM
Kalkulatorische Nutzungsdauer	5 Jahre
Kalkulatorischer Zinssatz	7 %
erreichbare Nutzungszeit pro Jahr	
(Zwei-Schichtbetrieb)	3.120 Stunden
durchschnittl. Auslastungsgrad pro Jahr	70 % - 75 %
durchschnittl. Nutzungs- bzw. Laufzeit pro Jahr	2.184 Stunden
Kalkulatorische Abschreibung/Stunde	43,14 DM
Kalkulatorische Zinsen/Stunde	7,55 DM
Instandhaltungskosten/Stunde	21,57 DM
durchschnittl. Lohn- u. Lohnnebenkosten pro	
<u>Stunde (Maschinenführer)</u>	<u>43,00 DM</u>
Platzkostensatz	115,25 DM

Literaturverzeichnis

Aldrich, H. (1979):
Organizations and environments. Englewood Cliffs, New York.

Altmann, N./Bechtle, G. (1971):
Betriebliche Herrschaftsstruktur und industrielle Gesellschaft. München.

Altmann, N./Deiß, M./Döhl, V./Sauer, D. (1986):
Ein "Neuer Rationalisierungstyp". Neue Anforderungen an die Industriesoziologie. In: Soziale Welt, 37, No. 2-3, S. 191-207.

Ammon, R./Raether, C. (1989):
Erfahrungsbericht eines Anwenders - Evaluation der WOP-Systeme. In: Liese, S. (Hrsg.): Werkstattorientierte Programmierverfahren (WOP): Ein Beitrag zur Weiterentwicklung qualifikationsorientierter Produktion, Forschungsbericht KfK-PFT 138. Karlsruhe, S. 49-124.

Anders, W./Hollah, A./Klingenberg, H./Kränzle, H.P (1986):
Erfahrungen, Schwierigkeiten und Lösungswege in Humanisierungsprojekten zur Bewertung der Wirtschaftlichkeit. BMFT-Forschungsbericht HA 86-030, HdA. Eggenstein-Leopoldshafen.

Anselsteller, R. (1985):
Betriebswirtschaftliche Nutzeffekte der Datenverarbeitung. 2. Aufl., Berlin u.a. 1985.

AWF (Ausschuß für wirtschaftliche Fertigung e.V.) (1985):
Integrierter EDV-Einsatz in der Produktion - CIM (Computer Integrated Manufacturing) - Begriffe, Definitionen, Funktionszuordnungen. Eschborn.

AWV (Arbeitsgemeinschaft für wirtschaftliche Verwaltung e.V.) (1990):
Unternehmensberatung: Ein Leitfaden für die erfolgreiche Zusammenarbeit mit einem Unternehmensberater, AWV-Schrift 474. Eschborn.

Baethge, M./Oberbeck, H. (1986):
Zukunft der Angestellten. Neue Technologien und berufliche Perspektiven im Büro und Verwaltung. Frankfurt/New York.

Barnard, C. (1938):
The Functions of the Executive. Cambridge, Mass.

Barthel, J./Ganz, W. (1994):
Planungsschwerpunkte und Projektmanagement in CIM-Projekten. In: Lay, G./ Wengel, J.: Evaluierung der indirekt-spezifischen CIM-Förderung im Programm Fertigungstechnik 1988-1992. Karlsruhe, S. 70-111.

Bech, K./Reimann, F./Schmidt-Dilcher, J. (1991):
CAD/CAM-Projektmanagement: Gegen die Macht der Gewohnheit. Eschborn.

Bechmann, A. (1978):
Nutzwertanalyse, Bewertungstheorie und Planung. Bern/Stuttgart.

Becker, A./Küpper, W./Ortmann, G. (1992):
Revisionen der Rationalität. In: Küpper, W./Ortmann, G. (Hrsg.): Mikropolitik: Rationalität, Macht und Spiele in Organisationen. 2. durchges. Aufl., Opladen, S. 89-113.

Becker, H./Langosch, I. (1984):
Produktivität und Menschlichkeit: Organisationsentwicklung und ihre Anwendung in der Praxis. Stuttgart.

Behr, M.v. (1994):
CIM in mittleren und größeren Unternehmen - Auswirkungen auf die Arbeit in Fertigung und fertigungsnahen Diensten, In: Lay, G./Wengel, J.: Evaluierung der indirekt-spezifischen CIM-Förderung im Programm Fertigungstechnik 1988-1992. Karlsruhe, S. 203-232.

Benad-Wagenhoff, V. (1993):
Record Playback gegen Numerical Control. Eine Scheinalternative? In: LTA-Forschung, Heft 10, Automatisierungsmythen (Heftreihe des Landesmuseums für Technik und Arbeit). Mannheim, S. 24-40.

Benz-Overhage, K./Brumlop, E./Freyberg, T.v./Papadimitriou, Z. (1981):
Computereinsatz und Reorganisation von Produktionsprozessen. In: Institut für Sozialforschung (Hrsg.): Gesellschaftliche Arbeit und Rationalisierung. Neuere Studien aus dem Institut für Sozialforschung in Frankfurt am Main (= Leviathan Sonderheft 4/1981). Opladen, S. 100-117.

Benz-Overhage, K./Brumlop, E./Freyberg, T.v./Papadimitriou, Z. (1982):
Neue Technologien und alternative Arbeitsgestaltung. Frankfurt/New York.

Berger, U. (1992):
Rationalität, Macht und Mythen. In: Küpper, W./Ortmann, G. (Hrsg.): Mikropolitik: Rationalität, Macht und Spiele in Organisationen. 2. durchges. Aufl., Opladen, S. 115-130.

Bergmann, J./Hirsch-Kreinsen, H./Springer, R./Wolf, H. (1986):
Rationalisierung, Technisierung und Kontrolle des Arbeitsprozesses. Die Einführung der CNC-Technologie in Betrieben des Maschinenbaus. Frankfurt/New York.

Bergstermann, J./Brandherm-Böhmker, R. (Hg.) (1990):
Systemische Rationalisierung als sozialer Prozeß. Zu Rahmenbedingungen und Verlauf eines neuen, bereichsübergreifenden Rationalisierungstyps. Bonn.

Berkel, K. (1985):
Konflikttraining. Heidelberg.

Best, M. (1988):
Einsatz von CAD/CAM erfolgreich. In: Industrie-Anzeiger, 110, S. 37-40.

Blauner, R. (1964):
Alienation and Freedom. Chicago.

Blohm, H./Lüder, K. (1983):
Investition: Schwachstellen im Investitionsbereich der Industriebetriebe und Wege zu ihrer Beseitigung. 5. Aufl., München.

Blumberg, M./Gerwin, D. (1981):
Coping with advanced manufacturing technology. Internationales Institut für Management und Verwaltung. Discussion paper. Berlin.

Bodem, H./Hanke, P./Lange, B./Zangl, H. (1984):
Kommunikationstechnik und Wirtschaftlichkeit. Bd. 5 Forschungsprojekt Büro-kommunikation. München.

Bolay, F.W./Sülzer, R. (1992):
Organisations- und Managementberatung in der Technischen Zusammenarbeit. (Unveröffentlichtes Arbeitspapier der Deutschen Gesellschaft für Technische Zusammenarbeit). Eschborn.

Bollinger, H./Lullies, V./Weltz, F. (1989):
Technik als Trojanisches Pferd. In: Technische Rundschau, 81 (38), S. 8-11.

Braczyk, H.J. (1992):
Die Qual der Wahl: Optionen der Gestaltung von Arbeit und Technik als Organisationsproblem. Berlin.

Brandt, G./Kündig, B./Papadimitriou, Z./Thomae, J. (1978):
Computer und Arbeitsprozeß. Eine arbeitssoziologische Untersuchung der Auswirkungen des Computereinsatzes in ausgewählten Betriebsabteilungen der Stahlindustrie und des Bankgewerbes. Franfurt/New York.

Brödner, P. (1985):
Fabrik 2000 - Alternative Entwicklungspfade in die Zukunft der Fabrik. Berlin.

Bürstner, H. (1988):
Investitionsentscheidungen in der rechnergestützten Produktion. Berlin u.a.

Bullinger, H.-J. (1991):
CIM bedeutet Intergation von Mensch, Organisation und Technik. In: Bullinger, H.-J./Betzl, K. (Hrsg.): CIM-Erst Organisation, dann Technik. Qualifizierung für die betriebliche Kommunikation. Köln, S. 11-39.

Bungard, W./Jöns, I. (1988):
Implementation von CIM-Konzepten und Qualifikation von Führungskräften: Ergebnisse einer Befragung von Bildungsleitern. In: Bungard, W. (Hrsg.): Mannheimer Beiträge zur Wirtschafts- und Organisationspsychologie, Themenheft CIM, Heft 2, S. 1-39.

Child, J. (1972):
Organizational structure, environment and performance: the role of strategic choice. In: Sociology, 6, S. 1-22.

Child, J./Ganter, H.-D./Kieser, A. (1987):
Technological Innovation and Organizational Conservatism, in: Pennings, J./ Buitendam, A.: New Technology as Organizational Innovation. Cambridge (MA), S. 87-116.

CIM-Center NRW (1991):
Unternehmensstrategie und Wirtschaftlichkeit von CIM: Ein Leitfaden zur Bewertung von Projekten der integrierten Informationsverarbeitung. Aachen.

Coenenberg, A.G./Fischer, T.M. (1991):
Prozeßkostenrechnung - Strategische Neuorientierung in der Kostenrechnung. In: DBW, 51 (1), S. 21-38.

Cohen, M.D./March, J.G./Olsen, J.P. (1972):
A garbage can model of organizational choice. In: ASQ, 17, S. 1-25.

Cronjäger, L. (Bd.-Hrsg.) (1990):
Bausteine für die Fabrik der Zukunft. Eine Einführung in die rechnerintegrierte Produktion (CIM). Berlin u.a.

Cyert, R.M./March, J.G. (1963):
A Behavioral Theory of the Firm. Englewood Cliffs, New York.

Daft, R.L./Weick, K.E. (1984):
Toward a model of organizations as interpretation systems. In: AMR, 9, S. 284-295.

Damanpour, F./Evan, W.M. (1984):
Organizational Innovation and Performance: The Problem of 'Organizational Lag'. In: ASQ, 29, S. 392-409.

Davidow, W.H./Malone, M.S. (1993):
Das virtuelle Unternehmen. Der Kunde als Co-Produzent. Frankfurt/New York.

Döhl, V. (1989):
Die Rolle von Technikanbietern im Prozeß systemischer Rationalisierung. In: Lutz, B. (Hrsg.): Technik in Alltag und Arbeit. Berlin, S. 147-166.

Dörner, D. (1989):
Die Logik des Mißlingens: Strategisches Denken in komplexen Situationen. Hamburg.

Doppler, K./Lauterburg, Ch. (1994):
Change Management: Den Unternehmenswandel gestalten. Frankfurt/New York.

Dosch, H. (1987):
Podiumsdiskussion mit den Teilnehmern. In: VDMA (Hrsg.): Investitionen für unternehmensweiten Rechnerverbund - Entscheidungsfindung auf Geschäftsleitungsebene. VDMA-Mitgliedertagung Hamburg 1987. Frankfurt/Main.

Dreher, C./Lay, G. (1994):
Beschleunigungswirkung des Programms auf die Verbreitung von CIM. In: Lay, G./Wengel, J.: Evaluierung der indirekt-spezifischen CIM-Förderung im Programm Fertigungstechnik 1988-1992. Karlsruhe, S. 45-68.

Eberle, M./Schäffner, G.J. (1988):
Analyse und Bewertung von CIM-Investitionen. In: ZwF, 83 (3), S. 118-122.

Ebers, M. (1981):
Aufgaben und Ziele der Organisationsforschung. In: Kieser, A. (Hg.): Organisationstheoretische Ansätze. München, S. 1-24.

Eidenmüller, B. (1989):
Die Produktion als Wettbewerbsfaktor: Herausforderung an das Produktionsmanagement. Köln.

Eiff, W.v. (1989):
CIM-orientiertes Informationsmanagement. In: CIM-Management, 5 (5), S. 63-74.

Eiff, W.v. (1993):
Geschäftsprozeßorientierter Einsatz von CAx-Technologien: Grundlagen einer Target-Costing für Informationstechnologien. In: Office Management, 41 (6), S. 18-23.

Elias, H.-J./Gottschalk, B./Staehle, W.H. (1985):
Gestaltung und Bewertung von Arbeitssystemen. Frankfurt/New York.

Encarnaco, J./Hellwig, H.E. (1984):
CAD-Handbuch. Auswahl und Einführung von CAD-Systemen. Berlin u.a.

Etzioni, A. (1971):
Two Approaches to Organizational Analysis: a Critique and a Suggestion. In: Ghorpade, J.: Assessment of Organizational Effectiveness, Pacific Palisades.

Evan, W.M. (1966):
Organizational Lag. In: HO, Vol. 25, S. 51-53.

Eversheim, W./Cobanoglu, M./Luszek, G. (1988):
Baustein für die Integration. Stand, Entwicklungstendenzen und Schnittstellen von CAP-Systemen. In: Industrie-Anzeiger, 110, S. 33-37.

Eversheim, W./Dahl, B./Spenrath, K. (1989):
CAD/CAM-Einführung: Leitfaden mit Arbeitsmitteln für den Maschinenbau. Köln.

Eversheim, W./Dahl, B./Marczinski, G./Holland, M. (1990):
CAD-Systeme und NC-Programmiersysteme koppeln. In: ZwF, 85 (5), S. 267-271.

Eversheim, W./Fuhlbrügge, M. (1992):
Strategische Entscheidungen in CIM. Strategiekonforme Bewertung und organisatorische Umsetzung. In: Technische Rundschau (Hrsg.): CIM-Wirtschaftlichkeit: Strategische und operative Bewertung von CIM-Projekten, Tagung 2. und 3. Juli 1992 in Zürich. Bern, S. 101-108.

Fessmann, K.-D. (1979):
Effizienz der Organisation. In: Potthof, E. (Hg.): RKW-Handbuch Führungstechnik und Organisation; 2. Lfg. 179. Berlin.

Fiedler, A./Regenhard, U. (1991):
Mit CIM in die Fabrik der Zukunft? Probleme und Erfahrungen. Reihe Sozialverträgliche Technikgestaltung "Materialien und Berichte", Band 17. Wiesbaden.

Fiol, C.M. (1990):
Explaining strategic alliance in the chemical industry. In: Huff, A.S. (Ed.): Mapping strategic thought. Chincester, S. 227-249.

Franz, D. (1988):
CAD/CAM im CIM-Umfeld. Frankfurt.

Franz, D. (1991):
CAD/CAM-Basisbetrachtungen. Berlin/München.

Freimann, J. (1989):
Instrumente sozial-ökologischer Folgenabschätzung im Betrieb. Wiesbaden.

Freyer, H. (1960):
Über das Dominantwerden technischer Kategorien in der Lebenswelt der industriellen Gesellschaft. In: Abhandlungen der geistes- und sozialwissenschaftlichen Klasse, (7).

Friedel-Howe, H. (1985):
Partizipationskompentenz. Problematik des Konzepts und Vermittlung im Weiterbildungsansatz. In: Die Unternehmung, 39 (3), S. 231-245.

Fröhling, O. (1992):
Thesen zur Prozeßkostenrechnung. In: ZfB, 62 (7), S. 723-741.

Gaitanides, M. (1976):
Kostentheorie und Job Enrichment. In: MIR, 2, S. 23ff.

Gehrke, U. (1989):
Technologisch orientierte Datendurchgängigkeit als Voraussetzung für eine teilautomatisierte Arbeitsplanung und NC-Programmierung, In: Stuttgarter Messe- u. Kongreßgesellschaft (Hrsg.): Tagungsband "5. Internationale Fachmesse und Anwenderkongreß Computer Aided Technologies CAT'89, 6.-9. Juni 1989 in Stuttgart". Stuttgart, S. 163-166.

Gehrke, U./Wüpper, A. (1993):
Werkstücke aus CAD-Daten: Fertigungstechnisch orientierte Datendurchgängigkeit, kombiniert mit automatisierter Bearbeitungsplanung in der CAD/CAM-Prozeßkette Karosserie. In: VDI-Z, 135 (6), S. 42-46.

Geitner, U. (Hrsg.) (1987):
CIM-Handbuch: Wirtschaftlichkeit durch Integration. Braunschweig.

Gioia, D.A./Poole, P.P. (1984):
Scripts in organizational behavior. In: AMR, 9, S. 449-459.

Glaser, H. (1992):
Prozeßkostenrechnung - Darstellung und Kritik. In: ZfbF, 44 (3), S. 275-288.

Gordon, T. (1986):
Managerkonferenz. Effektives Führungstraining. Hamburg.

Gottschalk, B. (1989):
Wissenschaftliche Begleitung der Umsetzung erweiterter Wirtschaftlichkeitsrechnungen. Schriftenreihe der Bundesanstalt für Arbeitsschutz. Bremerhaven.

Gottschalk, B./Staehle, W.H. (1986):
Vergleich der vorhandenen Ergebnisse und Ansätze bisher geförderter Vorhaben im Bereich "Bewertung der Wirtschaftlichkeit von HdA-Maßnahmen". BMFT-Forschungsbericht HA 86-032. Eggenstein-Leopoldshafen.

Grabatin, G. (1981):
Effizienz von Organisationen. Berlin/New York.

Grünewald, Chr./Nicolai, H. (1994):
PPS-Systeme: Die Ablösung ist schwieriger als die Einführung. In: Computerwoche, 21 (11), S. 26-28.

Günter, B. (1990):
Probleme der Wirtschaftlichkeitsrechnung bei der Beschaffung Neuer Technologien. In: Kleinaltenkamp, M./Schubert, K. (Hrsg.): Entscheidungsverhalten bei der Beschaffung neuer Technologien. Berlin, S. 41-65.

Hack, L. (1988):
Vor Vollendung der Tatsachen. Die Rolle von Wissenschaft und Technologie in der dritten Phase der industriellen Revolution. Frankfurt.

Hafkesbrink, J. (1986):
Effizienz und Effektivität innovativer Unternehmensentwicklungen - Methodische Grundlagen zur Beurteilung der Leistungswirksamkeit von Innovationen. Diss., Universität Duisburg.

Hamel, W. (1988):
Zielvariationen in innovativen Entscheidungsprozessen. In: Witte, E./Hauschildt, J./Grün, O. (Hrsg.): Innovative Entscheidungsprozesse: Die Ergebnisse des Projektes 'Columbus'. Tübingen, S. 77-96.

Hannan, M.T./Freemann, J. (1977):
The population ecology of organizations. In: AJS, 82, S. 929-964.

Hansel, J./Lomnitz, G. (1987):
Projektleiter-Praxis. Erfolgreiche Projektabwicklung durch verbesserte Kommunikation und Kooperation. Ein Arbeitsbuch. Berlin u.a.

Harmon, R.L./Peterson, L. (1990):
Die neue Fabrik: Einfacher, flexibler, produktiver - Hundert Fälle erfolgreicher Veränderungen. Frankfurt/New York.

Hassis, S./Zimmermann (1993):
Effizienter Einsatz der CAD/NC-Kopplung. Grundlagen, Problemlösungen, Strategien, Fallbeispiele. Ehningen.

Hauptmanns, P./Saurwein, R./Dye, L. (1992):
Die Diffusion rechnergestützter Technik im deutschen Maschinenbau. In: Schmid, J./Widmaier, U. (Hrsg.): Flexible Arbeitssysteme im Maschinenbau. Ergebnisse aus dem Betriebspanel des Sonderforschungsbereichs 187. Opladen, S. 57-73.

Hauschildt, J. (1988):
Ziel-Klarheit oder kontrollierte Ziel-Unklarheit in Entscheidungen? In: Witte, E./Hauschildt, J./Grün, O. (Hrsg.): Innovative Entscheidungsprozesse: Die Ergebnisse des Projektes 'Columbus'. Tübingen, S. 97-108.

Heinen, E./Picot, A. (1979):
Können in betriebswirtschaftlichen Kostenauffassungen soziale Kosten berücksichtigt werden? In: BFuP, S. 345-366.

Hellwig, U./Hellwig, H.E./Paulus, M. (1983a):
Die Kopplung von CAD/CAM. Teil 1: Mögliche Schnittstellen sowie ihre Vor- und Nachteile. In: VDI-Z, 125 (10), S. 355-360.

Hellwig, U./Hellwig, H.E./Paulus, M. (1983b):
Die Kopplung von CAD/CAM. Teil 2: Der Informationsfluß von der Konstruktion zur Fertigung. In: VDI-Z, 125 (11), S. 455-460.

Henkel, J. (1986):
CAD/NC-Kopplung im Werkzeugbau. In: VDI-Z, 128 (15/16), S. 612-614.

Hettesheimer, E. (1988):
Quantifizierung des Nutzens beim Einsatz rechnergestützter Verfahren im Entwicklungsbreich. in: Horváth, P. (Hrsg.): Wirtschaftlichkeit neuer Produktions- und Informationstechnologien - Tagungsband Stuttgarter Controller-Forum 14.-15. September 1988. Stuttgart, S. 235-248.

Hewstone, M. (1989):
Causal attribution: From cognitive processes to collective beliefs. Oxford.

Hill, W./Fehlbaum, R./Ulrich, P. (1974):
Organisationslehre 2. Bern/Stuttgart.

Hirsch-Kreinsen, H./Behr, M.v. (1988):
Implementation rechnerintegrierter Systeme und Gestaltung der Arbeitsorganisation. In: ISF (Hrsg.): Arbeitsorganisation bei rechnerintegrierter Produktion. Karlsruhe, S. 25-42.

Hirsch-Kreinsen, H./Schultz-Wild, R./Köhler, Ch./Behr, M.v. (1990):
Einstieg in die rechnerintegrierte Produktion. München.

Höfling, J. (1987):
CIM in Mark und Pfennig? In: Hard und Soft, 2 (2), S. 30-32.

Hohwieler, E./Metzler, U./Weiß, V. (1992):
CAD/NC-Kopplung für WOP-Systeme. In: ZwF, 87 (10), S. 582-586.

Hoitsch, H.-J. (1989):
Strategisches Produktionscontrolling bei der Einführung neuer Technologien. In: Controlling, 3 (5), S. 158-165.

Hoitsch, H.-J. (1993):
Produktionswirtschaft: Grundlagen einer industriellen Betriebswirtschaftslehre. 2.völlig überarb. und erw. Aufl., München.

Horváth, P. (1982):
Controlling in der 'organisierten Anarchie' - Zur Gestaltung von Budgetierungssystemen. In: ZfB, 52, S. 250-260.

Horváth, P. (1988):
Grundprobleme der Wirtschaftlichkeitsanalyse beim Einsatz neuer Informations- und Produktionstechnologien. In: Horváth, P. (Hrsg.): Wirtschaftlichkeit neuer Produktions- und Informationstechnologien - Tagungsband Stuttgarter Controller-Forum 14.-15. September 1988. Stuttgart, S. 1-14.

Horváth, P./Mayer, R. (1988):
CIM-Wirtschaftlichkeit aus Controller-Sicht. In: CIM-Management, 4 (4), S. 48-53.

Horváth, P./Mayer, R. (1989):
Prozeßkostenrechnung - Der neue Weg zu mehr Kostentransparenz und wirkungsvolleren Unternehmensstrategien. In: Controlling, 1 (4), S. 214-219.

Hosenmann, T. (1990):
CAD/NC-Kopplung in der betrieblichen Praxis. In: CAD und NC-Schnittstellen für Geometrie- und Programmaustausch. Unterlagen zu einem Seminar des Forschungszentrums Informatik (FZI) der Universität Karlsruhe am 15./16.11.1990. Karlsruhe.

Hoß, D./Lay, G./Schneider, R. (1991):
CAD/NC-Integration. Verbereitung - Einsatzsatzvarianten, Arbeitsanforderungen und -gestaltung. Köln.

Jöns, I./Steinbach-Werner, C. (1991):
Führungskräfte - eine vernachlässigte Gruppe bei CIM-Strategien. In: CIM-Management, 7 (4), S. 49-56.

Kaplan, R. (1986):
CIM-Investitonen sind keine Glaubensfrage. In: HBM, 8 (3), S. 78-85.

Katz, B./Kahn, R.L. (1978):
The Social Psychology of Organizations. 2.ed., New York.

Keeley, M. (1984):
Impartiality and Participant-Interest Theories of Organizational Effectiveness. In: ASQ, Vol. 29, 3, S. 1ff.

Kemmner, A. (1988):
Investitions- und Wirtschaftlichkeitsaspekte bei CIM. In: CIM Management, 4 (4), S. 22-29.

Kern, H./Schumann, M. (1970):
Industriearbeit und Arbeiterbewußtsein - Eine empirische Untersuchung über der Einfluß der aktuellen technischen Entwicklung auf die industrielle Arbeit und das Arbeiterbewußtsein. Frankfurt am Main.

Kern, H./Schumann, M. (1985):
Das Ende der Arbeitsteilung? Rationalisierung in der industriellen Produktion. München.

Kersten, W. (1990):
Budgetierung von Investitionen in computergestützte Produktionstechnologien. München.

Kieser, A. (1982):
Organisation und Umwelt. Versuche zur Erklärung der Anpassung von Organisationsstrukturen. Arbeitspapier des Lehrstuhl für Allgemeine Betriebswirtschaftslehre und Organisation der Universität Mannheim.

Kieser, A. (1985):
Wie rational kann man die Organisation einer Unternehmung gestalten? In: Die Unternehmung, 39 (4), S. 367-378.

Kieser, A. (1987):
Der strukturale Ansatz. In: Rosenstiel, L.v./Einsiedler, H.E./Streich, R.K./Rau, S. (Hrsg.): Motivation durch Mitwirkung. Stuttgart, S. 48-59.

Kieser, A. (1988):
Adapting Organizations to Microelectronics - and Microelectronics to Organizations: Experiences in the Federal Republic of Germany. In: Urabe, K./Child, J./ Kagono, T. (Hrsg.): Innovation and Management. International Comparisons. Berlin, S. 319-336.

Kieser, A. (1990):
Bürokommunikationstechnik und organisatorische Innovation - Zur Abstimmung technischer und struktureller Anforderungen. In: ZfO, 59 (3), S. 171-175.

Kieser, A. (1993):
Der Situative Ansatz. In: Kieser, A. (Hrsg.): Organisationstheorien. Stuttgart/ Berlin/Köln, S. 161-191.

Kieser, A./Kubicek, H. (1992):
Organisation. 3., völlig neu bearb. Aufl., Berlin/New York.

Kirchbaumer, G. (1988):
CAD/CAM in der Automobilindustrie: Genormte Schnittstellen vereinfachen den Datentransfer. In: VDI-nachrichten, Nr. 48/2. Dezember 1988, S. 23.

Kirsch, W./Esser, W.-M./Gabele, E. (1979):
Das Management des geplanten Wandels von Organisationen. Stuttgart.

Kißler, L. (1980):
Partizipation als Lernprozeß. Basisdemokratische Qualifizierung im Betrieb. Frankfurt/New York.

Klimmer, M. (1991):
Wirtschaftlichkeit. In: IAO/IPK/IAW (Hrsg.): Handbuch der humanen CIM-Gestaltung. Aufbereitung des HdA-Gestaltungswissens für das Beratungsangebot der CIM-Technologie-Transfer-Stellen. Berlin, Kapitel III.3.

Knetsch, W. (1987).
Organisations- und Qualifizierungskonzepte bei der CAD-CAM-Einführung: Voraussetzungen erfolgreicher Anwendung flexibler Automatisierungssysteme. Berlin.

Knof, H.-L. (1992):
CIM und organisatorische Flexibilität. München.

Köhl, E./Esser, U./Kemmner, A./Förster, U. (1989):
CIM zwischen Anspruch und Wirklichkeit: Erfahrungen, Trends, Perspektiven. Köln.

König, R./Zoche, P. (1991):
Möglichkeiten und Grenzen von 'Cooperative Work'. Neue Perspektiven gruppenorientierter Büroarbeit. In: Encarnacao, J. (Hrsg.): Telekommunikation und multimediale Anwendungen der Informatik, Proceedings der GI-Jahrestagung vom 14.-18.10.1991. Berlin/Heidelberg, S. 293-302.

Kogelheide, B. (1992):
Entwicklung realer Organisationsstrukturen. Eine lebenszyklus-orientierte Analyse. Wiesbaden.

Kreikebaum, H. (1989):
Ansätze der strategischen Marketingplanung und Probleme ihrer organisatorischen Umsetzung, In: Raffée, H./Wiedmann, K.-P. (Hrsg.): Strategisches Marketing. Ungekürzte Sonderausgabe, 2. Aufl., Stuttgart, S. 283-298.

Kubicek, H. (1980):

Perspektiven und Fragen zur Überwindung einiger Mängel des Situativen Ansatzes. In: Potthoff, E. (Hrsg.): RKW-Handbuch Führungstechnik und Organisation. 6. Lieferung. Berlin.

Küpper, W./Ortmann, G. (Hrsg.) (1992):

Mikropolitik: Rationalität, Macht und Spiele in Organisationen. 2. durchges. Aufl., Opladen.

Lamei-Moustafa, H. (1989):

Weiterverarbeitung von Konstruktions- zu Fertigungsdaten: Ein Beitrag zur Integration von CAD- und CAP-Systemen. Heidelberg.

Laux, H./Liermann, F. (1987):

Grundlagen der Organisation: Die Steuerung von Entscheidungen als Grundproblem der Betriebswirtschaftslehre. Berlin u.a.

Lawrence, P.R. (1980):

Wie man Widerstände gegen Neuerungen abbaut: mit retrospektivem Kommentar. In: HBM, 2 (3), S. 7-18.

Lay, G. (1988):

Arbeitsorganisatorische Modelle bei der Kopplung von CAD und CAM. In: Frieling, E./Klein, H.: Rechnerunterstützte Konstruktion. Bedingungen und Auswirkungen von CAD. Bern/Stuttgart/Toronto, S. 307-316.

Lay, G. (1992):

Wandel von Arbeitsorganisation und Tätigkeitsinhalten beim Einsatz von CAD. Bad Salzdetfurt.

Lay, G. (1994):

Zusammenfassung, In: Lay, G./Wengel, J.: Evaluierung der indirekt-spezifischen CIM-Förderung im Programm Fertigungstechnik 1988-1992. Karlsruhe, S. 255-269.

Lay, G./Boffo, M./Lemmermeier, L. (1983):

Beurteilung der Wirtschaftlichkeit von CNC-Drehmaschinen unter organisatorischen Gesichtspunkten, KfK-PFT-Projektbericht 72. Karlsruhe.

Lay, G./Boffo, M./Schneider, R. (1987):

Integration von rechnergestützter Konstruktion und NC-Programmierung: Stand und Erfahrungen aus der betrieblichen Praxis. In: ZwF, 82 (6), S. 325-332.

Lay, G./Michler, T. (1989):

Stand und Aussichten der Fertigungsautomation in der Bundesrepublik Deutschland, Forschungsbericht für den Bundesminister für Wirtschaft. Karlsruhe.

Lay, G./Wengel, J. (1989):
Wirkungsanalyse der indirekt-spezifischen Förderung zur betrieblichen Anwendung von CAD/CAM-Systemen im Rahmen des Programms Fertigungstechnik 1984-1988. KfK-PFT 146. Karlsruhe.

Lechner, G. (1989):
CIM - Praxisorientierte Einführung im Maschinenbau: Ablauf- und EDV-Organisation. Mit durchgängigem Praxisbeispiel und integrierter Wirtschaftlichkeitsanalyse. Köln.

Lienau, H.U. (1992):
Betriebe sind enttäuscht: Die angestrebte Steigerung der Produktivität blieb oft aus. In: Handelsblatt 11.3.1992, Technische Linie.

Lullies, V./Bollinger, H./Weltz, F. (1990):
Konfliktfeld Informationstechnik: Innovation als Managementproblem. Frankfurt/New York.

Lutz, B. (1987):
Das Ende des Technikdeterminismus und die Folgen - soziologische Technikforschung vor neuen Aufgaben und neuen Problemen. In: Lutz, B. (Hrsg.): Technik und sozialer Wandel: Verhandlungen d. 23. Dt. Soziologentages in Hamburg 1986. Frankfurt/New York, S. 34-52.

Lutz, B. (1991):
Was sind Defizite von TA-Forschung? Drei einleitende Überlegungen. In: Albach, H./Schade, D./Sinn, H. (Hrsg.): Technikfolgenforschung und Technikfolgenabschätzung. Tagung des Bundesministers für Forschung und Technologie 22. bis 24. Okt. 1990. Berlin u.a., S. 65-79.

Maier-Rothe, C. (1986):
Wettbewerbsvorteile durch höhere Produktivität und Flexibilität: Strategien für Computer-Integrated Manufacturing. In: Arthur D. Little International (Hrsg.): Management im Zeitalter der strategischen Führung. 2. Aufl., Wiesbaden.

March, J.G. (1988):
Decisions and Organizations. Oxford/New York.

March, J.G./Simon, H.A. (1958):
Organizations. New York.

Martin, T./Ulich, E./Warnecke, H.-J. (1989):
Angemssene Automation für flexible Fertigung (Teil 1 u. 2). In: wt 78 (1 u. 2), S. 17-23.

McKelvey, B. (1982):
Organizational Systematics. Taxonomy, Evolution and Classification. Berkeley, Cal.

Meier, W. (1983):
Analyse und Gestaltung eines Systems zur Durchsetzung eines strategiegerechten Verhaltens in der Unternehmung. Diss., St. Gallen.

Meredith, J.R./Hill, M.M. (1987):
Justifying New Manufacturing Systems: A Managerial Approach. In: Sloan Management Review, Summer 1987, S. 49-61.

Mertens, P./Schumann, M. (1989a):
Versuche zur Abschätzung der Vorteilhaftigkeit von CIM-Realisierungen - eine Bestandsaufnahme. In: Warnecke, H.J./Bullinger, H.J. (Hg.): Nutzen, Wirkungen, Kosten von CIM-Realisierungen, 21. IPA-Arbeitstagung in Stuttgart. Berlin u.a.; S. 233-268.

Mertens, P./Schumann, M. (1989b):
Wirtschaftlichkeit der C-Techniken in der Fertigung. In: DBW, 49 (6), S. 769-779.

Metzger, H. (1977):
Planung und Bewertung von Arbeitssystemen. Mainz.

Mickler, O./Dittrich, E./Neumann, U. (1976):
Technik, Arbeitsorganisation und Arbeit. Frankfurt.

Milberg, J. (Bd.-Hrsg.) (1992):
Von CAD/CAM zu CIM: Leitfaden zum Erfolg. Berlin u.a.

Miller, J.G./Meyer, A.D./Nakane, J. (1992):
Benchmarking global manufacturing. Understanding international suppliers, customers and competitors. Homewood, Illinois.

Müller-Merbach, H. (1974):
Betriebswirtschaftslehre für Erstsemester. München.

Müller-Merbach, H. (1983):
Schönheitsfehler der Betriebswirtschaftslehre. In: ZfB, 53 (9), S. 811-830.

Mumford, E./Weir, M (1979):
Computer Systems in Work Design - the ETHICS Method. London.

Narayanan, V.K./Fahey, L. (1990):
Evolution of revealed causal maps during decline. In: Huff, A.S. (Ed.): Mapping strategic thought. Chicester, S. 109-133.

Niebur, J. (1987):

Zur Bedeutung von Wirtschaftlichkeitsrechnungen bei betrieblichen Beschaffungsentscheidungen. In: Braczyk, H.J./Kerst, C./Niebur, J.: Eine starke Behauptung ist besser als ein schwacher Beweis. Beschaffungsentscheidungen im Betrieb. Werkstattberichte Humanisierung des Arbeitslebens Wb 1. Bonn, S. 93-94.

Niemeier, J. (1988):

Konzepte der Wirtschaftlichkeitsrechnung bei integrierten Informationssystemen, in: Horváth, P. (Hrsg.): Wirtschaftlichkeit neuer Produktions- und Informationstechnologien - Tagungsband Stuttgarter Controller-Forum 14.-15. September 1988. Stuttgart.

Nienhüser, W. (1993):

Probleme der Entwicklung organisationstheoretisch begründeter Gestaltungsvorschläge. In: DBW, 53 (2), S. 235-252.

Noble, D.F. (1979):

Maschinen gegen Menschen. Die Entwicklung numerisch gesteuerter Werkzeugmaschinen. Stuttgart.

Nottenburg, G./Fedor, D.B. (1983):

Sarcity in the environment: Organizational perceptions, interpretations and responses. In: OS, 4, S. 317-337.

Nutt, P.C. (1984):

Types of organizational decision processes. In: ASQ, 29, S. 414-450.

Oechsler, W.A. (1979):

Auswirkungen neuer Formen der Arbeitsorganisation. In: ZfO, 48, S. 143-154.

Oppermann, J. (1980):

Checklisten für die Planung, Durchführung und Kontrolle betrieblicher Projektarbeit. Eschborn.

Orban, B./Scheller, T. (1989):

Wirtschaftliche und arbeitsorganisatorische Auswirkungen einer CAD/NC-Kopplung auf die NC-Programmierung. Schlußbericht zum FIR-Forschungsvorhaben Nr. 7309. Aachen.

Ortmann, G. (1984):

Der zwingende Blick: Personalinformationssysteme - Architektur der Disziplin. Frankfurt/New York.

Ortmann, G./Windeler, A./Becker, A./Schulz, H.J. (1990):

Computer und Macht in Organisationen: Mikropolitische Analysen. Opladen.

Osterloh, M. (1985):
Zum Begriff des Handlungsspielraums in der Organisations- und Führungstheorie. In: ZfbF, 37 (4), S. 291-310.

Osterloh, M. (1987):
Industriesoziologische Vision ohne Bezug zur Managementlehre? In: Malsch, T./Seltz, R. (Hg.): Die neuen Produktionskonzepte auf dem Prüfstand: Beiträge zur Entwicklung der Industriearbeit. Berlin, S. 125-153.

o.V. (1988):
Umfrage: Wirtschaftlichkeit und Investitionsplanung von CIM. In: CIM Management 4 (4), S. 33-39.

Peters, T.J./Waterman, R.H. (1984):
Auf der Suche nach Spitzenleistungen: Was man von den bestgeführten US-Unternehmen lernen kann. Landsberg am Lech.

Pfeffer, J./Salancik, G.R. (1978):
The external control of organizations. New York.

Pfohl. H.-C./Stölzle, W. (1991):
Anwendungsbedingungen, Verfahren und Beurteilung der Prozeßkostenrechnung in industriellen Unternehmen. In: ZfB, 61 (11), S. 1281-1305.

Pham, T. (1982):
Erfahrungen mit CAD und der NC-Kopplung. In: ZwF, 77 (10), S. 453-464.

Picot, A./Reichwald, R. (1979):
Untersuchung zur Wirtschaftlichkeit der Schreibdienste in obersten Bundesbehörden. München/Hannover.

Pieper, R. (1988):
Diskursive Organisationsentwicklung: Ansätze einer sozialen Kontrolle von Wandel. Berlin/New York.

Poths, W./Löw, R. (1985):
CAD/CAM: Entscheidungshilfen für das Management. Frankfurt.

Price, J.L. (1968):
Organizational Effectiveness. Homewood, Illinois.

Pries, L./Schmidt, R./Trinczek, R. (1990):
Entwicklungspfade von Industriearbeit. Chancen und Risiken betrieblicher Produktionsmodernisierung. Sozialverträgliche Technikgestaltung Band 7,2. Darmstadt.

Rall, K. (1991):
Berechnung der Wirtschaftlichkeit von CIM-Komponenten. In: CIM Management, 7 (3), S. 12-17.

Rall, K./Bauer, C.-U. (1990):
Die Wirtschaftlichkeit von CIM "berechnen". Ein Verfahren zur Bewertung komplexer Investitionsvorhaben. In: VDI-Z, 132 (10), S. 54-63.

Rammert, W. (1991):
Entstehung und Entwicklung der Technik: Der Stand der Forschung zur Technikgenese in Deutschland. Arbeitspapier des Wissenschaftszentrum Berlin für Sozialforschung. Berlin.

Rammert, W. (1992):
Wer oder was steuert den technischen Fortschritt? Technischer Wandel zwischen Steuerung und Evolution. In: Zeitschrift für Sozialwissenschaftliche Forschung und Praxis 1992, Heft 1, S. 7-25.

Ranson, S./Hinings, B./Greenwood, R. (1980):
The structuriung of organizational structures. In: ASQ, 25, S. 1-17.

Reichwald, R. (1989):
Die Entwicklung der Arbeitsteilung unter dem Einfluß von Technikeinsatz im Industriebetrieb - Ein Beitrag zum betriebswirtschaftlichen Rationalisierungsverständnis, in: Kirsch, W./Picot, A. (Hrsg.): Die Betriebswirtschaftslehre im Spannungsfeld zwischen Generalisierung und Spezialisierung: Edmund Heinen zum 70. Geburtstag. Wiesbaden, S. 299-322.

Reichwald, R./Weichselbaumer (1991):
Rechnerintegrierte Produktion muß sich "rechnen". Erweitertes Wirtschaftlichkeitsdenken beeinflußt die Richtung von CIM-Realisierungen. In: VDI-Z, 133 (3), S. 97-100.

Reimann, F. (1991):
Berater brauchen Beratung. Umdenken in der Rationalisierungsberatung. In: Technische Rundschau, 83 (3), S. 62-64.

Richter, R. (1989):
CAD/CAM-Möglichkeiten und Beispiele zur CAD/NC-Kopplung. In: Bullinger, J./Lay, K./Bodiol, J. (Hrsg.): CIM-Technologie im Maschinenbau: Stand und Perspektiven der betrieblichen Integration. Ehningen, S. 93-104.

Rödiger, K.H. (1988):
Gestaltungspotential und Optionscharakter. In: Rauner, F. (Hrsg.): Gestalten. Eine neue gesellschaftliche Praxis. Bonn, S. 71-81.

Röß, J. (1993):
Konfliktfeld Bewertung: Nutzungsformen neuer Informations- und Kommunikationstechnologien zwischen Wirtschaftlichkeit und Scheinwirtschaftlichkeit. Berlin.

Rolf, A./Berger, P./Klischewski, R./Kühn, M./Maßen, A./Winter, R. (1990):
Technikleitbilder und Büroarbeit. Zwischen Werkzeugperspektive und globalen Vernetzungen. Sozialverträgliche Technikgestaltung; Bd. 17; Opladen.

Rommel, G./Brück, F./Diedrichs, R./Kempis, R.-D./Kluge, J. (1993):
Einfach überlegen: Das Unternehmenskonzept, das die Schlanken schlank und die Schnellen schnell macht. Stuttgart.

Rosenstiel, L. v. (1987a):
Partizipation: Betroffene zu Beteiligten machen. In: Rosenstiel, L.v./Einsiedler, H.E./Streich, R.K./Rau, S. (Hrsg.): Motivation durch Mitwirkung. Stuttgart, S. 1-11.

Rosenstiel, L. v. (1987b):
Partizipation: Was "bringen" partizipative Veränderungsstrategien? In: Rosenstiel, L.v./Einsiedler, H.E./Streich, R.K./Rau, S. (Hrsg.): Motivation durch Mitwirkung. Stuttgart, S. 12-24.

Sabel, H. (1965):
Die Grundlagen der Wirtschaftlichkeitsrechnungen. Berlin.

Scheer, A.-W. (1987a):
CIM - Der computergesteuerte Industriebetrieb. Berlin u.a.

Scheer, A.-W. (1987b):
CIM: Organisation und Implementierung. In: HBM, 9 (1), S. 84-95.

Scheid-Cook, T.L. (1992):
Organizational enactments and conformity to environmental prescriptions. In: HR, 45, S. 537-554.

Schliengensieben, J. (1987):
Wirtschaftlichkeitsrechnungen und kostenrechnerische Kalküle für flexible Fertigungssysteme (FFS). In: Kostenrechnungspraxis, 1987/5, S. 179ff.

Schmid, J./Freriks, R./Hauptmanns, P./Ostendorf, B./Sauerwein, R.G./Seitz, B. (1992):
Strukturen, Probleme und Tendenzen von Arbeit und Technik. Aktuelle Empirie und Theoerie. In: Infotech 2/1992, S. 10-19.

Schmidt, G. (1991):
Methode und Techniken der Organisation. Schriftenreihe der Organisator. Band 1, 9. Aufl., Gießen.

Schneider, R. (1992):
Praxis der CIM-Planung: Integration computergestützter Produktionsaufgaben in mittelständischen Unternehmen. Düsseldorf.

Schreuder, S./Fuest, N. (1988):
CAD/CAM für mittelständische Unternehmen: ein Leitfaden zur Planung und wirtschaftlichen Beurteilung einer CAD/CAM-Einführung. Köln.

Schreuder, S./Upmann, R. (1988):
Wirtschaftlichkeit von CIM - Grundlage für Investitionsentscheidungen. In: CIM Management, 4 (4), S. 10-21.

Schünemann, T.M./Lehnen, H. (1983):
Berücksichtigung unterschiedlicher Flexibilitätsgrade bei der Investitionsplanung von Industrierobotern. In: ZwF, 88 (11), S. 501ff.

Schuh, G. (1992):
Grundkonzept zur CIM-Bewertung. CIM läßt sich rechnen. In: Technische Rundschau (Hrsg.): CIM-Wirtschaftlichkeit: Strategische und operative Bewertung von CIM-Projekten, Tagung 2. und 3. Juli 1992 in Zürich. Bern, S. 4-9.

Schultz-Wild, R./Nuber, C./Rehberg, F./Schmierl, K. (1989):
An der Schwelle zu CIM. Strategien, Verbreitung, Auswirkungen. Köln.

Schulz, H. (Band-Hrsg.) (1990):
CIM-Planung und -Einführung: Ein Leitfaden für die Praxis. Berlin/Heidelberg/ New York.

Schulz, H./Bölzing, D. (1988):
"CIM-Status" für strategische Investitionsplanung: Analyseinstrument für die Einführung von CIM-Technologien. In: CIM Management, 4 (4), S. 4-9.

Schulz, H./Bölzing, D. (1989a):
Entscheidungen haben Konsequenzen. In: CIM Management, 5 (5), S. 52-55.

Schulz, H./Bölzing, D. (1989b):
Rechnergestützte Fabrikautomatisierung - Kosten senken, Leistungen steigern. Ziele, Anwendungsstand und Wirkungen im mittelständischen Maschinen- und Anlagenbau. Frankfurt.

Schreyögg, G. (1978):
Umwelt, Technologie und Organisationsstruktur. Bern/Stuttgart.

Schweitzer, B. (1992):
Fertigungsorganisation: Nie wieder CIM? In: Diebold Management Report, Nr. 5, S. 18-21.

Segler, T. (1981):
Situative Organisationstheorie - zur Fortentwicklung von Konzeption und Methode. In: Kieser, A. (Hrsg.): Organisationstheoretische Ansätze. München.

Seicht, G. (1992):
Die Prozeßkostenrechnung - Fortschritt oder Weg in die Sachgasse? In: JfB, 42 (6), S. 246-267.

Seifert, H. (1992):
Zeit ist Geld. In: manager magazin, 11, S. 263-281.

Selig, J. (1986):
EDV-Management. Eine empirische Untersuchung der Entwicklung von Anwendungssystemen in deutschen Unternehmen. Berlin u.a.

Seltz, R./Hildebrandt, E. (1989):
Wandel betrieblicher Sozialverfassung durch systemische Kontrolle? Die Einführung computergestützter Produktionsplanungs- und -steuerungssysteme im bundesdeutschen Maschinenbau. Berlin.

Siebig, J. (1980):
Wirtschaftlichkeit: ein relativer Begriff. In: ZfbF, 32, S. 631-645.

Simon, H.A. (1964):
On the concept of organizational goal. In: ASQ, 9, S. 1-22.

Simon, H.A. (1976):
Administrative Behavior. A Study of Decision-Making Processes in Administrative Organizations. 3. Aufl., New York.

Shapiro, E.C./Eccles, R.G./Soske, T.L. (1994):
So werden Berater richtig eingesetzt. In: HBM, 16 (1), S. 109-116.

Sonderforschungsbereich der Ruhr-Universität Bochum 187 (Hrsg.)(1992):
Mitteilungen für den Maschinenbau. 3. Ausgabe, Bochum.

Sorge, A. (1985):
Informationstechnik und Arbeit im sozialen Prozeß - Arbeitsorganisation, Qualifikation und Produktivkraftentwicklung. Frankfurt.

Staehle, W.H. (1991):
Organisatorischer Konservatismus in der Unternehmensberatung. In: Gruppendynamik, 22 (1), S. 19-32.

Staehle, W.H./Sydow, J. (1992):
Management-Philosophie. In: Frese, E. (Hrsg.): HWO, 3. völlig neu gestaltete Aufl., Stuttgart, Sp. 1286-1302.

Staudt, E. (1981):
Betriebswirtschaftliche Beurteilung neuer Arbeitsstrukturen. In: ZfB, 51 (9), S. 871-891.

Staudt, E. (1985):
Freiräume in der Gestaltung von Arbeitsorganisationen. Technische und organisatorische Potentiale des Wandels von Industriegesellschaften. Berichte aus der angewandten Innovationsforschung No. 31. Duisburg.

Steffen, R. (1978):
Die Berücksichtigung von Job Rotation und teilautonomen Arbeitsgruppen in der betriebswirtschaftlichen Produktions- und Kostentheorie. In: DBW, 49, S. 421-433.

Steinmeyer, U./Metzler, R. (1992):
Kunststofftechnik investiert. Einführung eines CAD-CNC-Verbunds in der Kunststoffverarbeitung. In: ZwF, 87 (5), Sonderteil CAD-CAM-CIM, CA 128-133.

Steudel, M. (1988):
Wirtschaftlichkeitsaspekte beim Einsatz von CAD/CAM-Systemen. In: Horváth, P. (Hrsg.): Wirtschaftlichkeit neuer Produktions- und Informationstechnologien - Tagungsband Stuttgarter Controller-Forum 14.-15. September 1988. Stuttgart, S. 249-280.

Storr, A./Zirbs, J./Hofmeister, W. (1987):
CAD/NC-Kopplung - Ziele, Probleme und Lösungen. In: Technische Rundschau, 79 (39), S. 138-143.

Storr, A./Hofmeister, W./Zirbs, J. (1988):
Stand der Technik im Bereich CAD/CAM-Kopplung. In: Fertigungstechnisches Kolloquium der Universität Stuttgart 1988. Berlin u.a., S. 45-52.

Suchentrunk, A. (1987):
Wirtschaftlichkeit von CAD/CAM-Systemen. In: CAD/CAM-Report, 6 (11), S. 31-40.

Sydow, J. (1985a):
Der soziotechnische Ansatz der Arbeits- und Organisationsgestaltung: Darstellung, Kritik, Weiterentwicklung. Frankfurt/New York.

Sydow, J. (1985b):
Organisationsspielraum und Büroautomation: zur Bedeutung von Spielräumen bei der Organisation automatisierter Büroarbeit. Berlin/New York.

Szyperski, N. (1969):
Organisationsspielraum. In: Grochla, E. (Hrsg.): HWO. Stuttgart, Sp. 1229-1236.

Thom, N. (1990):
Organisations- und Personalaspekte bei der CIM-Einführung. Herkömmliche Organisationsstrukturen und Personalkonzepte behindern die optimale Nutzung von CIM-Potentialen. In: ZfO, 59 (3), S. 181-184.

Trinczek, R. (1991):
Zur Bedeutung des betriebshistorischen Kontextes von Rationalisierung. In: Minssen, H. (Hg.): Rationalisierung in der betrieblichen Arena. Akteure zwischen inneren und äußeren Anforderungen. Berlin, S. 63-76.

Trippner, D./Endres, M./Scheder, H. (1991):
Wird die technische Zeichnung überflüssig? In: Konstruktion, 43 (1), S. 37-41.

Trist, E.L./Bamforth, K.W. (1951):
Technicism: Some effects of material technology on managerial methods and on work situation and relationship (exerpt from: Some social and psychological consequences of the longwall method of coal getting. In: HR, 4, S. 3-38. In: Burns, T. (1969) (ed.): Industrial man. Penguin. Harmondsworth, S. 331-358.

Türk, K. (1980):
Handlungsräume und Handlungsspielräume rechtsvollziehender Organisationen. In: Blankenburg, E./Lenk, K.: Organisation und Recht. Jahrbuch für Rechtssoziologie und Rechtstheorie, 7, S. 153-168.

Ulich, E. (1991):
Arbeitspsychologie. Zürich/Stuttgart.

Ulich, E. (1992):
CIM im Spannungsfeld von Mensch, Technik und Organisation. In: Technische Rundschau (Hrsg.): Proceedings zur Tagung 'CIM Wirtschaftlichkeit. Strategische und operative Bewertung von CIM-Projekten' vom 2. und 3. Juli in Zürich. Bern, S. 21-26.

VDI-Technologiezentrum (Hrsg.) (1991):
Technikfolgenabschätzung. Chancen und Risiken von CIM. Ergebnisbericht eines vom Bundesminister für Forschung und Technologie berufenen Sachverständigenausschusses. Düsseldorf.

VDMA/FKM (Hrsg.) (1988):
Mit CIM die Zunkunft gestalten. Entscheidungshilfen für Unternehmer und Führungskräfte. Frankfurt.

VDW (1991):
Internationale Werkzeugmaschinenstatistik 1990. Frankfurt.

Vogel, B. (1991):
Technikgenese - Möglichkeiten der Gestaltung. In: Fricke, E. (Hrsg.): Konzepte zur Gestaltung von Arbeit und Technik aus Wissenschaft und Praxis. Beiträge zur Fachtagung der Friedrich-Ebert-Stiftung im Mai 1991 in Bonn. Forum Humane Technikgestaltung Heft 4. Bonn.

Volkholz, V. (1991):
HdA-Bilanzierung. Dortmund.

Vroom, V.H./Yetton, P.W. (1973):
Leadership and Decision-Making. Pittsburgh.

Walter, W. (1989):
CAD/NC-Kopplung mit CAD-Funktionalität. In: ZwF, 84 (1), S. 38-42.

Walter, W./Hofmeister, W. (1987):
Universeller CAD/NC-Kopplungsbaustein für NC-Programmiersystem. In: wt, 77 (5), S. 48-51.

Warnecke, H.J. (1992):
Die Fraktale Fabrik. Revolution der Unternehmenskultur. Berlin u.a.

Weingart, P. (Hrsg.) (1989):
Technik als sozialer Prozeß. Frankfurt.

Welge, M.K. (1980):
Management in deutschen multinationalen Unternehmungen. Ergebnisse einer empirischen Untersuchung. Stuttgart.

Welge, M.K. (1987):
Unternehmensführung. Bd. 2: Organisation. Stuttgart.

Welge, K.M./Fessmann, K.-D. (1980):
Effizienz, organisatorische. In: HWO, 2. Aufl., Stuttgart, Sp. 577-592.

Wengel, J. (1994):
Wirkungen von CIM auf die Leistungs- und Wettbewerbsfähigkeit. In: Lay, G./ Wengel, J.: Evaluierung der indirekt-spezifischen CIM-Förderung im Programm Fertigungstechnik 1988-1992. Karlsruhe, S. 137-182.

Widmer, R. (1990):
Informationstechnologien und Organisationsspielräume. Ein Beitrag zur Analyse der Veränderung von organisatorischen Gestaltungsspielräumen durch den Einsatz von Informationstechnologien. Bern u.a.

Wiendahl, H.-P. (1989):
Betriebsorganisation für Ingenieure. 3. überarb. u. erw. Aufl., München.

Wieselhuber, N. (1991):
Organisation als Falle. In: TopBusiness, 11, S. 16.

Wildemann, H. (1986):
Strategische Investitionsplanung für CAD/CAM. Stuttgart.

Wildemann, H. (1987):
Investitionsplanung und Wirtschaftlichkeitsrechnung für Flexible Fertigungssysteme. Stuttgart.

Wildemann, H. (1990):
Einführungsstrategien für die computerintegrierte Produktion (CIM). München.

Wildemann, H. (1993a):
Fertigungsstrategien: Reorganisationskonzepte für eine schlanke Produktion und Zulieferung. München.

Wildemann, H. (Hrsg.) (1993b):
Lean Management: Strategien zur Erreichung wettbewerbsfähiger Unternehmen. Frankfurt.

Williamson, O.E. (1972):
The Anachronistic Factory. Proceedings of the Royal Society. Vol. A 331, S. 139-160.

Windeler, A. (1992):
Mikropolitik - Zur Bedeutung sozialer Praxis in wirtschaftlichen Organisationen. In: Lehner, F./Schmid, J. (Hrsg.): Technik - Arbeit - Betrieb - Gesellschaft: Beiträge der Industriesoziologie und Organisationsforschung. Opladen, S. 85-108.

Witte, E. (1973):
Organisation für Innovationsentscheidungen. Göttingen.

Witte, K.W. (1981):
Systematik zur Beurteilung der NC-Eignung von Werkstücken. Ein Beitrag zur Verbesserung der Wirtschaftlichkeit in der Einzel- und Serienfertigung. Düsseldorf.

Wittke, V. (1990):
Systemische Rationalisierung - zur Analyse aktueller Umbruchprozesse in der industriellen Produktion. In: Bergstermann, J./Brandherm-Böhmker, R. (Hrsg.): Systemische Rationalisierung als sozialer Prozeß. Zu Rahmenbedingungen und Verlauf eines neuen, bereichsübergreifenden Rationalisierungstyps. Bonn, S. 23-41.

Wohlgemuth, A.C. (1991):
Das Beratungskonzept der Organisationsentwicklung: Neue Form der Unternehmensberatung auf der Grundlage des sozio-technischen Systemansatzes. 3. Aufl., Bern/Stuttgart.

Wolf, H./Mickler, O./Manske, F. (1992):
Eingriffe in Kopfarbeit: Die Computerisierung technischer Büros im Maschinenbau. Berlin.

Wolfram, G. (1991):
Wirtschaftlichkeitsverfahren zur Bewertung von integrierten Informationstechnikkonzepten, In: Bullinger, H.-J. (Hrsg.): Handbuch des Informationsmanagements im Unternehmen, Band II. München, S. 1063-1095.

Wolfrum, B. (1991):
Strategisches Technologiemanagement. Wiesbaden.

Wollnik, M. (1988):
Reorganisationstendenzen in der betrieblichen Informationsverarbeitung - Der einfluß neuer technologischer Infrastrukturen. In: Handbuch der Modernen Datenverarbeitung, 25. Jg., Heft 142, S. 62-73.

Wollnik, M. (1993):
Interpretative Ansätze in der Organisationstheorie. In: Kieser, A. (Hrsg.): Organisationstheorien. Stuttgart/Berlin/Köln, S. 277-295.

Womack, J.P./Jones, D.T./Roos, D. (1990):
The Machine that Changed the World. New York u.a.

Woodward, J. (1965):
Industrial Organization: Theory and Practice. London.

Wright, G.H.v. (1977):
Determinismus in den Geschichts- und Sozialwissenschaften. In: Wright, G.H.v. (Hrsg.): Handlung, Norm und Intention. Berlin/New York, S. 131-152.

Yuchtman, E./Seashore, St.E.:
A System Resource Approach to Organizational Effectiveness. In: ASR, Vol. 32, 1967, S. 891-903.

Zäpfel, G. (1989):
Wirtschaftliche Rechtfertigung einer computerintegrierten Produktion (CIM). Probleme und Anforderungen an die Investitionsrechnung. In: ZfB, 59 (10), S. 1058-1073.

Zahn, E. (1989):
Strategische Entscheidungen zur CIM-fähigen Fabrik. In: Wildemann, H. (Hrsg.): Gestaltung CIM-fähiger Unternehmen am Industriestandort Bundesrepublik Deutschland: Arbeits- und betriebsorganisatorischer Handlungsbedarf. München, S. 185-223.

Zahn, E./Dogan, D. (1991):
Strategische Aspekte der Beurteilung von CIM-Installationen. In: CIM Management, 7 (4), S. 4-11.

Zammuto, R.F. (1982):
Assessing Organizational Effectiveness. New York.

Zangl, H. (1988):
CIM-Konzepte und Wirtschaftlichkeit. Wegweiser von der isolierten zur ganzheitlichen Wirtschaftlichkeitsbetrachtung. In: Office Management, 36 (5), S. 14ff.

Zippe, H. (1979):
Die betriebswirtschaftliche Beurteilung neuer Arbeitsformen. Mainz.

TECHNIK, WIRTSCHAFT und POLITIK

Schriftenreihe des Fraunhofer-Instituts
für Systemtechnik und Innovationsforschung (ISI)

Band 1: F. Meyer-Krahmer (Hrsg.)
**Innovationsökonomie und
Technologiepolitik**
1993. VI, 302 Seiten.
ISBN 3-7908-0689-7

Band 2: B. Schwitalla
**Messung und Erklärung
industrieller Innovationsaktivitäten**
1993. XVI, 294 Seiten.
ISBN 3-7908-0694-3

Band 3: H. Grupp (Hrsg.)
**Technologie am Beginn
des 21. Jahrhunderts**
1993. X, 266 Seiten.
ISBN 3-7908-0726-5

Band 4: M. Kulicke u. a.
**Chancen und Risiken
junger Technologieunternehmen**
1993. XII, 310 Seiten.
ISBN 3-7908-0732.X

Band 5: H. Wolff, G. Becher, H. Delpho
S, Kuhlmann, U. Kuntze, J. Stock
**FuE-Kooperation von kleinen und
mittleren Unternehmen**
1994. XII, 324 Seiten.
ISBN 3-7908-0746-X

Band 6: R. Walz
**Die Elektrizitätswirtschaft
in den USA und der BRD**
1994. XVI, 354 Seiten.
ISBN 3-7908-0769-9

Band 7: P. Zoche (Hrsg.)
**Herausforderungen für die
Informationstechnik**
1994. X, 460 Seiten.
ISBN 3-540-0790-7

Band 8: B. Gehrke, H. Grupp
**Innovationspotential
und Hochtechnologie, 2. Aufl.**
1994. X, 168 Seiten.
ISBN 3-7908-0804-0

Band 9: U. Rachor
**Multimedia-Kommunikation
im Bürobereich**
1994. X, 154 Seiten.
ISBN 3-7908-0816-4

Band 10: O. Hohmeyer, B. Hüsing
S. Maßfeller, T. Reiß
**Internationale Regulierung
der Gentechnik**
1994. XVIII, 204 Seiten
ISBN 3-7908-0817-2

Band 11: G. Reger, S. Kuhlmann
**Europäische Technologiepolitik
in Deutschland**
1995. XII, 194 Seiten
ISBN 3-7908-0825-3

Band 12. S. Kuhlmann, D. Holland
**Evaluation von Technologiepolitik
in Deutschland**
1995. XIV, 326 Seiten
ISBN 3-7908-0827-X

LEBENSLAUF

Name	Matthias Klimmer
Geburtstag	1. November 1962
Geburtsort	Stuttgart
1969 - 1973	Maickler-Grundschule Fellbach
1973 - 1982	Friedrich-Schiller-Gymnasium Fellbach Abschluß: Allgemeine Hochschulreife
1982 - 1983	Grundwehrdienst
1983 - 1985	Studium an der Universität Hohenheim Fakultät für Wirtschafts- und Sozialwissenschaften Abschluß: Vordiplom im Fachbereich Wirtschaftswissenschaft
1985 - 1989	Studium an der Universität Mannheim, Fakultät für Betriebswirtschaftslehre Abschluß: Diplom-Kaufmann
1989 - 1990	Freiberufliche Tätigkeit als Organisationsberater
seit März 1990	Wissenschaftlicher Mitarbeiter am Fraunhofer-Institut für Systemtechnik und Innovationsforschung, Karlsruhe